安全科学与工程专业系列教材

新能源系统雷电安全

李祥超　游志远　汪计昌　吴明晴　主编

内容简介

本书编写以教育部教学指导委员会安全工程专业的教学基本要求为依据，主要内容包括新能源发电系统的基本组成、工作原理、雷电防护及安全运行管理等方面。具体内容分为3篇，第1篇是光伏发电系统雷电安全，第2篇是风能发电系统雷电安全，第3篇是安全运行管理与法规。在内容的编排上，本教材注重思路清晰，由简到繁，便于自学，同时强调理论与教学实践相结合，在对章节内容的编排上，紧密周整，以实际新能源系统为教学主线，从光伏、风能发电的基本原理，汇流、逆变及高压输电，到安全运行管理与法规实现的角度将各科功能电路以及它们之间的关系有机地结合起来，使学生学习理论的同时，能建立起新能源安全运行系统的概念。

本教材可作为安全工程、电子信息工程、电气工程、机电工程等专业的本科生教材，也可作为新能源发电行业工程技术人员的参考书。

图书在版编目（CIP）数据

新能源系统雷电安全 / 李祥超等主编. -- 北京 : 气象出版社, 2021.11(2022.5重印)
ISBN 978-7-5029-7575-3

Ⅰ. ①新… Ⅱ. ①李… Ⅲ. ①新能源—发电设备—防雷设施—电气安全 Ⅳ. ①TM61

中国版本图书馆CIP数据核字(2021)第203487号

Xinnengyuan Xitong Leidian Anquan
新能源系统雷电安全
李祥超 游志远 汪计昌 吴明晴 主编

出版发行：气象出版社
地　　址：北京市海淀区中关村南大街46号　　**邮政编码**：100081
电　　话：010-68407112(总编室) 010-68408042(发行部)
网　　址：http://www.qxcbs.com　　**E-mail**：qxcbs@cma.gov.cn
责任编辑：万　峰　张锐锐　　**终　　审**：吴晓鹏
责任校对：张硕杰　　**责任技编**：赵相宁
封面设计：地大彩印设计中心
印　　刷：北京中石油彩色印刷有限责任公司
开　　本：720 mm×960 mm 1/16　　**印　　张**：16.25
字　　数：327千字
版　　次：2021年11月第1版　　**印　　次**：2022年5月第2次印刷
定　　价：89.00元

编　委　会

前 言

南京信息工程大学在国内率先开设雷电科学与技术专业(2012年更名为安全工程专业),所有问题都是新的探索。由于该学科建设时间较短,经验还不足,许多问题需要我们共同探索和研究。

为满足普通全日制高等院校安全科学与工程专业教学基本建设的需要,组织编写了《新能源系统雷电安全》供安全工程专业师生使用,以改善该类教材匮乏的局面。

本教材是根据安全科学与工程专业培养计划而撰写的,从而保证了与其他专业课内容的衔接,理论内容和实践内容的配套,体现了专业内容的系统性和完整性。本教材力求深入浅出,将基础知识点与实践能力点紧密结合,注重培养学生的理论分析能力和解决实际问题的能力。本教材适用于安全科学与工程专业教学。

随着新能源系统大规模普及和人们防雷意识的日益提高,国内外已将雷电安全防护列为重要的科研领域之一。本教材通过精选内容,以有限的篇幅取得比现有相关教材更大的覆盖面,在注重传统较为成熟的雷电安全防护基本内容的前提下,更充实了雷电安全防护方法的新思路,拓宽了知识面,并紧跟高新技术的发展,以适应新能源系统雷电安全防护、应用的需要。

鉴于雷电安全涉及学科广泛,本教材在编写中力求突出对一些光伏发电系统和风能发电系统对应的雷电防护,给出了防雷装置的检测方法、内容和防护措施。

本书在编写过程中得到上海雷郴电气科技有限公司、镇江恒业电子有限公司、多格电气有限公司、上海普锐马电子有限公司、南京意诚科技有限公司、华能铜川照金煤电有限公司和西安广大电器有限公司等国内知名企业的支持,在此表示感谢。限于编者水平,书中仍存在不足之处,恳请读者批评指正。

李祥超

2021年7月

目　录

第1篇　光伏发电系统雷电安全

第1章　太阳能光伏电池

1.1　太阳能光伏发电原理

1.1.1　半导体基础知识

1.导体、绝缘体和半导体

物质由原子组成,原子由原子核和核外电子组成,电子受原子核的作用,按一定的轨道绕核高速运动。有的电子受原子核的作用力较小,可以在物质内部的原子间自由运动,这种电子称为“自由电子”,它是物质导电的基本电荷粒子。单位体积中自由电子的数量,称为自由电子浓度,用n表示,它是决定物体导电能力的主要因素之一(何道清等,2012)。

由于晶体内原子的振动,自由电子在晶体中做杂乱无章的运动。导体中的自由电子在电场力作用下的定向运动形成电流。在单位电场强度(1 V/cm)下,定向运动的自由电子的“直线速度”,称为自由电子的迁移率,用μ表示,这也是决定物体导电能力的主要因素。表征物体导电能力的物理量称为电导率,用σ表示。

$$\sigma = en\mu \tag{1.1}$$

式中,e为电子的电量。导体中的自由电子定向运动形成电流所受到的“阻力”称为电阻,它也表征物体导电能力。导体的电阻特性用电阻率ρ表示。

$$\rho = 1/\sigma \tag{1.2}$$

按材料的导电能力划分,物质可分为3类。

善于传导电流的物质称为导体,如铜、铝、铁等金属,它们的电阻率为10^{-11}～10^{-64} Ω·cm。

不能导电或者导电能力微弱到可以忽略不计的物质称为绝缘体,如橡胶、玻璃、塑料和干木材等,它们的电阻率为10^{6}～10^{20} Ω·cm。

导电能力介于导体和绝缘体之间的物质称为半导体，其电阻率为 $10^{-5} \sim 10^{7}\ \Omega\cdot cm$，如硅、锗、砷化镓、硫化镉等材料都是半导体。

金属导体和半导体都能导电，但它们的导电机理是不完全相同的。金属导体导电是自由电子(n恒定)在电场力作用下的定向运动，其导电性能基本是恒定的。半导体导电是电子和空穴在电场力作用下的定向运动。电子和空穴的浓度随温度、杂质含量、光照等变化较大，影响其导电能力，导电性能不恒定，这是半导体材料的重要特性。

2. 硅的晶体结构

硅是最常见和应用最广泛的半导体材料，硅的原子序数为14，它的原子核外有14个电子，这些电子围绕着原子核做层状的轨道分布运动，如图1.1所示，第一层2个电子，第二层8个电子，还剩4个电子排在最外层，称为价电子，硅的物理化学性质主要由它们决定。

硅晶体和所有的晶体都一样是由原子(或离子、分子)在空间按一定规则排列而成的。这种对称的、有规则的排列叫作晶体的晶格。一块晶体如果从头到尾都按一种方向重复排列，即长程有序，就称其为单晶体。在硅的晶体中，每个硅原子近邻有4个硅原子，每两个相邻原子之间有一对电子，它们与两个相邻原子核都有相互作用，称为共价键。正是靠共价键的作用，使硅原子紧紧结合在一起，构成了晶体。由许多小颗粒单晶杂乱地排列在一起的固体称为多晶体。非晶体没有上述特征，但仍保留了相互间的结合形式，如一个硅原子仍有4个共价键，短程看是有序的，长程无序，这样的材料称为非晶体，也叫作无定形材料。

图1.2是硅的晶胞结构，称为金刚石结构。一个硅原子和4个相邻的硅原子以共价键联结，这4个硅原子恰好在正四面体的4个顶角上，而该原子则处于四面体的中心。

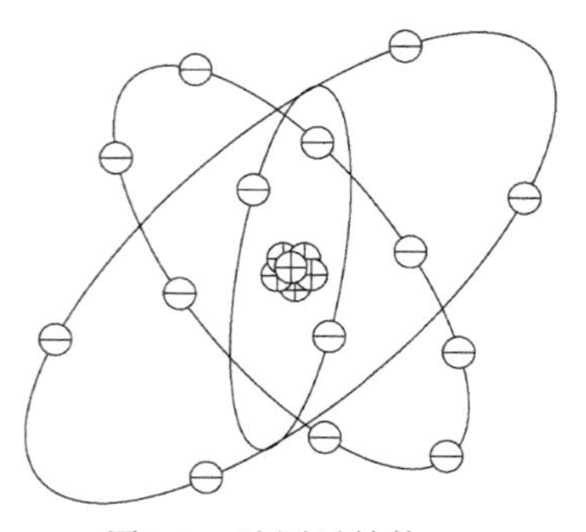

图1.1　硅原子结构

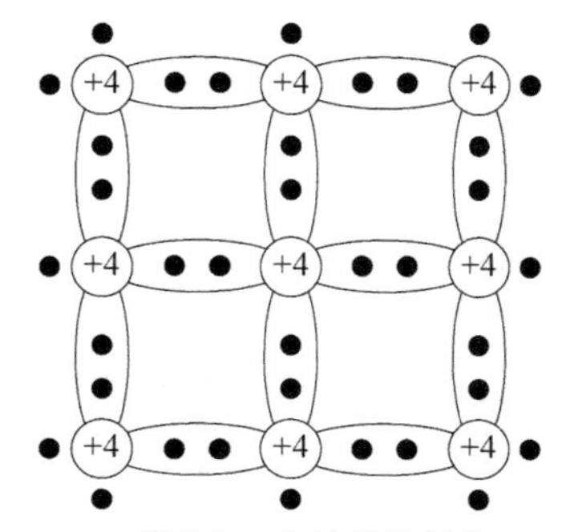

图1.2　硅的晶胞结构

3.能级和能带图

物质是由原子构成的,而原子是由原子核及围绕原子核运动的电子所组成(图1.1)。电子在原子核周围运动时,每一层轨道上的电子都有确定的能量,最里层的轨道,电子距原子核距离最近,受原子核的束缚最强,相应的能量最低。第二层轨道具有较大的能量,越外层的电子受原子核的束缚越弱,能量越大。以人造卫星绕地球的环行运动作一个比喻,越外层的电子轨道相当于越高的人造卫星轨道,要把人造卫星送到更高的轨道上去,必须给它更大的能量,这就是说,轨道越高,能量也越高。为了形象地表示电子在原子中的运动状态,用一系列高低不同的水平横线来表示电子运动所能取的能量值,这些横线就是标志电子能量高低的电子能级。图1.3是单个硅原子的电子能级示意图,字母E表示能量,脚注1、2……表示电子轨道层数,括号中的数字表示该轨道上的电子数。图1.3表明,每层电子轨道都有一个对应的能级。

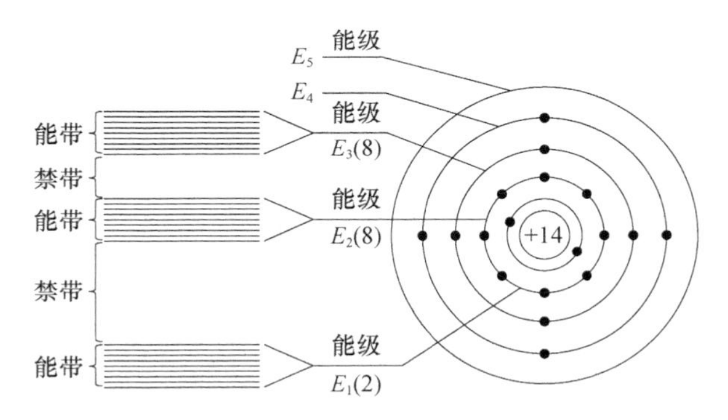

图1.3　单原子的电子能级及其对应的固体能带

在晶体中,原子之间的距离很近,相邻原子的电子轨道相互交叠,互相作用。这样,与轨道相对应的能级就不是如图1.3所示的单一的电子能级,而是分裂成能量非常接近但又大小不同的许多电子能级,这些由很多条能量相差很小的电子能级形成一个“能带”。每个单原子的电子能级对应着固体能带,如图1.3所示,外层的电子由于受相邻原子的影响较大,它所对应的能带较宽;内层电子互相影响小,它所对应的能带较窄。电子在每个能带中的分布通常是先填满能量较低的能级,然后逐步填充较高的能级,而且每个能级只允许填充两个具有相同能量的电子。

内层电子能级所对应的能带都是被电子填满的,最外层价电子能级所对应的能带能否被填满,主要取决于晶体的种类。如铜、银、金等金属晶体,它们的价电子能带有一半的能级是空的,而硅、锗等的价电子能带全被电子填满。

4.禁带、价带和导带

根据量子理论,晶体中的电子不存在两个能带中间的能量状态,即电子只能在各能带内运动，在能带之间的区域没有电子态，这个区域叫作“禁带”。

电子的定向运动就形成电流。这种运动是因为它受到外电场的作用，使电子获得了附加的能量，电子能量增大，就有可能使电子从能带中较低的能带跃迁到较高的能带。这一重要现象，是理解半导体导电特性的出发点。

完全被电子填满的能带称为“满带”，最高的满带容纳价电子，称为价带，价带上面完全没有电子的能带称为“空带”。有的能带只有部分能级上有电子，一部分能级是空的。这种部分填充的能带，在外电场的作用下，可以产生电流。而没有被电子填满、处于最高满带上的一个能带称为“导带”，金属、半导体、绝缘体的能带如图1.4所示。

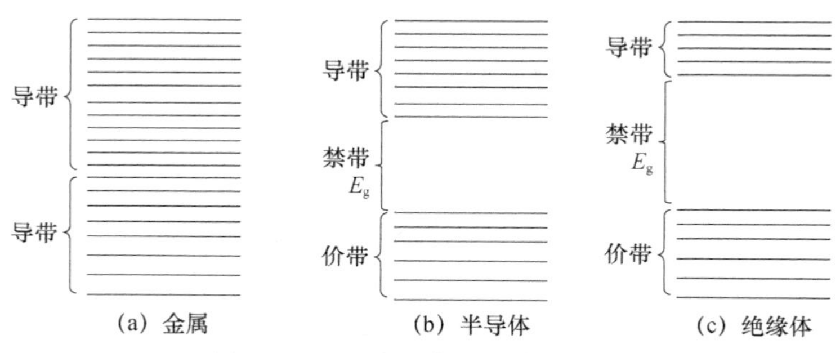

图1.4 金属、半导体、绝缘体的能带

由图1.4(b)看出，价电子要从价带越过禁带跳跃到导带里去参与导电运动，必须从外界获得大于或等于E_g的附加能量，E_g的大小就是导带底部与价带顶部之间的能量差，称为“禁带宽度”或“带隙”。常用单位是电子伏（电子伏是电学中的能量单位，1 eV是指在强度为1 V/cm的电场中，使电子顺着电场方向移动1 cm所需的能量）。如硅的禁带宽度在室温下为1.12 eV，这就是说，由外界给予价带里的电子1.12 eV的能量，电子就有可能越过禁带跳跃到导带里。部分太阳能电池半导体材料的禁带宽度如表1.1所示。

表1.1 半导体材料的禁带宽度

材料	Si	Ge	GaAs	Cu(InGa)Se	InP	CdTe	CdS
E_g(eV)	1.12	0.7	1.4	1.04	1.2	1.4	2.6

金属与半导体的区别在于金属在一切条件下具有良好的导电性，它的导带和价带重叠在一起，不存在禁带，即使接近绝对零度，电子在外电场的作用下仍可以参与导电。

半导体的禁带宽度比金属大，但却远小于绝缘体。半导体在绝对零度时，电子填满价带，导带是空的，此时与绝缘体一样不能导电。当温度高于热力学温度零度时，晶体内部产生热运动，使价带中少量电子获得足够的能量，跳跃到导带（这个过程叫作激发），此时半导体就具有一定的导电能力。激发到导带的电子数目是由温度和晶体的禁带宽度决定的。温度越高，激发到导带的电子越多，导电性越好；温度相同，禁带宽度小的晶体激发到导带的电子就多，导电性就好。

半导体与绝缘体的区别在于禁带宽度不同。绝缘体的禁带宽度比较大，它在室温时激发到导带上的电子非常少，其电导率很低；半导体的禁带宽度比绝缘体小，室温时有相当数量的电子跃迁到导带上去，如每立方厘米的硅晶体，导带上约有10^{10}个电子，而每立方厘米的导体晶体的导带中约有10^{22}个电子。因此，导体的电导率远远高于半导体。

5.电子和空穴

晶格完整且不含杂质的半导体称为本征半导体。

半导体在热力学温度零度时，电子填满价带，导带是空的。此时的半导体和绝缘体的情况相同，不能导电。当温度高于热力学温度零度时，价电子在热激发下有可能克服共价键束缚从价带跃迁到导带，使其价键断裂。电子从价带跃迁到导带后，在价带中留下一个空位，称为“空穴”，具有一个断键的硅晶体如图1.5所示。

空穴可以被相邻满键上的电子填充而出现新的空穴，也可以说是价带中的空穴被相邻的价电子填充而产生新的空穴，这样的重复过程，其结果可以比较简单地描述成空穴在晶体内的移动，这种移动相当于电子在价带中的运动。这种在价带中可以自由移动的空位被称为“空穴”，而空穴可以看成是带正电的物质粒子，所带电荷与电子相等，但符号相反。自由电子和空穴在晶体内的运动都是无规则的，并不能产生电流。如果存在电场，自由电子将沿着电场方向的相反方向运动，空穴则与电场同方向运动，半导体就是靠导带的电子和价带的空穴的定向移动来形成电流的。电子和空穴都被称为“载流子”。半导体的本征导电能力很小，它是由电子和空穴两种载流子传导电流，而在金属中仅有自由电子一种载流子传导电流。

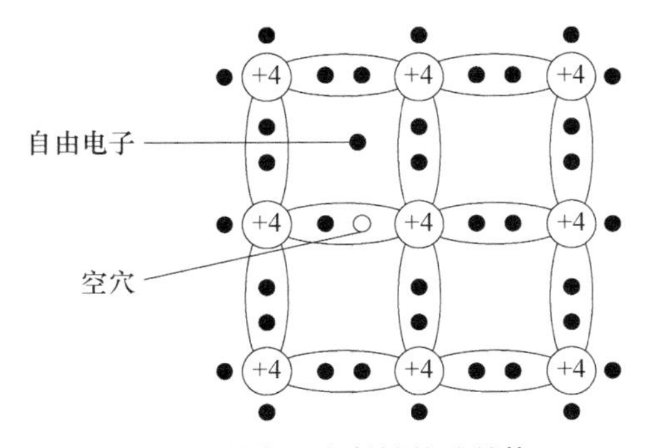

图1.5　具有一个断键的硅晶体

6.掺杂半导体

实际使用的半导体都掺有少量的某种杂质,这里所指的"杂质"是有选择的。例如,在纯净的硅中掺入少量的五价元素磷,这些磷原子在晶格中取代硅原子,并用它的4个价电子与相邻的硅原子进行共价结合。磷原子有5个价电子,用去4个还剩一个。这个多余的价电子虽然没有被束缚在价键里面,但仍受到磷原子核的正电荷的吸引。不过这种吸引力很弱,只要很少的能量(约0.04 eV)就可以使它脱离磷原子到晶体内成为自由电子,从而产生电子导电运动。同时,磷原子由于缺少1个电子而变成带正电的磷离子,如图1.6(a)所示。由于磷原子在晶体中起着施放电子的作用,所以把磷等五价元素叫作施主型杂质(或叫n型杂质),其浓度用符号N_D表示。在掺有五价元素(即施主型杂质)的半导体中,电子的数目远远大于空穴的数目,半导体的导电主要是由电子来决定,导电方向与电场方向相反,这样的半导体叫作电子型或n型半导体。

如果在纯净的硅中掺入少量的三价元素硼,它的原子只有3个价电子,当硼和相邻的4个硅原子作共价结合时,还缺少1个电子,要从其中一个硅原子的价键中获取一个电子填补。这样就在硅中产生了一个空穴,而硼原子由于接受了1个电子而成为带负电的硼离子,如图1.6(b)所示。硼原子在晶体中起着接受电子而产生空穴的作用,所以叫作受主型杂质(或叫p型杂质),其浓度用符号N_A表示。在含有三价元素(即受主型杂质)的半导体中空穴的数目远远超过电子的数目,半导体的导电主要是由空穴决定的,导电方向与电场方向相同,这样的半导体叫作空穴型或p型半导体。

单位体积(1 cm^3)中电子或空穴的数目叫作"载流子浓度",它决定着半导体电导率的大小。

没有掺杂的半导体称为本征半导体,其中电子和空穴的浓度是相等的。在含有杂质和晶格缺陷的半导体中,电子和空穴的浓度不相等。把数目较多的载流子叫作"多数载流子",简称"多子",把数目较少的载流子叫作"少数载流子",简称"少子"。例如,n型半导体中,电子是"多子",空穴是"少子",p型半导体中则相反,空穴是"多子",电子是"少子"。

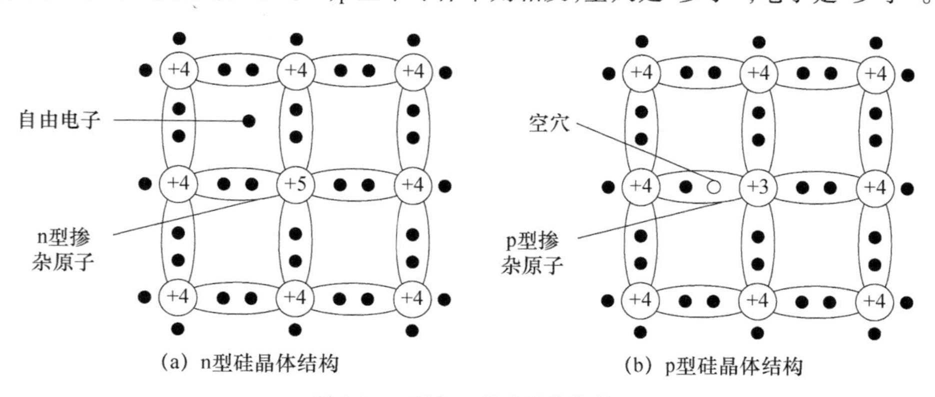

图1.6 n型和p型硅晶体结构

在掺杂半导体中，杂质原子的能级处于禁带之中，形成杂质能级。五价杂质原子形成施主能级，位于导带的下面；三价杂质原子形成受主能级，位于价带的上面(图1.7)，施主(或受主)能级上的电子(或空穴)跳跃到导带(或价带)中去的过程称为"电离"。电离过程所需的能量就是电离能(必须注意，所谓空穴从受主能级激发到价带的过程，实际上就是电子从价带激发到受主能级中去的过程)。由于它们的电离能很小，施主能级距离导带底和受主能级距离价带顶都十分接近。在一般的使用温度下，n型半导体中的施主杂质或p型半导体中的受主杂质几乎全部电离。

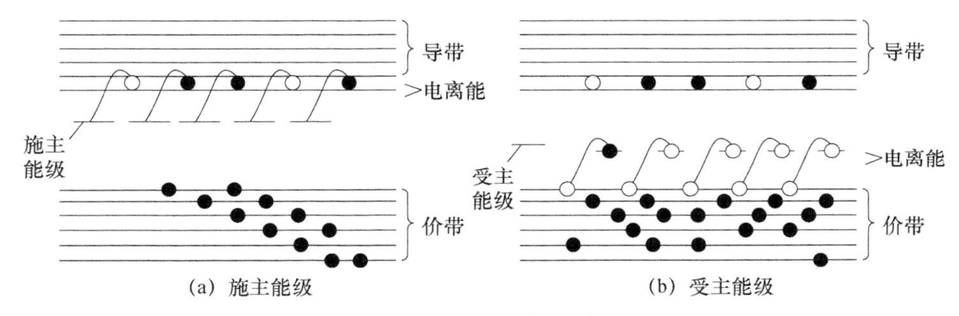

图1.7　施主和受主能级

7.载流子的产生与复合

由于晶格的热振动，电子不断从价带被"激发"到导带，形成一对电子和空穴(即电子空穴对)，这就是载流子产生的过程。

不存在电场时，由于电子和空穴在晶格中的运动是无规则的，在运动中，电子和空穴常常碰在一起，即电子跳到空穴的位置上，把空穴填补掉，这时电子空穴对就随之消失。这种现象叫作电子和空穴的复合，即载流子复合。按能带论的观点，复合就是导带中的电子落进价带的空能级，使一对电子和空穴消失。

在一定的温度下，晶体内不断产生电子和空穴，电子和空穴不断复合，如果没有外来的光、电、热的影响，那么单位时间内产生和复合的电子空穴对数目达到相对平衡，晶体的总载流子浓度保持不变，这叫作热平衡状态。

在外界因素的作用下，例如n型硅晶体受到光照，价带中的电子吸收光子能量跳入导带(这种电子称为光生电子)，在价带中留下等量空穴，这种现象称为光激发，电子和空穴的产生率就大于复合率。这些多于平衡浓度的光生电子和空穴称为非平衡载流子。由光照而产生的非平衡载流子称为光生载流子。

8.载流子的输运

半导体中存在能够导电的自由电子和空穴，这些载流子有两种输运方式：漂移运动和扩散运动。

半导体中载流子在外加电场的作用下,按照一定方向的运动称为漂移运动。

载流子在热平衡时做不规则的热运动,运动方向不断改变,平均位移等于0,不会形成电流。载流子不断改变方向是因为在运动中不断与晶格、杂质、缺陷发生碰撞的结果。经过一次碰撞,改变一次方向,这种现象叫作散射。外界电场的存在使载流子做定向的漂移运动,并形成电流。

扩散运动是半导体在因外加因素使载流子浓度不均匀而引起的载流子从浓度高处向浓度低处的迁移运动。如在一杯清水中滴一滴红墨水,过一段时间整杯水都变红了,这就是扩散运动的结果。扩散运动和漂移运动不同,它不是由于电场力的作用产生的,而是存在载流子浓度差的结果。p—n结主要就是因载流子的扩散运动形成的。

1.1.2 p-n结

p—n结是太阳能电池的核心,是太阳能电池赖以工作的基础。如图1.8(a)所示,把一块n型半导体和一块p型半导体紧密地接触,在交界处n区中电子浓度高,要向p区扩散(净扩散),在n区一侧就形成一个正电荷的区域。同样,p区中空穴浓度高,要向n区扩散,p区一侧就形成一个负电荷的区域。这个n区和p区交界面两侧的正、负电荷薄层区域称为“空间电荷区”,即通常所说的p—n结,如图1.8(b)所示。

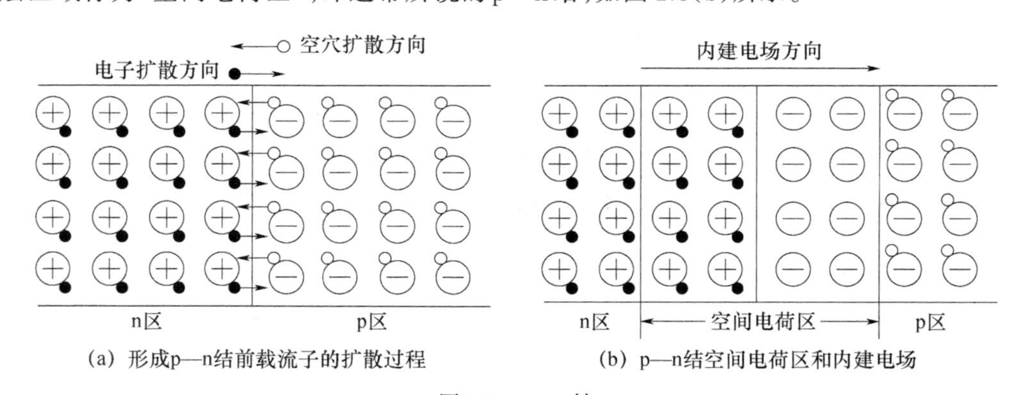

(a) 形成p—n结前载流子的扩散过程　　(b) p—n结空间电荷区和内建电场

图1.8 p—n结

在p—n结内,有一个从n区指向p区的电场,是由p—n结内部电荷产生的,叫作“内建电场”或“自建电场”。由于存在内建电场,在空间电荷区内将产生载流子的漂移运动,使电子由p区拉回n区,空穴由n区拉回p区,其运动方向正好和扩散运动的方向相反。这样,开始时扩散运动占优势,空间电荷区内两侧的正负电荷逐渐增加,空间电荷区增宽,内建电场增强,随着内建电场的增强,漂移运动也随之增强,阻止扩散运动的进行,使其逐步减弱。最后,扩散运动和漂移运动趋向平衡,扩散和漂移的载流子数目相等而运动方向相反，达到动态平衡，此时，内建电场两边的电势，n区的一边高，p区的一边低，存在的这个电势差称作p—n结势垒，也叫内建电势差或接触电势差，用符号U_D表示，由电子从n区流向p区可知，p区相对于n区的电势差为一负值，由于p区相对于n区具有电势U_D(取n区电势为0)，所以p区中所有电子都具有一个附加电势能。

当p—n结加上正向偏压(即p区接电源的正极，n区接负极)，如图1.9(b)所示，此时外加电场的方向与内建电场的方向相反，使空间电荷区中的电场减弱，这样就打破了扩能运动和漂移运动的相对平衡，源源不断地有电子从n区扩散到p区，有空穴从p区扩散到n区，使载流子的扩散运动超过漂移运动，由于n区电子和p区空穴均是多子，通过p—n结的电流(称为正向电流)很大。当p—n结加上反向偏压(即n区接电源的正极，p区接负极)，如图1.9(c)所示，此时外加电场的方向与内建电场的方向相同，增强了空间电荷区中的电场，载流子的漂移运动超过扩散运动。这时n区中的空穴一旦到达空间电荷区边界，就要被电场拉向p区，p区的电子一旦到达空间电荷区边界，也要被电场拉向n区。它们构成p—n结的反向电流，方向是由n区流向p区。由于n区中的空穴和p区的电子均为少子，故通过p—n结的反向电流很快饱和，而且很小。由此可见，电流容易从p区流向n区，不容易从相反的方向通过p—n结，这就是p—n结的单向导电性。

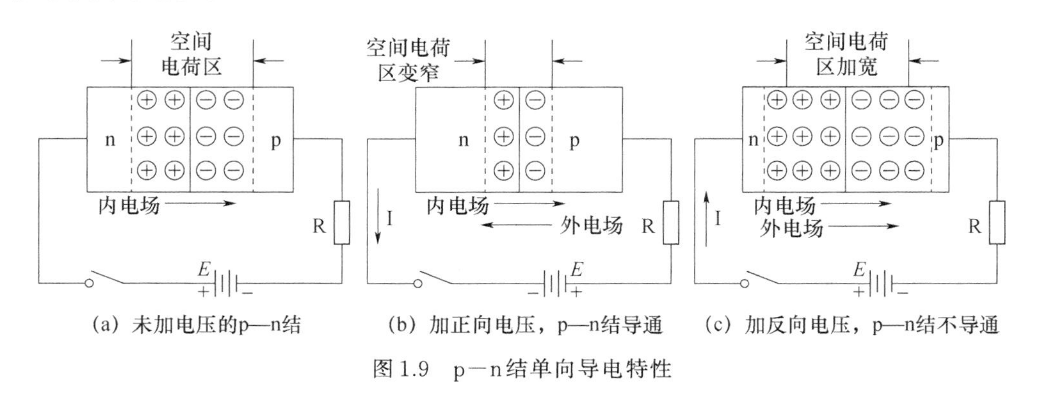

图1.9　p—n结单向导电特性

1.1.3　光伏效应

太阳能电池就是一个大面积的p—n结。当太阳能电池受到光照时，根据光量子理论，只要照射光的能量$E=h\nu=hc/\lambda\geqslant E_g$($h$为普朗克常数；$\nu$为照射光频率；$c$为光速；$E$为禁带宽度，Si材料$E_g=1.12$ eV)，则照射光在n区、空间电荷区和p区被吸收，将价带电子激发到导带，产生电子—空穴对。由于入射光强度从表面到太阳电池体内成指数衰减，在各处产生光生载流子的数量有差别，沿光强衰减方向将形成光生载流子的浓度梯度，从而产生载流子的扩散运动。n区中产生的光生载流子到达p—n结区n侧边界时，由于内建电场的方向是从n区指向p区，静电力立即将光生空穴拉到p区，光生电子阻留在n区。同理在p区中到达结区p侧边界的光生电子立即被内建电场拉向n区，空穴被阻留在p区。同样，空间电荷区中产生的光生电子空穴对则自然被内建电场分别拉向n区和p区。p—n结及两边产生的光生载流子就被内建电场所分离，在p区聚集光生空穴，在n区聚集光生电子，使p区带正电，n区带负电，在p—n结两边产生光生电动势。上述过程通常称作光生伏特效应或光伏效应。光生电动势的电场方向和平衡p—n结内建电场的方向相反。光伏效应原理如图1.10所示。

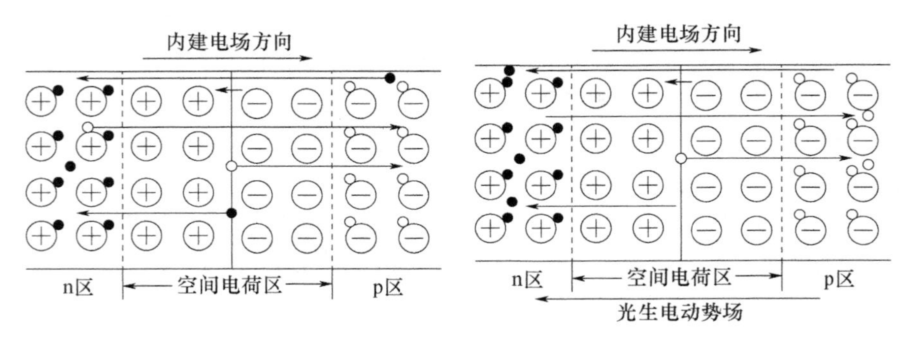

图1.10 光伏效应示意图

1.1.4 太阳能电池的结构和性能

1. 太阳能电池的结构

最简单的太阳能电池是由p—n结构成的，如图1.11所示，其上表面有栅线形状的为上电极，背面为背电极，在太阳能电池表面通常还镀有一层减反射膜。

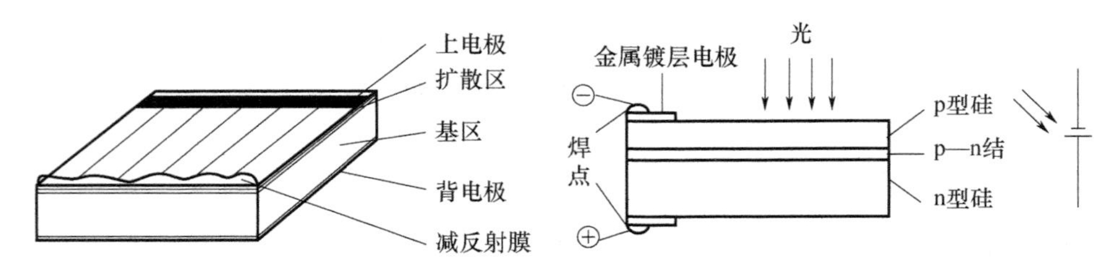

图1.11 太阳能电池的结构和符号

硅太阳能电池一般制成p^+/n型结构或n^+/p型结构，其中，第一个符号，即p^+和n^+，表示太阳能电池正面光照层半导体材料的导电类型；第二个符号；即n和p，表示太阳能电池衬底半导体材料的导电类型。

太阳能电池的电性能与制造电池所用半导体材料的特性有关。在太阳光或其他光照射时，太阳能电池输出电压的极性，p型一侧电极为正，n型一侧电极为负。

根据太阳能电池的材料和结构不同，可将其分为许多种形式，如p型和n型材料均为相同材料的同质结太阳能电池（如晶体硅太阳能电池）、p型和n型材料为不同材料的异质结太阳能电池[硫化镉/碲化镉（CdS/CdTe），硫化镉/铜铟硒（$CdS/CuInSe_2$）薄膜太阳能电池]、金属绝缘体半导体（MIS）太阳能电池、绒面硅太阳能电池、激光刻槽掩埋电极硅太阳能电池、钝化发射结太阳能电池、背面点接触太阳能电池、叠层太阳能电池等。

2. 太阳能电池的技术参数

（1）开路电压　受光照的太阳能电池处于开路状态，光生载流子只能积累于p—n结两侧产生光生电动势，这时在太阳能电池两端测得的电势差叫作开路电压，用符号U_{OC}表示。

（2）短路电流　把太阳能电池从外部短路测得的最大电流称为"短路电流"，用符号I_{SC}表示。

硅光电池开路电压和短路电流与光照度的关系如图1.12所示。

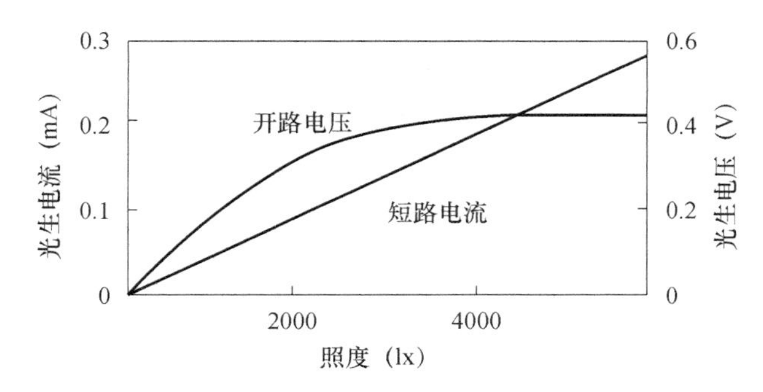

图1.12　硅光电池的开路电压和短路电流与光照度关系

（3）最大输出功率　把太阳能电池接上负载，负载电阻中便有电流流过，该电流称为太阳能电池的工作电流（I），也称负载电流或输出电流；负载两端的电压称为太阳能电池的工作电压（U）。负载两端的电压与通过负载电流的乘积称为太阳能电池的输出功率$P=UI$。

（4）填充因子　太阳能电池的另一个重要参数是填充因子（FF），它是最大输出功率与开路电压和短路电流乘积之比

$$FF=\frac{P_m}{U_{OC}I_{SC}}=\frac{U_mI_m}{U_{OC}I_{SC}} \tag{1.3}$$

（5）转换效率　太阳能电池的转换效率（η），指在外部回路上连接最佳负载电阻时

的最大能量转换效率，等于太阳能电池的最大输出功率P_m与入射到太阳能电池表面的能量之比

$$\eta=\frac{P_m}{P_{in}}\times 100\%=FF\cdot\frac{U_{OC}I_{SC}}{P_{in}}\times 100\% \tag{1.4}$$

式中，P_{in}为单位面积入射光的功率。目前，实用太阳能电池转换效率为15%左右。

3. 太阳能电池的伏—安特性及等效电路

太阳能电池的电路及等效电路如图1.13所示。

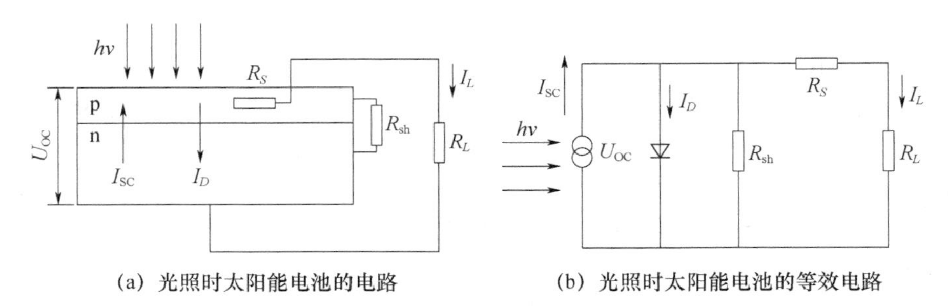

(a) 光照时太阳能电池的电路　　(b) 光照时太阳能电池的等效电路

图1.13　太阳能电池的电路及等效电路

图中，R_L为电池的外接负载电阻。当$R_L=0$时，所测得电流为电池的短路电流I_{SC}。测量短路电流的方法，是用内阻小于1 Ω的电流表接在太阳能电池的两端进行测量。I_{SC}值与太阳能电池的面积有关，面积越大，I_{SC}值越大。一般来说，1 cm^{2}太阳能电池的I_{SC}值为16～30 mA。同一块太阳能电池，其I_{SC}值与入射光的辐照度成正比(图1.13)；当环境温度升高时，I_{SC}略有上升。当R_L为无穷大时，所测得的电压为电池的开路电压U_{OC}。I_D(二极管电流)为通过p—n结的总扩散电流，其方向与I_{SC}相反。R_S为串联电阻，它主要由电池的体电阻、表面电阻、电极导体电阻和电极与硅表面接触电阻所组成。R_{sh}为旁路电阻，它是由硅片的边缘不清洁或体内的缺陷引起的。一个理想的太阳能电池，串联电阻R_S很小，而并联电阻R_S很大。由于R_S和R_{sh}分别串联和并联在电路中，所以在进行理想的电路计算时，可以忽略不计。

图1.14中，曲线1是二极管的暗电流—电压关系曲线，即无光照时太阳能电池的$I-U$曲线；曲线2是太阳能电池接受光照后的$I-U$曲线。经过坐标变换，最后可得到常用的光照太阳能电池电流电压特性曲线，如图1.15所示。

I_{mp}为最大负载电流，U_{mp}为最大负载电压。在此负载条件下，太阳能电池的输出功率最大，在太阳能电池的电流电压特性曲线中，P_m对应的这一点称为最大功率点。该点对应的电压称为最大功率点电压U_m，即最大工作电压；该点所对应电流，称为最大功率点电流I_m，即最大工作电流；该点的功率，即最大功率P_m。

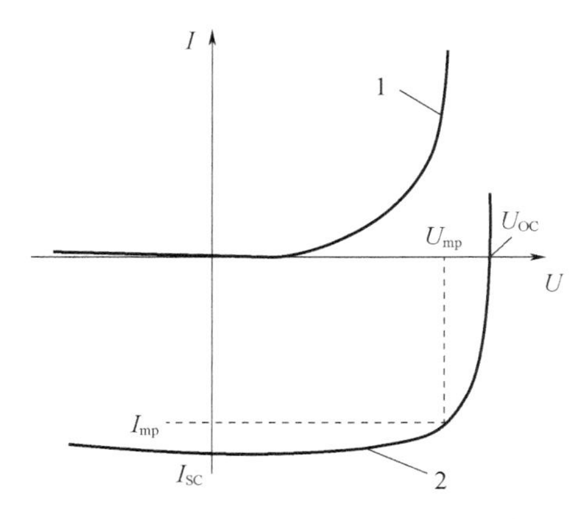

图1.14 太阳能电池的电流电压关系曲线

1—未受光照;2—受光照

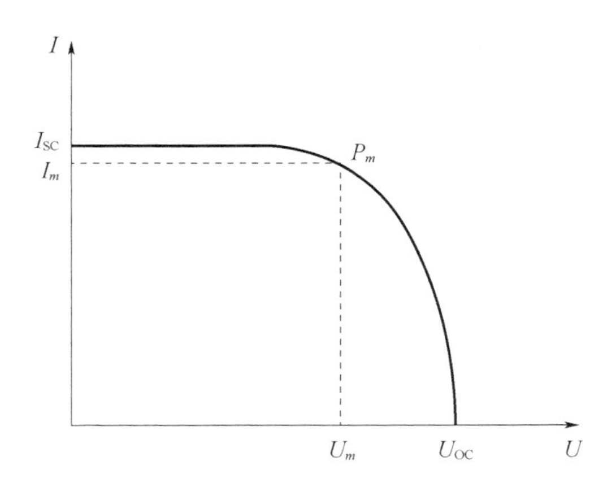

图1.15 常用太阳能电池电流—电压特性曲线

I—电流:I_{SC}—短路电流;I_m—最大工作电流;U—电压;U_{OC}—开路电压;U_m—最大工作电压;P_m—最大功率

太阳能电池(组件)的输出功率取决于太阳辐照度、太阳光谱分布和太阳能电池(组件)的工作温度,因此太阳能电池性能的测试须在标准条件(STC)下进行。测量标准被欧洲委员会定义为101号标准,其测试条件是:光谱辐照度为1000 W/m^2、大气质量为AM1.5时的光谱分布;电池温度25 ℃。在该条件下,太阳能电池(组件)输出的最大功率称为峰值功率。

1.2 太阳能电池材料制备

硅太阳能电池是目前使用最广泛的太阳能电池,按硅材料的晶体结构区分,有单晶、多晶和非晶硅太刚能电池3种。单晶和多晶硅太阳能电池亦称为晶体硅太阳能电池，目前占太阳能电池的大部分市场，其产量占到当前世界太阳能电池总产量的90%左右。晶体硅太阳能电池制造工艺技术成熟，性能稳定可靠，光电转换效率高，使用寿命长，已进入工业化大规模生产。因此，本章主要对地面用晶体硅太阳能电池的一般生产制造工艺进行介绍，包括硅材料的制备、太阳能电池的制造和太阳能电池组件的封装3个部分。

1.2.1　硅材料的优异性能

(1)硅(Si)材料丰富，易于提纯，纯度可达12个9(12 N)(电子级硅9 N，太阳能电池硅7 N即可)。

(2)硅的晶体结构如图1.16所示，可见硅原子占晶格空间小(34%)，这有利于电子运动和掺杂。

(3)硅原子核外4个电子，掺杂后，容易形成电子空穴对。

(4)容易生长大尺寸的单晶硅(∮400 mm×1100 mm，重438 kg)。

(5)易于通过沉积工艺制作单晶硅、多晶硅和非晶硅薄层材料。

(6)易于腐蚀加工。

(7)带隙适中(在室温下硅的禁带宽度E_g=1.12 eV)。

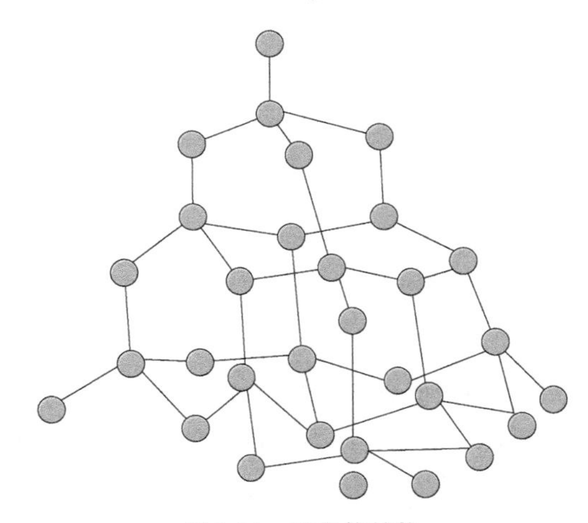

图1.16　硅晶体结构

(8)硅材料力学性能好，便于机械加工。

(9)硅材料理化性能稳定。

(10)材料便于金属掺杂，制作低阻值欧姆接触。

(11)切片损伤小，便于可控钝化。

(12)硅材料表面二氧化硅(SiO_2)薄层制作简单,SiO_2薄层有利于减小反射率,提高太阳能电池发电效率;SiO_2薄层绝缘好,便于电气绝缘的表面钝化;SiO_2薄层是良好的掩膜层和阻挡层。

1.2.2　硅材料的制备

制造太阳能电池的硅材料以石英砂(SiO_2)为原料,先把石英砂放入电炉中用碳还原得到冶金硅,较好的纯度为98%~99%。冶金硅与氯气(或氯化氢)反应得到四氯化硅(或三氯氢硅),经过精馏使其纯度提高,然后通过氢气还原成多晶硅。多晶硅经过坩埚直拉法(C_z法)或区熔法(F_z法)制成单晶硅棒,硅材料的纯度可进一步提高,要求单晶硅缺陷和有害杂质少。在制备单晶硅的过程中可根据需要对其掺杂,地面用晶体硅太阳能电池材料的电阻率为0.5~3.0 Ω·cm,空间用硅太阳能电池材料的电阻率约为10 Ω·cm。

从硅材料到制成太阳能电池组件,需要经过一系列复杂的工艺过程,以多晶硅太阳能电池组件为例,其生产过程大致是:

硅砂→硅锭→切割→硅片→电池→组件

1.高纯多晶硅的制备

硅是地壳中分布最广的元素,其含量达25.8%,但自然界中的硅,主要以石英砂(也称硅砂)的形式存在,主要成分是高纯的二氧化硅(SiO_2),含量一般在99%以上。我国的优质石英砂蕴藏量非常丰富,在很多地区都有分布。生产制造硅太阳能电池用的硅材料高纯多晶硅,是用优质石英砂冶炼出来的。首先把石英砂放在电炉中,用碳还原的方法炼得工业硅,也称冶金硅(MG-Si),其反应式为

$$SiO_2 + 2C \longrightarrow Si + 2CO$$

较好的工业硅是纯度为98%~99%的多晶体。工业硅所含杂质,因原材料和制法而异。一般来说,铁、铝占0.1%~0.5%,钙占0.1%~0.2%,铬、锰、镍、钛、铬各占0.05%~0.10%,硼、铜、镁、磷、钒等均在0.01%以下。工业硅大量用于一般工业,仅有百分之几用于电子信息工业。

工业硅与氢气或氯化氢反应,可得到三氯氢硅($SiHCl_3$)或四氯化硅($SiCl_4$)。经过精馏,使三氯氢硅或四氯化硅的纯度提高,然后通过还原剂(通常用氢气)还原为元素硅。在还原过程中,沉积的微小硅粒形成很多晶核,并且不断增多长大,最后长成棒状(或针状、块状)多晶体。习惯上把这种还原沉积出的高纯硅棒(或针、块)叫作高纯多晶硅。它的纯度可达99.99999%至99.9999999%上。通常,把9 N以上的高纯多晶硅称为电子级硅(EG-Si),把7 N以上的高纯多晶硅称为太阳能级硅(SG-Si)。

由硅砂制备高纯多晶硅的方法有多种,目前工业化生产广泛应用的主要是三氯氢硅法(西门子法)和硅烷法等。三氯氢硅法在目前世界高纯多晶硅产量中占绝大部分,

其工艺流程和生产示意图如图1.17所示。

硅砂 $\xrightarrow[\text{电炉}]{\text{焦炭}}$ 硅铁（冶金硅）$\longrightarrow$ 三氯氢硅（或四氯化硅）$\xrightarrow{\text{纯化}}$ 精馏除杂 $\xrightarrow[\text{还原}]{H_2}$ 多晶硅

图1.17　硅砂制备高纯多晶硅工艺流程

(1)四氯化硅法　在早期，应用四氯化硅($SiCl_4$)作为硅源进行纯化，主要方法是精馏法和固体吸附法。精馏法是利用$SiCl_4$混合液中各种化学组分的沸点不同，通过加热的方法将$SiCl_4$和其他组分分离。固体吸附法是根据化学键的极性来对杂质进行分离。其反应过程的化学反应式为

$$SiCl_4 + 2H_2 \longrightarrow Si + 4HCl\uparrow$$

用这种方法需要1100～1200 ℃的高温，而且制取$SiCl_4$时氯气的消耗量很大，所以现在已很少使用。

(2)三氯氢硅法　又称改良西门子法，主要有以下3道关键工序。

由硅砂到冶金硅。将石英砂放在大型电弧炉中，用焦炭进行还原，化学反应式为

$$SiO_2 + 2C \longrightarrow Si + 2CO\uparrow$$

在高温下，SiO_2与焦炭发生反应，生成液态硅沉积在电弧炉底部，用铁作为催化剂可有效阻止碳化硅的形成。将液体硅定期倒出或在电弧炉底部开孔流出，并用氧气或氧一氯混合气体吹拂，以进一步提纯；然后倒入浅槽，逐渐凝固，便形成含硅97%～99%的冶金硅，其中还含有大量金属杂质，如铁、铜、锌、镍等。

由冶金硅到三氯氢硅。将冶金硅通过机械破碎并研磨成粉末，与盐酸在液化床上进行反应，得到三氯氢硅($SiHCl_3$)，化学反应式为

$$Si + 3HCl \longrightarrow SiHCl_3 + H_2\uparrow$$

由$SiHCl_3$到多晶硅。对$SiHCl_3$进行分馏，以达到超纯状态，再对超纯$SiHCl_3$液体通过高纯气体携带进入充有大量氢气的还原炉中，$SiHCl_3$在通电加热的细长硅芯表面发生反应，使得硅沉积在硅芯表面，化学反应式为

$$SiHCl_3 + H_2 \longrightarrow Si + 3HCl\uparrow$$

经过一周或更长的反应时间，还原炉中原来直径只有8 mm的硅芯将生长到直径150 mm左右，这样得到的硅棒可作为区熔法生长单晶硅的原料，也可破碎后作为直拉单晶法生长单晶硅棒的原料。

改良西门子法是在西门子法的基础上增加反应气体的回收，从而增加高纯多晶硅的出产率，主要回收并再利用的反应气体包括H_2、HCl、$SiCl_4$和$SiHCl_3$，形成一个完全闭环生产的过程。这是目前国内外大多数多晶硅厂用来生产电子级与太阳能级多晶硅的主流方法，其工艺流程如图1.18所示。

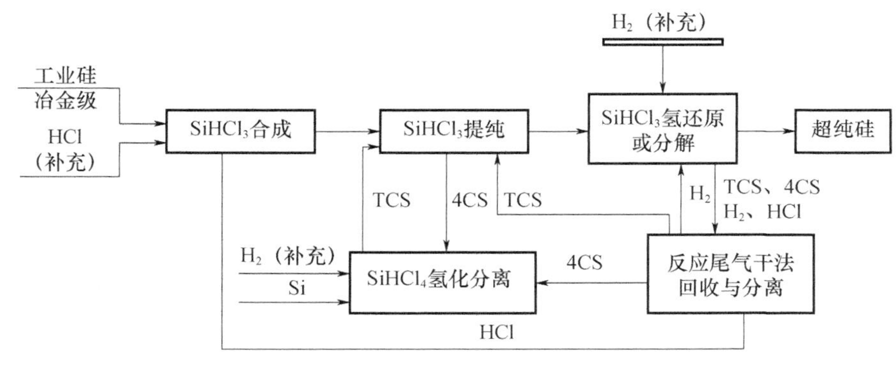

图1.18 改良西门子法工艺流程图

(3)硅烷法　硅烷(SiH_4)生产的工艺是基于化学反应$2Mg + Si \rightarrow Mg_2Si$，然后将硅化镁和氯化氨进行如下化学反应

$$Mg_2Si + 4NH_4Cl \longrightarrow SiH_4 + 2MgCl_2 + 4NH_3\uparrow$$

从而得到气体硅烷。高浓度的硅烷是一种易燃、易爆气体，要用高纯氮气或氢气稀释到3%～5%后充入钢瓶中使用。硅烷可以通过减压精馏、吸附和预热分解等方法进行纯化，化学反应式为

$$SiH_4 \longrightarrow Si + 2H_2\uparrow$$

硅烷法由于要消耗金属镁等还原剂，成本要比三氯氢硅法高，而且硅烷本身易燃、易爆，使用时受到一定限制，但此法去除硼等杂质很有效果，制成的多晶硅质量较高。

2.多晶硅锭的制备

由西门子法等得到的多晶硅棒因未掺杂等原因，不能直接用来制造太阳能电池。多晶硅太阳能电池是以多晶硅为基体材料的多晶硅铸锭制作的太阳能电池。其主要优点：能直接拉制出方形硅锭，设备比较简单，并能制出大型硅锭以形成工业化生产规模；材质电能消耗较低，并能用较低纯度的硅作投炉料；可在电池工艺方面采取措施降低晶界及其他杂质的影响。其主要缺点是生产出的多晶硅电池的转换效率要比单晶硅电池稍低。多晶硅的铸锭工艺主要有定向凝固法和浇铸法两种。

(1)定向凝固法　是将硅材料放在坩埚中熔融，然后将坩埚从热场逐渐下降或从坩埚底部通冷源，以造成一定的温度梯度，固液面则从坩埚底部向上移动而形成硅锭。经过定向凝固后，即可获得掺杂均匀、晶粒较大、呈纤维状的多晶硅锭。定向凝固法中有一种热交换法(HEM)，是在坩埚底部通入气体冷源来形成温度梯度，多晶硅定向凝固法的原理如图1.19所示。

(2)浇铸法　是将熔化后的硅液从坩埚倒入另一模具中形成硅锭，铸出的硅锭被切成方形硅片制作太阳能电池。此法设备简单、能耗低、成本低，但易造成位错，杂质缺

陷而导致转换效率低于单晶硅电池。

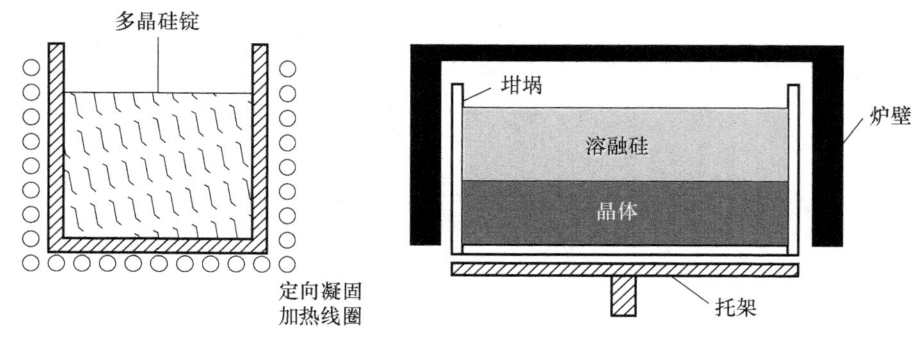

图 1.19　多晶硅定向凝固法原理图

近年来，多晶硅的铸锭工艺主要朝大锭方向发展。目前生产上铸出的是 69 cm×69 cm，重 240～300 kg 的方形硅锭。铸出此锭的炉时为 36～60 h，切片前的硅材料实收率可达 83.8%。由于铸锭尺寸的加大，使产率及单位重量的实收率都有所增加，提高了晶粒的尺寸及硅材料的纯度，降低了坩埚的损耗及电耗等，使多晶硅锭的加工成本较拉制单晶硅降低很多。

3. 片状硅的制备

片状硅又称硅带，是从熔体中直接生长出来的，可以减少由于切割而造成硅材料的损失，工艺也比较简单，片厚 100～200 μm。主要生长方法有限边喂膜法(EFG)、枝蔓蹼状晶法(WEB)、边缘支撑晶法(ESP)、小角度带状生长法、激光区熔法和颗粒硅带法。其中限边喂膜法和枝蔓蹼状晶法比较成熟。

限边喂膜法(EFG)，即在石墨坩埚中使熔融的硅从能润湿硅的模具狭缝中通过，而直接拉出正八角形硅筒，正八角的边长略大于 10 cm，管壁厚度(硅片厚)与石墨模具的毛细形状、控制温度和速度等有关，200～400 μm，管长约 5 m。再采用激光切割法将硅筒切成 10 cm×10 cm 的方形硅片。电池效率可达 13%～15%。用限边喂膜法进行大批量生产时，应满足的主要技术条件为：①采用自动控制温度梯度、固液交界的新月形的高度及硅带的宽度等，以有效地保证晶体生长的稳定性；②在模具对硅料的污染方面进行控制。

枝蔓蹼状晶法(WEB)，是从坩埚里长出两条枝蔓晶，由于表面张力的作用，两条枝晶中间会同时长出一层薄膜，切去两边的枝晶，用中间的片状晶来制作太阳能电池。由于硅片形状如蹼状，所以称为蹼状晶。它在各种硅带中质量最好，但生长速度相对较慢。

此外，还有带带法和滴转法等，这些方法目前还未进入大规模工业化生产。

4.单晶硅的制备

一般用于制造高纯单晶硅的工业生产方法主要是直拉单晶法和区熔法。

(1)直拉单晶法　又称切克劳斯基(Cz)法,如图1.20(a)所示。在单晶炉中将高纯多晶硅加热熔化,并在单晶炉中形成一定的温度梯度场,而且保持熔融的硅液面为硅晶体的特定凝固点,再将籽晶硅引向熔融的硅液面,然后一边旋转,一边提拉,熔融的硅就在同一方向定向凝固生长,得到单晶硅棒。

掺杂可在熔化硅之中进行,将一定量的p型或n型杂质置入硅料一起熔化,利用杂质在硅熔化和凝固时的溶解度之差,使一些有害杂质浓集于头部或底部,经过拉制,补偿成具有一定电阻率的晶体硅,同时可以起到钝化作用。

目前已能拉制直径大于16 in*、重达数百千克的大型单晶硅棒。

(2)区熔法　又称悬浮区熔法(Fz),如图1.20(b)所示,用通水冷却的高频线圈环绕硅单晶棒,高频线圈通电后使硅棒内产生涡电流而加热,导致硅棒局部熔化,出现浮区。及时缓慢地移动高频线圈,同时旋转硅棒,使熔化的硅重新结晶。利用硅中杂质的冷凝现象,提高了硅的纯度。反复移动高频线圈,可使得硅棒中段不断提纯,最后得到纯度高的单晶硅棒。因受到线圈功率的限制,区熔单晶硅棒的直径不能太大。

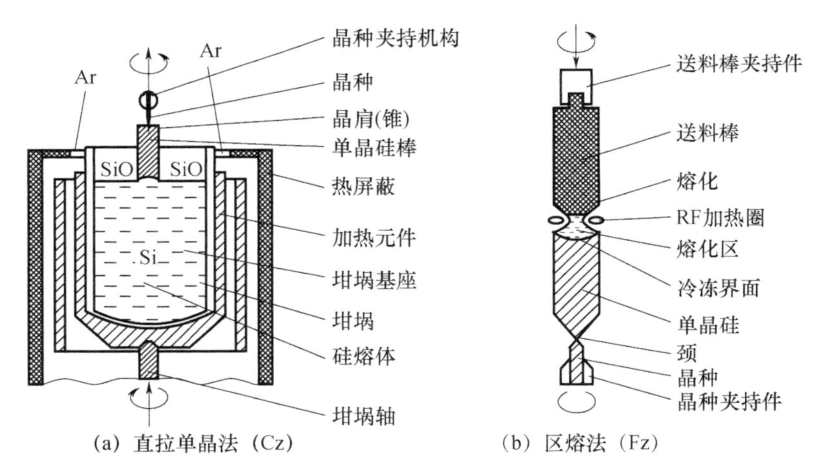

(a) 直拉单晶法 (Cz)　(b) 区熔法 (Fz)

图1.20　两种制备单晶硅的技术

多晶硅经过坩埚直拉法(Cz)或区熔法(Fz)制成单晶硅棒,硅材料的纯度可进一步提高,要求单晶硅缺陷和有害杂质少。在制备单晶硅的过程中可根据需要对其掺杂,地面用晶体硅太阳能电池材料的电阻率为0.5～3.0 Ω·cm,空间用硅太阳能电池材料的电阻率为10 Ω·cm。

*1in=25.4mm

1.3 太阳能电池制造工艺

1.3.1 硅片的加工

制成单晶硅棒或硅锭后，用内圆切片机或多线切片机切成0.24～0.44 mm的薄片，地面用晶体硅太阳能电池常用尺寸为直径100 mm的圆片或100 mm×100 mm的准方片，目前也有125 mm×125 mm、150 mm×150 mm的准方片或方片；空间用太阳能电池的尺寸为20 mm×20 mm或20 mm×40 mm，内圆切片机切片时，硅材料的损失接近50%，线切片机的材料损失要小些。空间用太阳能电池基片的导电类型为p型，地面用太阳能电池基片的导电类型一般也为p型。

硅片的加工，是将硅锭经表面整形、定向、切割、研磨、腐蚀、抛光、清洗等工艺，加工成具有一定直径、厚度、晶向和高度、表面平行度、平整度、光洁度，表面无缺陷、无崩边、无损伤层，高度完整、均匀、光洁的镜面硅片。硅片加工的一般工艺流程如图1.21所示。这一流程也包括了太阳能电池制造阶段硅片的表面处理工序，在连续生产中可以归并。

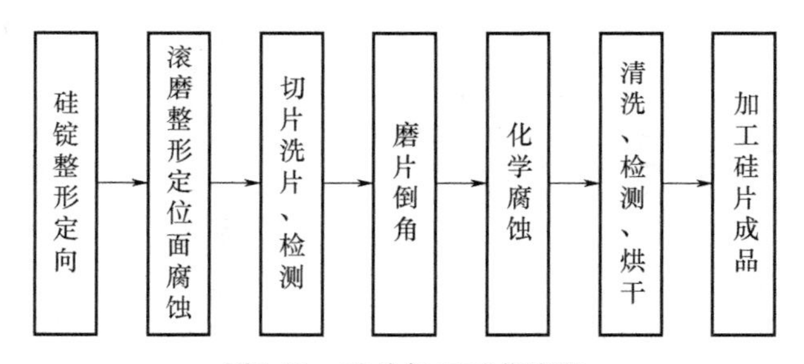

图1.21 硅片加工工艺流程

将硅锭按照技术要求切割成硅片，才能作为生产制造太阳能电池的基体材料。因此，硅片的切割，即通常所说的切片，是整个硅片加工的重要工序。所谓切片，就是将硅锭通过镶铸金刚砂(SiC)磨料的刀片(或钢丝)的高速旋转、接触、磨削作用，定向切割成为要求规格的硅片。切片工艺技术直接关系到硅片的质量和成品率。

对于切片工艺技术的原则要求是：①切割精度高、表面平行度好、翘曲度和厚度公差小。②断面完整性好，消除拉丝、刀痕和微裂纹。③提高成品率，缩小刀(钢丝)切缝，降低原材料损耗。④提高切割速度，实现自动化切割。切片的方法目前主要有外圆切割、内圆切割、线切割以及激光切割等。

目前工业生产中较多采用的切割方法之一是内圆切割。它是用内圆切割机将硅锭切割成0.2～0.4 mm的薄片。其刀体的厚度为0.1 mm左右，刀刃的厚度为0.20～0.25 mm，刀刃上粘有金刚砂粉。在切割过程中，每切割一片，硅材料有0.30～0.35 mm的厚度损失，因此硅材料的利用率仅为40%～50%。内圆切割刀片的示意图如图1.22所示。内圆式切割机的切割方法，可分成如图1.23所示4类：

(1)刀片水平安装，硅料水平方向送进切割。

(2)刀片垂直安装，硅料水平方向送进切割。

(3)刀片垂直安装，硅料垂直方向送进切割。

(4)刀片固定，硅片垂直方向送进切割。

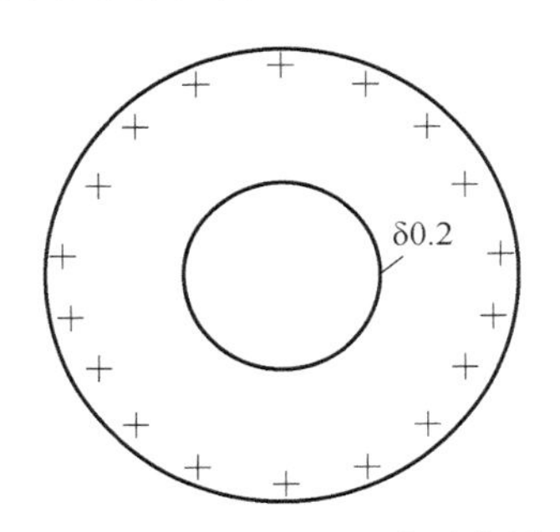

图1.22　内圆切割刀片示意图

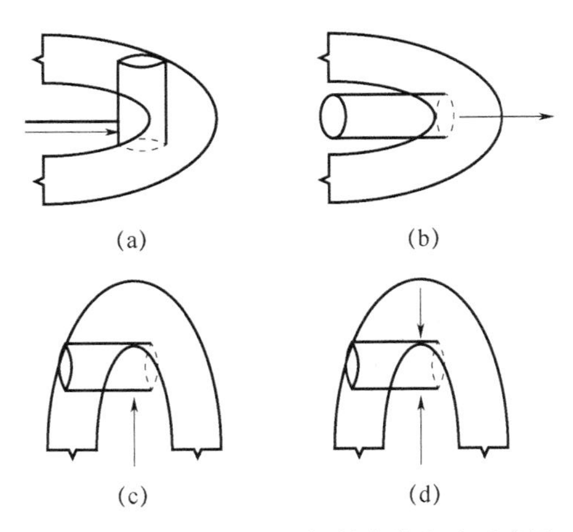

图1.23　内圆式切割机切割分类方法示意图

1.3.2　硅太阳能电池的制造

硅太阳能电池一般分为单晶硅太阳能电池和多晶硅太阳能电池，它们的制造工艺除原材料切割方式不同外，其他工序基本相同。

制造晶体硅太阳能电池包括绒面制备、扩散制结、制作电极和制备蒸镀减反射膜等主要工序。太阳能电池与其他半导体器件的主要区别是需要一个大面积的浅结实现能量转换，电极用来输出电能。绒面及减反射膜的作用是使电池的输出功率进一步提高。为使电池成为有用的器件，在电池的制造工艺中还包括去除背结和腐蚀周边两个辅助工序。一般来说，结特性是影响电池光电转换效率的主要因素，电极除影响电池的电性能外还关乎电池的可靠性和寿命的长短。常规晶体硅太阳能电池的一般生产制造工艺流程如图1.24所示。

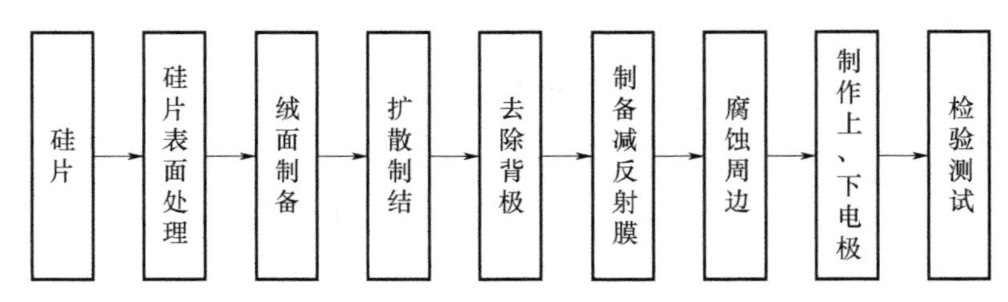

图1.24　晶体硅太阳能电池生产制造工艺流程

1. 硅片的选择

硅片是制造晶体硅太阳能电池的基本材料，它可以由纯度很高的硅棒、硅锭或硅带切割而成。硅材料的性质在很大程度上决定了成品电池的性能。选择硅片时，要考虑硅材料的导电类型、电阻率、晶向、位错、寿命等。硅片通常加工成方形、长方形、圆形或半圆形，厚度为0.18～0.40 mm。

选用制造太阳能电池硅片时，应考虑的主要技术原则如下：

(1)导电类型　在两种导电类型的硅材料中，p型硅常用硼为掺杂元素，用以制造n^+/p型硅电池；n型硅用磷或砷为掺杂元素，用以制造p^+/n型硅电池。这两种电池的各项参数大致相当。目前国内外大多采用p型硅材料。为降低成本，两种材料均可选用。

(2)电阻率　硅的电阻率与掺杂浓度有关。就太阳能电池制造而言，硅材料电阻率的范围相当宽，从0.1～50.0 Ω·cm甚至更大均可采用。在一定范围内，电池的开路电压随着硅基体电阻率的下降而增加。在材料电阻率较低时，能得到较高的开路电压，而短路电流略低，但总的转换效率较高。所以，地面应用宜使用0.50～3.02 Ω·cm的硅材料，空间用硅太阳能电池材料的电阻率约为10 Ω·cm。太低的电阻率，反而使开路电压降低，并导致填充因子下降。

(3)晶向、位错、寿命　太阳能电池较多选用<111>和<110>晶向生长的硅材料。对于单晶硅电池，一般都要求无位错和尽量长的少子寿命。

(4)几何尺寸主要有直径50 mm、70 mm、100 mm、200 mm的圆片和100 mm×100 mm、125 mm×125 mm、156 mm×156 mm的方片。硅片的厚度目前已由先前的

300～450 μm降为当前的180～350 μm。

2.硅片的表面处理

切好的硅片，表面脏且不平，因此在制造电池之前要先进行硅片的表面准备，包括硅片的化学清洗和硅片的表面腐蚀。化学清洗是为了除去玷污在硅片上的各种杂质，表面腐蚀的目的是除去硅片表面的切割损伤，获得适合制结要求的硅表面。制结前硅片表面的性能和状态直接影响结的特性，从而影响成品电池的性能，因此硅片的表面准备十分重要，是电池生产制造工艺流程的重要工序。

(1)硅片的化学清洗　由硅棒、硅锭或硅带所切割的硅片表面可能玷污的杂质可归纳为3类：①油脂、松香、蜡等有机物质。②金属、金属离子及各种无机化合物。③尘埃以及其他可溶性物质。通过一些化学清洗剂可达到去污的目的。常用的化学清洗剂有高纯水、有机溶剂(如甲苯、二甲苯、丙酮、三氯乙烯、四氯化碳等)、浓酸、强碱以及高纯中性洗涤剂等。

(2)硅片的表面腐蚀　硅片经化学清洗去污后，接着要进行表面腐蚀。这是因为机械切片后在硅片表面留有平均30～50 μm厚的损伤层，需在腐蚀液中腐蚀掉。通常使用的腐蚀液有酸性和碱性两类。

1)酸性腐蚀。硝酸和氢氟酸的混合液可以起到良好的腐蚀作用。浓硝酸与氢氟酸的配比为(10:1)～(2:1)，通过调整硝酸和氢氟酸的比例及溶液的温度，可控制腐蚀的速率。

如在腐蚀液中加入醋酸作缓冲剂，可使硅片表面光亮，硝酸、氢氟酸与醋酸的一般配比为5:3:3或5:1:1或6:1:1。

2)碱性腐蚀。硅可与氢氧化钠、氢氧化钾等碱溶液起作用，生成硅酸盐并放出氢气，因此碱溶液也可作为硅片的腐蚀液。碱腐蚀的硅片虽然没有酸腐蚀的硅片光亮平整，但所制成的成品电池的性能却是相同的。近年来国内外的生产实践表明，与酸腐蚀比较，碱腐蚀具有成本较低和环境污染较小的优点。

影响上述两类腐蚀效果的主要因素是腐蚀液的浓度和温度。硅片的一般清洗顺序是：先用有机溶剂初步去油，再用热浓硫酸去除残留的有机和无机杂质。硅片经表面腐蚀后，再经王水或碱性过氧化氢清洗液彻底清洗。

在完成化学清洗和表面腐蚀之后，要用高纯的去离子水冲洗硅片。

3.绒面制备

制备有效的绒面结构有助于提高电池的性能。由于入射光在硅片表面的多次反射和折射，增加了光的吸收，其反射率很低，主要体现在短路电流的提高。

单晶硅绒面结构的制备，就是利用硅的各向异性腐蚀，在硅表面形成金字塔结构。即利用氢氧化钠稀释液，乙二胺和磷苯二酚水溶液、乙醇胺水溶液等化学腐蚀剂对硅片表面进行绒面处理。如果以＜100＞面作为电池的表面，经过这些腐蚀液的处理后，硅片表面会出现<111>面形成的正方锥。这些正方锥像金字塔一样密布于硅片的表面，肉眼看来像丝绒一样，因此通常称为绒面结构，又称为表面织构化，如图1.25所示。经过绒面处理后，增加了入射光投射到硅片表面的机会，第一次没有被吸收的光被折射后投射到硅片表面的一晶面时仍然可能被吸收。这样可使入射光的反射率减少到10%以内，如果镀上一层减反射膜，还可进一步降低反射率。

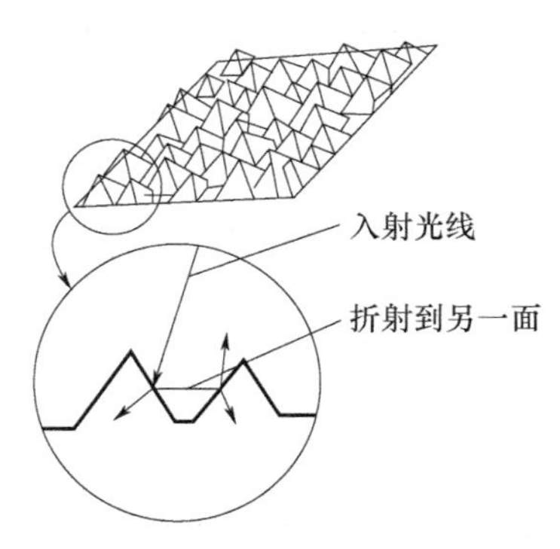

图1.25 绒面结构减少光的反射

4. 扩散制结

p—n结是晶体硅太阳能电池的核心部分。没有p—n结，便不能产生光电流，也就不称其为太阳能电池。因此，p—n结的制造是最主要的工序。制造过程就是在一块基体材料上生成导电类型不同的扩散层，形成p—n结。可用多种方法制备晶体硅太阳能电池的p—n结，主要有热扩散法、离子注入法、薄膜生长法、合金法、激光法和高频电注入法等。通常多采用热扩散法制结。此法又有涂布源扩散、液态源扩散和固态源扩散之分。其中氮化硼固态源扩散，因设备简单，操作方便，扩散硅片表面状态好，p—n结面平整，均匀性和重复性优于液态源扩散，适合于工业化生产。它通常采用片状氮化硼作源，在氮气保护下进行扩散。扩散前，氮化硼片先在扩散温度下通氮30 min，使其表面的三氧化二硼与硅发生反应，形成硼玻璃沉积在硅表面，硼向硅内部扩散。扩散温度为950～1000 ℃，扩散时间为15～30 min，氮气流量为2 L/min。对扩散的要求是，获得适合于太阳能电池p—n结需要的结深和扩散层方块电阻R(单位面积的半导体薄层所具有的电阻，利用它可以衡量扩散制结的质量)，常规晶体硅太阳能电池的结深一般控制在0.3～0.5 μm，方块电阻平均为20～100 Ω/μm。

5. 去除背结

在扩散过程中，硅片的背面也形成了p—n结，所以在制作电极前需要去除背结。

去除背结的常用方法主要有化学腐蚀法、磨片法和蒸铝或丝网印刷铝浆烧结法等。

(1)化学腐蚀法 掩蔽前结后用腐蚀液蚀去其余部分的扩散层。该法可同时除去背结和周边的扩散层,因此可省去腐蚀周边的工序。腐蚀后,背面平整光亮,适合于制作真空蒸镀的电极。前结的掩蔽一般用涂黑胶的方法。硅片腐蚀去背结后用溶剂去真空封蜡,再经浓硫酸或清洗液煮沸清洗,最后用去离子水洗净后烤干备用。

(2)磨片法 用金刚砂将背结磨去。也可将携带砂粒的压缩空气喷射到硅片背面以除去背结。背结除去后,磨片后背面形成一个粗糙的硅表面,因此适用于化学镀镍背电极的制造。

(3)蒸铝或丝网印刷铝浆烧结法 前两种方法对n^+/p型和p^+/n型电池制造工艺均适用,本法则仅适用于n^+/p型电池制造工艺。此法是在扩散硅片背面真空蒸镀或丝网印刷一层铝,加热或烧结到铝-硅共熔点(577 ℃)以上使它们成为合金。经过合金化以后,随着降温,液相中的硅将重新凝固出来,形成含有少量铝的再结晶层。它实际上是一个对硅掺杂过程。在足够的铝量和合金温度下,背面甚至能形成与前结方向相同的电场,称为背面场。目前该法已被用于大批量的工业化生产,从而提高了电池的开路电压和短路电流,并减小了接触电阻。

6.制备减反射膜

光在硅表面的反射损失率高达35%左右。为减少硅表面对光的反射,可采用真空镀膜法、气相生长法或其他化学方法等,在已制好的电池正面蒸镀一层或多层二氧化硅或二氧化钛或五氧化二钽或五氧化二铌减反射膜。减反射膜不但具有减少光反射的作用,而且对电池表面还可起到钝化和保护的作用。对减反射膜的要求是:膜对入射光波长范围的吸收率要小,膜的物理与化学稳定性要好,膜层与硅能形成牢固的粘接,膜对潮湿空气及酸碱气氛有一定的抵抗能力,并且制作工艺简单、价格低廉。其中二氧化硅膜,工艺成熟,制作简便,为目前生产上所常用。它可提高太阳能电池的光能利用率,增加电池的电能输出。镀上一层减反射膜可将入射光的反射率减少到10%左右,而镀上两层则可将反射率减少到4%以下。

7.腐蚀周边

在扩散制结过程中,硅片的周边表面也有扩散层形成。硅片周边表面的扩散层会使电池上、下电极形成短路环,必须将其去除。周边上存在任何微小的局部短路,都会使电池并联电阻下降,以致成为废品。去除周边的方法主要有腐蚀法和挤压法。腐蚀法是将硅片两面掩蔽好,在硝酸、氢氟酸组成的腐蚀液中腐蚀30 s左右。挤压法则是用大小与硅片相同而略带弹性的耐酸橡胶或塑料与硅片相间整齐地隔开,施加一定压力阻止腐蚀液渗入缝隙,以取得掩蔽的方法。

8.制作上、下电极

为输出电池光电转换所获得的电能,必须在电池上制作正、负两个电极。所谓电极,就是与电池p-n结形成紧密欧姆接触的导电材料。通常对电极的要求有:①接触电阻小。②收集效率高。③遮蔽面积小。④能与硅形成牢固的接触。⑤稳定性好。⑥宜于加工。⑦成本低。⑧易于引线,可焊性强。⑨体电阻小,污染小。制作方法主要有真空蒸镀法、化学镀镍法、银/铝浆印刷烧结法等。所用金属材料,主要有铝、钛、银、镍等。习惯上,把制作在电池光照面的电极称为上电极,把制作在电池背面的电极称为下电极或背电极。上电极通常制成窄细的栅线状,这有利于对光生电流的收集,并使电池有较大的受光面积。下电极则布满全部或绝大部分电池的背面,以减小电池的串联电阻。n^+/p型电池上电极是负极,下电极是正极;p^+/n型电池则正好相反,上电极是正极,下电极是负极。

银/铝浆印刷烧结法是目前晶体硅太阳能电池商品化生产大量采用的方法。其工艺为:把硅片置于真空镀膜机的钟罩内,当真空度抽到足够高时,便凝结成一层铝薄膜,其厚度控制在30～100 nm。然后,再在铝薄膜上蒸镀一层银,厚度为2～5 μm,为便于电池的组合装配,电极上还需钎焊一层锡－铝－银合金焊料。此外,为得到栅线状的上电极,在蒸镀铝和银时,硅表面需放置一定形状的金属掩膜。上电极栅线密度一般为2～4条/cm,多的可达10～19条/cm,最多的可达60条/cm。用丝网印刷技术制作上电极,既可降低成本,又便于自动化连续生产。所谓丝网印刷,是用涤纶薄膜等制成所需电极图形的掩膜,贴在丝网上,然后套在硅片上,用银浆、铝浆印刷出所需电极的图形,经过在真空和保护气氛中烧结,形成牢固的接触电极。

金属电极与硅基体粘接的牢固程度是显示太阳能电池性能的主要指标之一。电极脱落往往是电池失效的重要原因,在电极的制作中应十分注意粘接的牢固性。

9.检验测试

太阳能电池制作经过上述工艺完成后,在作为成品电池入库前,必须通过测试仪器测量其性能参数,以检验其质量是否合格。一般需要测量的参数有最佳工作电压、最佳工作电流、最大功率(也称峰值功率)、转换效率、开路电压、短路电流、填充因子等,通常还要画出太阳能电池的伏安($I-U$)特性曲线。

太阳能电池的测试仪器大致由光源、箱体及电池夹持机构、测量仪表及显示部分等组成。光源要求所发出光束的光谱尽量接近于地面太阳光谱AM1.5,在工作区内光强均匀稳定,并且强度可以在一定范围内调节。由于光源功率很大,为了节省能源和避免测试区内温度升高,多数测试仪都采用脉冲闪光方式。电池夹持机构要做到牢固可靠,操作方便,探针与太阳能电池和台面之间要尽量做到欧姆接触,因为太阳能电池的尺寸在向大面积大电流的方向发展,这就要求测试太阳能电池时一定要接触良好。例如,156 mm×156 mm硅太阳能电池的电流大约为8 A,而单体太阳能电池的开路电压为0.5～0.6 V,在测试时由于接触不好,即使产生0.01 Ω的串联电阻,都会造成0.01 Ω×8 A＝0.08 V的电压降,这对太阳能电池的测试是绝对不容许的。因此,测量大面积太阳能电池时必须使用开尔文电极,也就是通常所说的四线制,以保证测量的精确度。

有些测试仪带有恒温装置，可使电池测试时温度保持在25 ℃。如果没有恒温装置，应使测量时尽量减少室内温度变化，并且要测出当时的电池温度，将测量结果按照有关规定进行修正。

测量得到的性能参数及伏安特性曲线，通常可以在计算机上显示并打印。

有些电池测试仪还可以根据测试结果，将不同性能参数的太阳能电池自动进行分类，这样可以避免在封装成组件时重新进行分拣的麻烦。

现代太阳能电池测试设备系统主要包括太阳模拟器、测试电路和计算机测试控制与处理3部分。太阳模拟器主要包括电光源电路、光路机械装置和滤光装置3部分。测试电路采用钳位电压式电子负载与计算机相连，计算机测试控制器主要完成对电光源电路的闪光脉冲的控制、伏安特性数据的采集、自动处理、显示等。太阳能电池测试设备系统如图1.26所示。

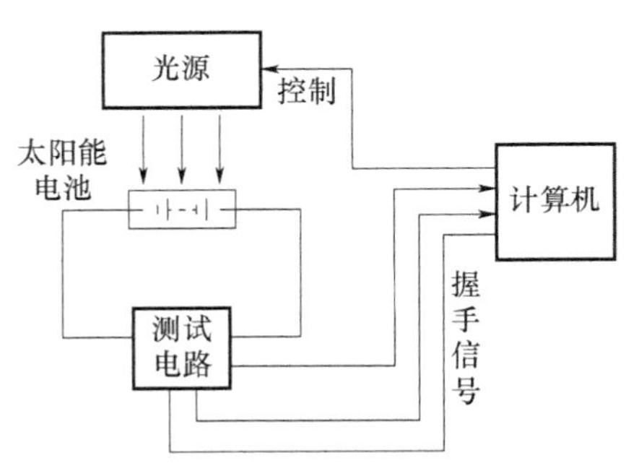

图1.26　太阳能电池测试设备系统

上述是一般通用的晶体硅太阳能电池的生产工艺流程。近年来，晶体硅太阳能电池的光电转换效率不断提高，有许多新结构、新工艺相继应用于工业化生产。

1.3.3　新型太阳能电池简介

1.新型高效单晶硅太阳能电池

为了提高太阳能电池的转换效率，探索了多种结构和技术来改进电池的性能：采用背电场减小了背表面处的复合，提高了开路电压。浅结电池减小了正表面复合，提高了短路电流。金属绝缘体半导体(MIS)和金属绝缘体NP(MINP)太阳能电池则进一步降低了电池的正表面复合。近几年表面钝化技术的进步，从薄的氧化层(＜10 nm)到厚氧化层(约110 nm)，使表面态密度和表面复合速度大大降低，单晶硅太阳能电池的转换效率得到了迅速提高。下面介绍几种高效、低成本硅太阳能电池。

(1)发射极钝化及背表面局部扩散太阳能电池(PERL)　电池正、反两面都进行钝化，并采用光刻技术将电池表面的氧化层制作成倒金字塔。两面的金属接触面都进一步缩小，其接触点进行硼与磷的重掺杂，局部背场技术(LBSF)使背接触点处的复合得到了减少，且背面由于铝在二氧化硅上形成了很好的反射面，使入射的长波光反射回电池体内，增加了对光的吸收，如图1.27所示。这种单晶硅电池的光电效率已达24.7%，多晶硅电池的光电效率已达19.9%。

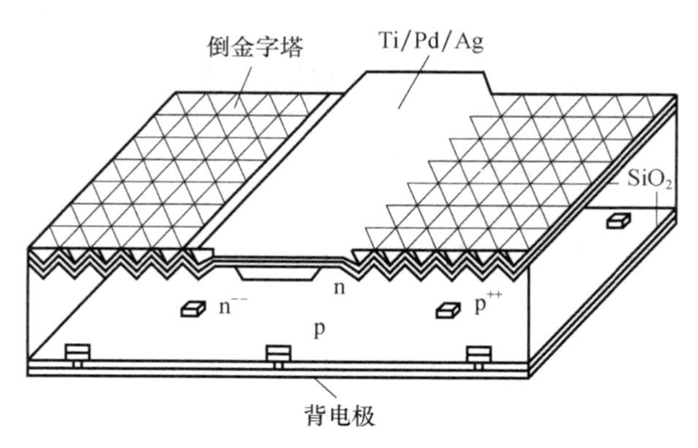

图1.27　PERL太阳能电池

(2)埋栅太阳能电池(BCSC)　采用激光刻槽或机械刻槽。激光在硅片表面刻槽，然后化学镀铜，制作电极，如图1.28所示。批量生产这种电池的光电效率已达17%，我国实验室光电效率为19.55%。

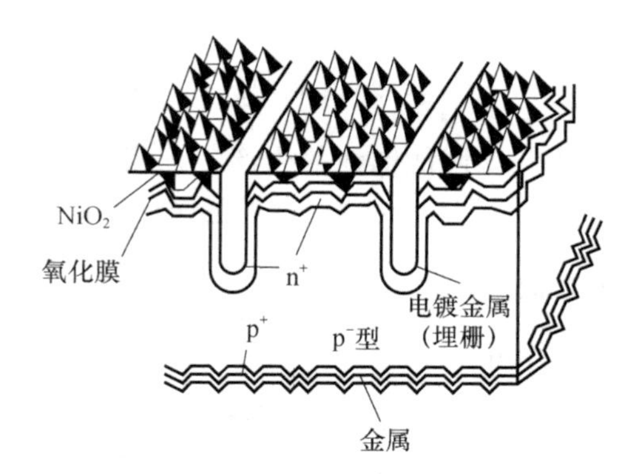

图1.28　BCSC太阳能电池

(3)高效背表面反射器太阳能电池(BSR)　这种电池的背面和背面接触之间用真空蒸镀的方法沉积一层高反射率的金属表面(一般为铝)。背反射器就是将电池背面做成反射面，它能发射透过电池基体到达背表面的光，从而增加光的利用率，使太阳能电池的短路电流增加。

(4)高效背表面场和背表面反射器太阳能电池(BSFR)　BSFR电池也称为漂移场

太阳能电池，它是在BSR电池结构的基础上再做一层p^+层。这种场有助于光生电子空穴对的分离和少数载流子的收集。目前BSFR电池的效率为14.8%。

2.多晶硅薄膜太阳能电池

多晶硅薄膜是由许多大小不等和具有不同晶面取向的小晶粒构成，其特点是在长波段具有高光敏性，对可见光能有效吸收，又具有与晶体硅一样的光照稳定性，因此被认为是高效、低耗的理想光伏器件材料。

目前多晶硅薄膜太阳能电池光电效率达16.9%，但仍处于实验室阶段，如果能找到一种好的方法在廉价的衬底上制备性能良好的多晶硅薄膜太阳能电池，该电池就可以进入商业化生产，这也是目前研究的重点。多晶硅薄膜太阳能电池由于其良好的稳定性和丰富的材料来源，是一种很有前途的地面用廉价太阳能电池。

3.非晶硅太阳能电池

晶体硅太阳能电池通常的厚度为300 μm左右，这是因为晶体硅是间接吸收半导体材料，光的吸收系数低，需要较厚的厚度才能充分吸收阳光。非晶硅亦称无定形硅或a－Si，是直接吸收半导体材料，光的吸收系数很高，仅几微米就能完全吸收阳光，因此太阳能电池可以做得很薄，材料和制作成本较低。

无定形硅从微观原子排列来看，是一种“长程无序”而“短程有序”的连续无规则网络结构，其中包含有大量的悬挂键、空位等缺陷。在技术上有实用价值的是a－Si:H合金。在这种合金膜中，氢补偿了a－Si中的悬挂键，使缺陷态密度大大降低，掺杂成为可能。

(1)非晶硅的优点

1)有较高的光学吸收系数，在0.315～0.750 μm的可见光波长范围内，其吸收系数比单晶硅高一个数量级，因此，很薄(1 μm左右)的非晶硅就能吸收大部分的可见光，制备材料成本也低。

2)禁带宽度为1.5～2.0 eV，比晶体硅的1.12 eV大，与太阳光谱有更好的匹配。

3)制备工艺和所需设备简单，沉积温度低(300～400 ℃)，耗能少。

4)可沉积在廉价的衬底上，如玻璃、不锈钢，甚至耐温塑料等，可做成能弯曲的柔性电池。

由于非晶硅有上述优点，许多国家都很重视非晶硅太阳能电池的研究开发。

(2)非晶硅太阳能电池结构及性能

1)非晶硅太阳能电池结构。性能较好的非晶硅太阳能电池结构有p－i－n结构，如图1.29所示。

2)非晶硅太阳能电池的性能

a.非晶硅太阳能电池的电性能。目前非晶硅太阳能电池的实验室光电转换效率达15%，稳定效率为13%。商品化非晶硅太阳能电池的光电效率一般为6.0%～7.5%。

非晶硅太阳能电池的温度变化情况与晶体硅太阳能电池不同,温度升高,对其效率的影响比晶体硅太阳能电池要小。

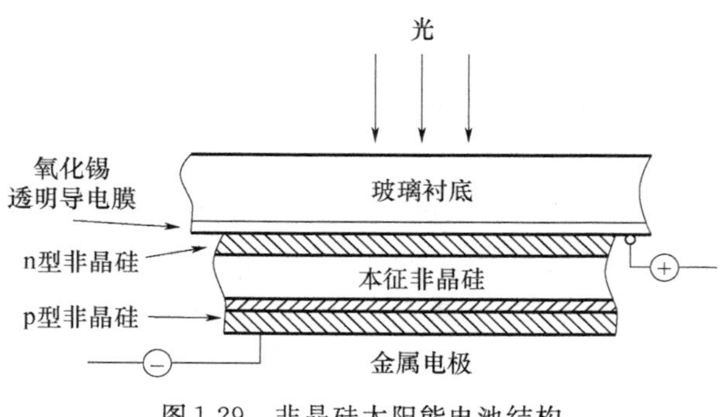

图 1.29　非晶硅太阳能电池结构

b.光致衰减效应。非晶硅太阳能电池经光照后,会产生10%～30%的电性能衰减,这种现象称为非晶硅太阳能电池的光致衰减效应,此效应限制了非晶硅太阳能电池作为功率发电器件的大规模应用。为减小这种光致衰减效应又开发了双结和三结的非晶硅叠层太阳能电池,目前实验室中光致衰减效应已减小至10%。

非晶硅太阳能电池由于价格比单晶硅太阳能电池便宜,在市场上已占有较大的份额,但性能不够稳定,尚没有广泛作为大功率电源,主要用于计算器、电子表、收音机等弱光和微功率器件。

4.化合物薄膜太阳能电池

目前太阳能电池(单晶硅、多晶硅电池)价格偏高,其中原因之一是电池材料费且消耗大。因而,开发研制薄膜太阳能电池就成为降低太阳能电池价格的重要途径。

薄膜太阳能电池由沉积在玻璃、不锈钢、塑料、陶瓷衬底或薄膜上的几微米或几十微米厚的半导体膜构成。由于其半导体层很薄,可以大大节省太阳能电池材料,降低生产成本,是最有前景的新型太阳能电池。

晶体硅太阳能电池的基片厚度通常为300 μm以上。薄膜太阳能电池在适当的衬底上只需生长几微米至几十微米厚度的光伏材料即能满足对光的大部分吸收,实现光电转换的需要。这样,就可以减少价格昂贵的半导体材料,从而可以大大降低成本。薄膜化的活性层必须用基板来加强其机械性能,在基板上形成的半导体薄膜可以是多晶的,也可以是非晶的,不一定用单晶材料。因此,研究开发出不同材料的薄膜太阳能电池是降低价格的有效途径。

(1)化合物多晶薄膜太阳能电池　除上面介绍过的a－Si太阳能电池和多晶硅薄膜太阳能电池外,目前已开发出的化合物多晶薄膜太阳能电池主要有:硫化镉/碲化镉(CdS/CdTe)、硫化镉/铜铵钢硒($CdS/CuGalnSe_2$)、硫化镉/硫化亚铜(CdS/Cu_2S)等,其中相对较好的有CdS/CdTe电池和CdS/CuGalnSe$_2$电池。

(2)化合物薄膜太阳能电池的制备研究　各种化合物半导体薄膜太阳能电池的目的是找出一种廉价、高成品率的工艺方法,这是走向工业化生产的关键。由于所采用的材料性能的差异,成功的工艺方法也各异,下面仅介绍两种薄膜太阳能电池。

1)CdS/CaTe薄膜太阳能电池。CdS/CaTe薄膜太阳能电池制造工艺完全不同于硅太阳能电池,不需要形成单晶,可以连续大面积生产,与晶体硅太阳能电池相比,虽然效率低,但价格比较便宜。这类电池目前存在性能不稳定问题,长期使用电性能严重衰退,技术上还有待改进。

2)CdS/CulnSe$_2$薄膜太阳能电池。CdS/CulnsSe$_2$薄膜太阳能电池是以铜钢硒三元化合物半导体为基本材料制成的多晶薄膜太阳能电池,性能稳定,光电转换效率较高,成本低,是一种发展前景良好的太阳能电池。

5.砷化镓太阳能电池

(1)砷化镓太阳能电池的优点

1)砷化镓的禁带宽度(1.424 eV)与太阳光谱匹配好,效率较高。

2)砷化镓的禁带宽度大,其太阳能电池可以适应高温下工作。

3)砷化镓的吸收系数大,只要5 μm厚度就能吸收90%以上太阳光,太阳能电池可做得很薄。

4)砷化镓太阳能电池耐辐射性能好,由于砷化镓是直接跃迁型半导体,少数载流子的寿命短,所以,由高能射线引起的衰减较小。

5)在砷化镓多晶薄膜太阳能电池中,晶粒直径只需几微米。

6)在获得同样转换效率的情况下,砷化镓开路电压大,短路电流小,不容易受串联电阻影响,这种特征在大倍数聚光、流过大电流的情况下尤为优越。

(2)砷化镓太阳能电池的缺点

1)砷化镓单晶晶片价格比较昂贵。

2)砷化镓密度为5.318 g/cm^3(298 K),而硅的密度为2.329 g/cm^3(298 K),这在空间应用中不利。

3)砷化镓比较脆,易损坏。

由于砷化镓的光吸收系数很大,入射光的绝大多数在太阳能电池的表面层被吸收,因此,太阳能电池性能对表面的状态非常敏感。早期制作的砷化镓太阳能电池,常常由于表面的高复合速率严重影响电池对短波长光的响应,使电池效率低下。后期采用液相外延技术。在砷化镓表面生长一层光学透明的宽禁带镓铝砷异质面窗口层,阻碍少数载流子流向表面发生复合,使效率明显提高。

(3)砷化镓太阳能电池的结构　砷化镓异质面太阳能电池的结构如图1.30所示,目前单结砷化镓太阳能电池的转换效率已达27%,GaP/GaAs叠层太阳能电池的转换效率高达30%(AM1.5,25 ℃,1000 W/m²),由于砷化镓太阳能电池具有较高的效率和良好的耐辐照特性,国际上已开始在部分卫星上试用,转换效率为17%~18%(AM0)。

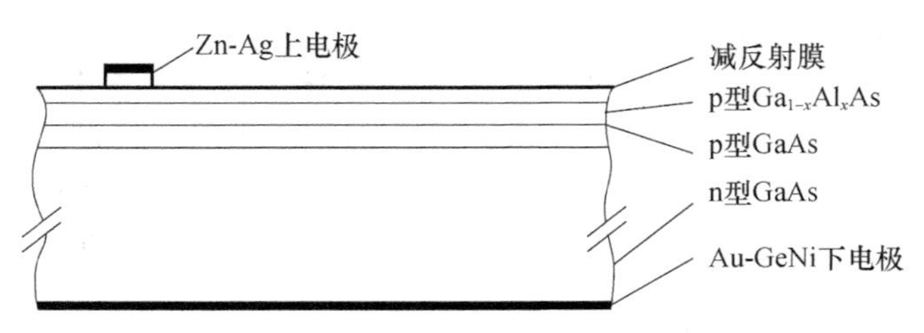

图1.30 砷化镓异质面太阳能电池的结构

6.聚光太阳能电池

聚光太阳能电池是在高倍太阳光下工作的太阳能电池。通过聚光器,使大面积聚光器接受的太阳光汇聚在一个较小的范围内,形成"焦斑"或"焦带",位于焦斑或焦带处的太阳能电池得到较高的光能,使单体电池输出更多的电能,其潜力得到了发挥。一只聚光电池输出的功率可相当于几十只甚至更多常规电池的输出功率之和。这样,用廉价的光学材料节省昂贵的半导体材料,可使发电成本降低。为了保证焦斑汇聚在聚光电池上,聚光器和聚光电池通常安装在太阳跟踪装置上。

聚光电池的种类很多,而且器件理论、制造和应用都与常规电池有很大不同。下面仅简单介绍平面结聚光硅太阳能电池。

一般说来,硅太阳能电池的输出功率基本上与光强成比例增加。一个直径为3 cm的圆形常规电池,在一个太阳(系指光强为1000 W/m²的阳光,下同)下输出功率约为70 mW,同样面积的聚光电池,如在100个太阳辐照度(指光强为100 kW/m²的阳光)下工作,则可输出约7 W。聚光电池的短路电流基本上与光强成比例增加。处于高光强下工作的电池,开路电压也有提高。填充因子同样取决于电池的串联电阻,聚光电池的串联电阻与光强的大小及光的均匀性密切相关。聚光电池对其串联电阻的要求很高,一般要求特殊的密栅线设计和制造工艺,高光强可以提高填充因子,但电池上各处光强不均匀也会降低填充因子。

在高光强下工作时,电池的温度会上升很多,此时必须使太阳能电池强制降温,并且由于需要对太阳进行跟踪,需要额外的动力、控制装置和严格的抗风措施。

随着聚光比的提高,聚光光伏系统所接收到光线的角度范围就会变小,为了更加充分地利用太阳光,使太阳总是能够精确地垂直入射在聚光电池上,尤其是对于高倍聚光系统,必须配备跟踪装置。

太阳每天从东向西运动,高度角和方位角在不断改变,同时在一年中,太阳赤纬角还在−23.45°~23.45°间来回变化。当然,太阳位置在东西方向的变化是主要的,在地平坐标系中，太阳的方位角每天差不多都要改变180°，而太阳赤纬角在一年中的变化也有46.90°。所以跟踪方法又有单轴跟踪和双轴跟踪之分，单轴跟踪只在东西方向跟踪太阳，双轴跟踪则除东西方向外，同时还在南北方向跟踪。显然，双轴跟踪的效果要比单轴跟踪好，当然双轴跟踪的结构比较复杂，价格也较高。太阳能自动跟踪聚焦式光伏系统的关键技术是精确跟踪太阳，其聚光比越大，跟踪精度要求就越高，聚光比为400时跟踪精度要求小于0.2°。在一般情况下，跟踪精度越高，跟踪装置的结构就越复杂，控制要求也越高，造价也就越贵，有的甚至要高于光伏系统中太阳能电池的造价。

点聚焦型聚光器一般要求双轴跟踪，线聚焦型聚光器仅需单轴跟踪，有些简单的低倍聚光系统也可不用跟踪装置。

跟踪装置主要包括机械结构和控制部分，有多种形式。例如，有的采取用以石英晶体为振荡源，驱动步进机构，每隔4 min驱动一次，每次立轴旋转1°，每昼夜旋转360°的时钟运动方式，进行单轴、间歇式主动跟踪。比较普遍的是采用光敏差动控制方式，主要由传感器、方位角跟踪机构、高度角跟踪机构和自动控制装置等组成。当太阳光辐照度达到工作照度时自动开机，在太阳光线发生倾斜时，高灵敏探头将检测到的“光差变化”信号转换成电信号，并传给自动跟踪太阳控制器，自动跟踪控制器驱使电动机开始工作，通过机械减速及传动机构，使太阳能电池板旋转，直到正对太阳的位置时，光差变化为0，高灵敏探头给自动跟踪控制器发出停止信号，自动跟踪控制器停止输出高电平，使其主光轴始终与太阳光线平行。当太阳西下且亮度低于工作照度时，自动跟踪系统停止工作。第二天早晨，太阳从东方升起，跟踪系统转向东方，再自东向西转动，实现自动跟踪太阳的目的。

7.光电化学太阳能电池

(1)光电化学太阳能电池的特点　早在1839年就开始发现电化学体系的光效应，即将铂、金、铜、银卤化物作电极，浸入稀酸溶液中，当以光照射电极一侧时就产生电流。从20世纪70年代初开始，对这个领域的研究日渐增多。利用半导体液体结制成的电池称为光电化学电池，这种电池有下列一些优点。

1)形成半导体—电解质界面很方便，制造方法简单，没有固体器件形成p—n结和栅线时的复杂工艺，从理论上讲，其转换效率可与p—n结或金属栅线接触相比较。

2)可以直接由光能转换成化学能，这就解决了能源储存问题。

3)几种不同能级的半导体电极可结合在一个电池内，使光可以透过溶液直达势垒区。

4)可以不用单晶材料而用半导体多晶薄膜，或粉末烧结法制成电极材料。

用简单方法能制成大面积光电化学电池，为降低太阳能电池生产成本提供了新的途径，因而光电化学电池被认为是太阳能利用的一个崭新方法。

(2)光电化学太阳能电池的结构与分类

1)光生化学电池。光生化学电池的结构如图1.31所示,电池由阳极、阴极和电解质溶液组成,两个电极(电子导体)浸在电解质溶液(离子导体)中,当受到外部光照时,光被溶液中的溶质分子所吸收,引起电荷分离,在光照电极附近发生氧化还原反应,由于金属电极和溶液分子之间的电子迁移速度差别很大而产生电流,这类电池称为光生化学电池,也称光伽伐尼电池,目前所能达到的光电转换效率还很低。

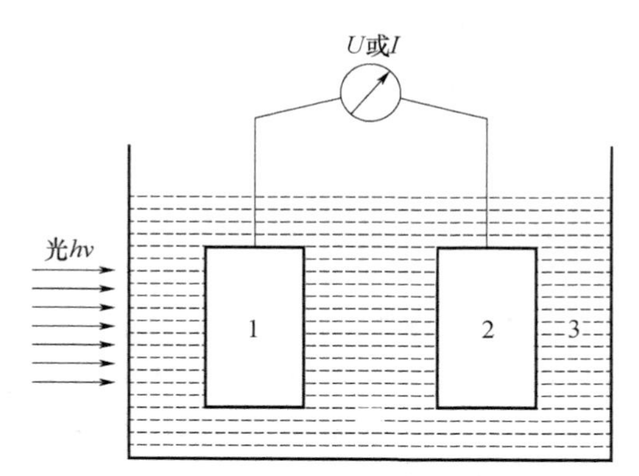

图1.31 光电化学太阳能电池的结构

1,2—电极;3—电解质溶液

2)半导体—电解质光电化学电池。半导体—电解质光电化学电池是照射光被半导体电极所吸收,在半导体电极—电解质界面进行电荷分离,若电极为n型半导体,则在界面发生氧化反应,这类电池称为半导体电解质光电化学电池。由于在光电转换形式上它与一般太阳能电池有些类似,都是光子激发产生电子和空穴,也称为半导体电解质太阳能电池或湿式太阳能电池。但它与p—n结太阳能电池不同,是利用半导体电解质液体界面进行电荷分离而实现光电转换的,所以也称它为半导体—液体结太阳能电池。

1.4 太阳能电池组件的封装

1.4.1 太阳能电池组件设计

1.太阳能电池单体

前面叙述的太阳能电池,在太阳能电池的结构术语中,称它为太阳能电池单体或太阳能电池片,是将光能转换成电能的最小单元,尺寸一般为2 cm×2 cm到15 cm×15 cm不等。太阳能电池单体的工作电压为0.45~0.50 V(开路电压约0.6 V),典型值为0.48 V,工作电流为20~25 mA/cm^2,一般不直接作为电源使用,其原因如下:

(1)单体电池是由单晶硅或多晶硅材料制成，薄(厚度约0.2 mm)而脆，不能经受较大的撞击。

(2)太阳能电池的电极尽管在材料和制造工艺上不断改进，使它能耐湿、耐腐蚀，但还不能长期裸露使用。大气中的水分和腐蚀性气体会缓慢地腐蚀电极(尤其是上电极和硅扩散层表面的接触面)，逐渐使电极脱落，导致太阳能电池寿命终止。因此，在使用中必须将太阳能电池与大气隔绝。

(3)单体硅太阳能电池片无论面积大小(整片或切割成小片)，其开路电压是0.5～0.6 V，工作电压0.45～0.50 V(典型值或峰值电压0.48 V)远不能满足一般用电设备的电压要求，这是由硅材料本身性质所决定的。电池片输出电流和发电功率与其面积大小成正比，面积越大，输出电流和发电功率越大。单体太阳能电池的面积受到硅材料尺寸的限制(电池片的尺寸一般为2 cm×2 cm到15 cm×15 cm不等)，工作电流为20～25 mA/cm²，所以输出功率很小。目前较大的单体太阳能电池尺寸为15 cm×15 cm，峰值功率约为3 W，常见的太阳能电池尺寸为直径10 cm的圆片和10 cm×10 cm的正方片，峰值功率约分别为1 W和1.4 W。而常用电器需要6 V以上工作电压和十几瓦以上的电功率，因此，单体太阳能电池是不能满足的。

2. 太阳能电池组件设计

太阳能电池实际使用时要按负载要求，将若干单体电池按电性能分类进行串并联，经封装后组合成可以独立作为电源使用的最小单元，这个独立的最小单元称为太阳能电池组件。若干太阳能电池组件串并联构成太阳能电池方阵，以满足各种不同的用电需求。

太阳能电池的单体、组件和方阵如图1.32所示。

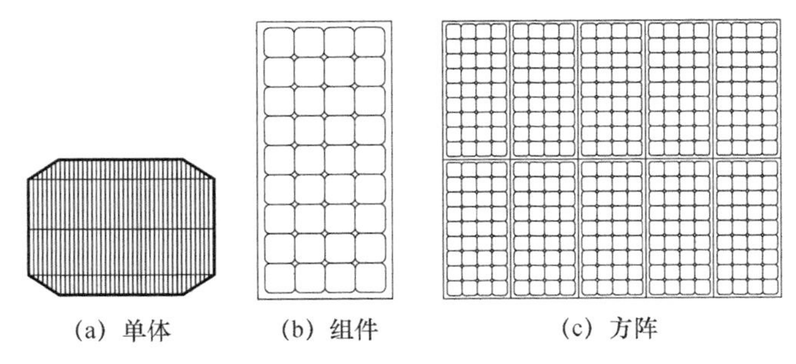

(a) 单体　(b) 组件　(c) 方阵

图1.32　太阳能电池的单体、组件和方阵

(1)太阳能电池组件　单体电池的连接方式将单体电池连接起来构成电池组件，主要有串联连接、并联连接和串并联混合连接方式，如图1.33所示。

如果每个单体电池的性能是一致的，多个单体电池的串联连接，可在不改变输出电流的情况下，使输出电压成比例地增加；并联连接方式，则可在不改变输出电压的情况下，使输出电流成比例地增加；而串并联混合连接方式，则既可增加组件的输出电压，又可增加组件的输出电流。太阳能电池标准组件一般用9串4列或12串3列共36片的单体电池串联而成，由于一片太阳能电池单体工作电压典型值为0.48 V，则太阳能电池标准组件额定输出电压约为17 V，正好可以对12 V的蓄电池进行有效充电。

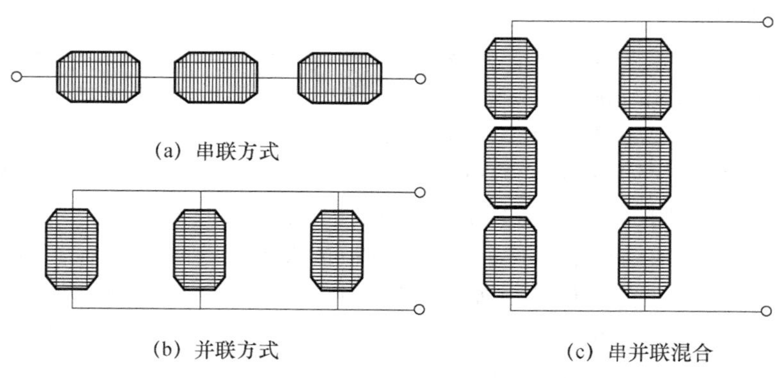

图1.33　太阳能电池的连接方式

制作太阳能电池组件时，根据标称的工作电压确定单片太阳能电池的串联数；根据标称的输出功率(或工作电流)来确定太阳能电池片的并联数。

(2)太阳能电池组件的板型设计　考虑到尽量节约封装材料，要尽量合理地排列太阳能电池，使其总面积尽量减小。在生产电池组件之前，就要对电池组件的外型尺寸、输出功率以及电池片的排列布局等进行设计，这种设计在业内就叫太阳能电池组件的板型设计。电池组件板型设计的过程是一个对电池组件的外型尺寸、输出功率、电池片排列布局等因素综合考虑的过程。设计者既要了解电池片的性能参数，还要了解电池组件的生产工艺过程和用户的使用需求，做到电池组件尺寸合理、电池片排布紧凑美观。

组件的板形设计一般从两个方向入手：一是根据现有电池片的功率和尺寸确定组件的功率和尺寸；二是根据组件尺寸和功率要求选择电池片的尺寸和功率。

电池组件不论功率大小，一般都是由36片、72片、54片和60片等几种串联形式组成。常见的排布方法有4片×9片、6片×6片、6片×12片、6片×9片和6片×10片等。下面就以36片串联形式的电池组件为例介绍电池组件的板型设计方法。

例如，要生产一块20 W的太阳能电池组件，现在手头有单片功率为2.2～2.3 W的125 mm×125 mm单晶硅电池片，需要确定组件板型和尺寸。根据电池片情况，首先确定选用2.3 W的电池片9片(组件功率为2.3 W×9=20.7 W，符合设计要求，设计时组件功率误差在±5%以内可视为合格)，并将其4等分切割成36小片，电池片排列可采用4片×9片或6片×6片的形式,如图1.34所示。图中电池片与电池片中的间隙根据板型大小取2~3 mm;根据板型大小上边距一般取35~50 mm,下边距一般取20~35 mm,左右边距一般取10~20 mm。这些尺寸都确定以后,就确定了玻璃的长、宽尺寸。假如上述板型都按最小间隙和边距尺寸选取,则4片×9片板型的玻璃尺寸长为633.5 mm,取整为634 mm,宽为276 mm;6片×6片板型的玻璃尺寸长为440 mm,宽为405 mm。组件安装边框后,长宽尺寸一般要比玻璃尺寸大4~5 mm,因此一般所说的组件外形尺寸都是指加上边框后的尺寸。

板型设计时要尽量选取较小的边距尺寸,使玻璃、EVA、TPT及铝型材等原材料得到节约,同时组件重量减轻。另外,当用户没有特殊要求时,组件外形应该尽量设计成正方形,这是因为在同样面积的情况下,正方形的周长最短,做同样功率的电池组件,可少用边框铝型材。

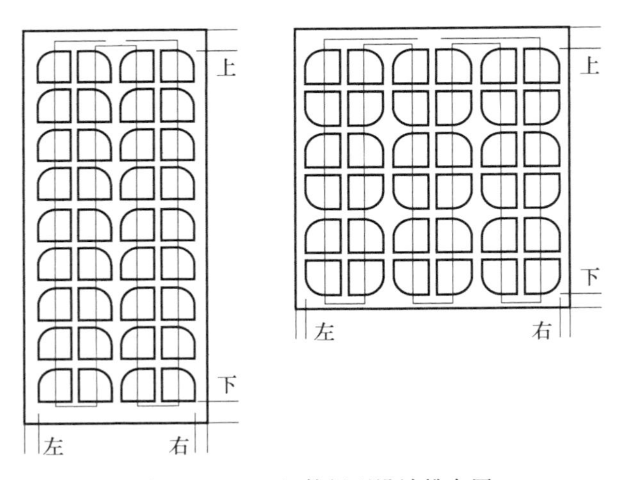

图1.34 20W组件板型设计排布图

当组件尺寸已经确定时,不同转换效率的电池片做出的电池组件的功率不同。例如,外形尺寸为1200 mm×550 mm的板型是用36片125 mm×125 mm电池片的常规板型,当用不同转换效率(功率)的电池片时,就可以分别做出70 W、75 W、80 W或85 W等不同功率的组件。除特殊要求外,生产厂家基本都是按照常规板型进行生产。常见太阳能电池组件输出峰值功率有8 W、10 W、20 W、36 W、40 W、50 W、75 W和160 W等。

1.4.2 太阳能电池组件的封装结构

晶体硅太阳能电池组件的封装结构,常见的有玻璃壳体式、底盒式、平板式、全胶密封式等多种,如图1.35和图1.36所示。

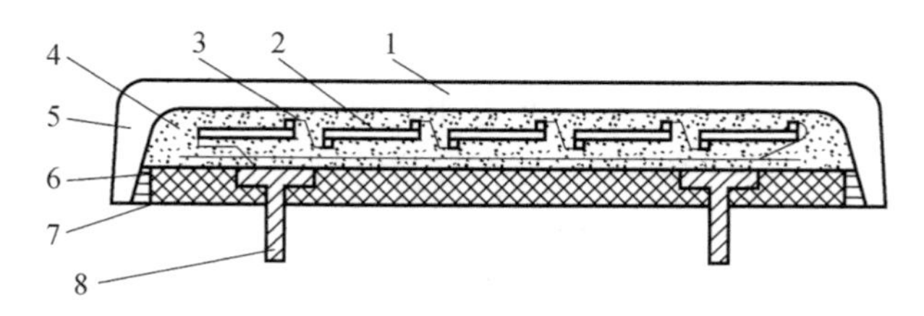

图 1.35 玻璃壳体式太阳能电池组件示意图

1—玻璃壳体;2—硅太阳能电池;3—互连条;4—黏结剂;

5—衬底;6—下底板;7—边框胶;8—电极接线柱

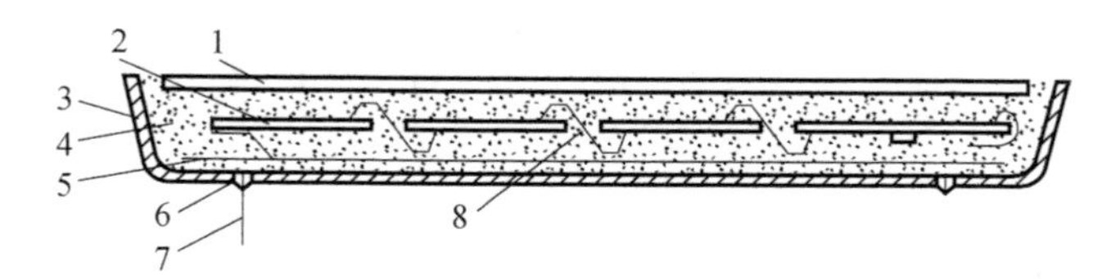

图 1.36 底盒式太阳能电池组件示意图

1—玻璃盖板;2—硅太阳能电池;3—盒式下底板;4—黏结剂;

5—衬底;6—固定绝缘胶;7—电极引线;8—互连条

实用的太阳能电池组件一般还要装配上边框和接线盒等,如图 1.37 所示。

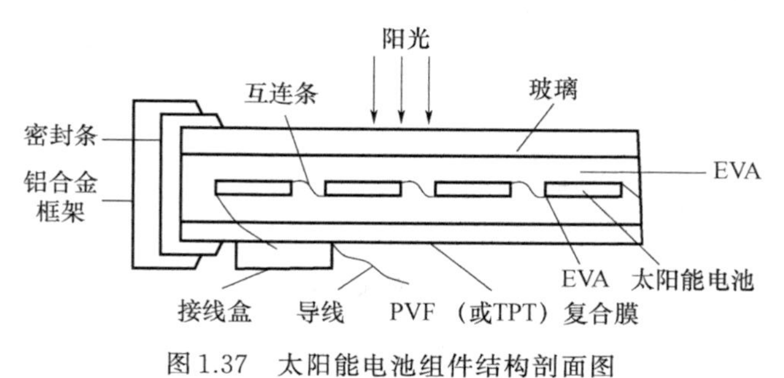

图 1.37 太阳能电池组件结构剖面图

1.4.3 太阳能电池组件封装材料

真空层压封装太阳能电池,主要使用的材料有黏结剂、玻璃、Tedlar或 Tedlar复合薄膜(如 TPT 或 TPE 等)、连接条、铝框等。封装材料的特性对太阳能电池组件的性能、使用寿命有重要影响。合理地选用封装材料和采取正确的封装工艺能保证太阳能电池的高效利用,并延长使用寿命。优良的太阳能电池组件,除了要求太阳能电池本身效率要高外,优良的封装材料和合理的封装工艺也是不可缺少的。

1. 黏结剂

黏结剂是固定电池和保证与上、下盖板密合的关键材料。对它的要求有:在可见光范围内具有高透光性,并抗紫外线老化;具有一定的弹性,可缓冲不同材料间的热胀冷缩;具有良好的电绝缘性能和化学稳定性,不产生有害电池的气体和液体;具有优良的气密性,能阻止外界湿气和其他有害气体对电池的侵蚀;适合用于自动化的组件封装。主要有室温固化硅橡胶、聚氟乙烯(PVF)、聚乙烯醇缩丁醛(PVB)和乙烯聚醋酸乙烯酯(EVA)等。

(1)环氧树脂　是比较常见的黏结剂,产品形式也是多种多样,既可做成单组分或双组分,也可以做成粉末状树脂。如太阳能电池用的环氧树脂黏结剂是双组分液体,使用时现配现用。通过改变固化剂、促进剂等,环氧树脂的配方可以千变万化,从而具备各种不同的性能,以满足各种不同的要求。这是环氧树脂类封装材料的优势。

环氧树脂的黏结力比较强,耐老化性能相对差,容易老化而变黄,因而会严重影响太阳能电池的使用效果。此外,使用过程中还会由于老化导致材料脆化,这与环氧树脂的低韧性以及在老化过程中的结构变化有关。通过对环氧树脂进行各种改性可在一定程度上改善其耐老化性能。

封装材料要求具有较高的耐湿性和气密性。环氧树脂是高分子材料,一般高分子材料分子间距离为20～50 nm,大大超过水分子的体积。水的渗透降低电池的使用寿命。提高环氧树脂的疏水性是有效提高其耐湿性的一项措施。

用环氧树脂封装太阳能电池时,由于膨胀系数不同,会导致成型固化过程中产生内应力,造成强度下降、老化龟裂、封装开裂、空洞、剥离等各种缺陷。对环氧树脂封装材料而言,热膨胀系数的影响占主导地位。

环氧树脂封装太阳能电池组件工艺简单、材料成本低廉,在小型组件封装上使用较多。早期太阳能草坪灯大都采用这种组件,但由于环氧树脂抗热氧老化、紫外老化的性能相对较差,有被EVA层压封装取代的趋势。

(2)有机硅胶产品　是一类具有特殊结构的封装材料,兼具有无机材料和有机材料的许多特性,如耐高温、耐低温、耐老化、抗氧化、电绝缘、疏水性等。有机硅胶是弹性体,在外力作用下具有变形能力,外力去除后又恢复原来的形状。硅胶分为中性、酸性等,酸性硅胶因为会腐蚀硅片,所以一般使用中性硅胶。硅胶对玻璃、陶瓷等无机非金属材料的黏结牢固,对金属黏结力也很强,所以在安装行业中大量使用。如用于安装铝合金玻璃门窗,还可防雨。利用有机硅胶的黏结性、附着力、透明还可以用作表面封装、密封胶等。有机硅材料是一种透明材料,透光率可超过90%,是一种应用广泛的膜材料。有机硅具有低温固化的特点,可方便表面镀膜等。

有机硅膜在热、空气、潮气等老化条件下,聚硅氧烷的侧基极易被氧化,从而发生大分子的侧链或有机自由基的耦合等副反应,使物理性能发生明显的变化,如Si—O键与空气中水反应使链断裂而老化。也可解释为由于氧气和水的作用,水解形成硅醇结构$Si(OH)_2$,导致硅原子周围的化学环境发生变化。因此,封装太阳能电池组件用的硅胶需要加入适宜的添加剂来提高其抗老化性能。

(3)EVA胶膜　标准的太阳能电池组件中一般要加入两层EVA胶膜，EVA胶膜在电池片与玻璃、电池片与底板(TPT、PVF、TPE等)之间起粘接作用。

EVA是乙烯和醋酸乙烯酯的共聚物，EVA树脂与聚乙烯(PE)相比，由于分子链上引入了乙酸乙烯单体(VA)，从而降低了结晶度，提高了透明度、柔韧性、耐冲击性，并改善了其热密封性。未经改性的EVA透明、柔软，有热熔粘接性、熔融温度低(小于80 ℃)、熔融流动性好等特性。这些特征符合太阳能电池封装的要求，但其热性差，易延伸而弹性低，内聚强度低，易产生热收缩而致使太阳能电池碎裂，使粘接脱层。此外，太阳电池组件作为一种长期在户外使用的产品，EVA胶膜是否能经受得住户外的紫外光老化和热老化也是厂家和用户非常关心的问题。未改性的EVA如长时间受紫外光和热的影响，易龟裂、变色，易从玻璃、TPT上脱落，从而大大地降低太阳能电池的效率，使用寿命变短，最终增加了太阳能电池的使用成本，不利于太阳能电池的推广和应用。因此，需要对EVA进行改性。

对EVA胶膜的改性主要从两方面进行：一方面，在EVA胶膜的制备过程中通过实验设计和选择，添加适宜的、能使聚合物稳定化的添加剂，如紫外光吸收剂、紫外光稳定剂、热稳定剂等，从而显著有效地改善EVA胶膜的耐老化性能；另一方面，采用化学交联提高EVA胶膜的耐热性，并减小其热收缩性，即在EVA胶膜的配方中添加有机过氧化物交联剂，当EVA胶膜加热到一定温度时，交联剂分解产生自由基，引发大分子间的反应，形成三维网状结构，使EVA胶层交联固化。一般说来，当交联度(指EVA大分子经交联反应后达到不溶的凝胶固化的程度)大于60%时，EVA胶膜就能承受天气的变化，不再出现太大的热收缩，从而满足太阳能电池封装的需要。

以EVA为原料，添加适宜的改性助剂等，经加热挤出成型而制得的EVA太阳能电池胶膜在常温时无黏性，便于裁切操作；使用时，要按加热固化条件对太阳能电池组件进行层压封装，冷却后即产生永久的黏合密封。

EVA胶膜目前已在太阳能电池封装、电子电器元件封合、汽车装饰等方面获得了广泛的应用。它具有环保、耐紫外光老化等优点，可取代环氧树脂封装。

EVA胶膜主要性能指标。一般说来，用于太阳能电池封装的EVA胶膜必须满足以下主要性能指标。

固化条件快速型，加热至135 ℃，恒温15～20 min；慢速型，加热至145 ℃，恒温30～40 min。

厚度0.3～0.8 mm。宽度：1100 mm、800 mm、600 mm等多种规格。

太阳能电池封装用的EVA胶膜固化后的性能要求透光率大于90%；交联度大于65%；剥离强度(N/cm)：玻璃/胶膜大于30；TPT/胶膜大于15；耐温性：高温80 ℃，低温－40 ℃；尺寸稳定性较好；具有较好的耐紫外光老化性能。

2.玻璃上盖板材料

玻璃是覆盖在电池正面的上盖板材料，构成组件的最外层，它既要透光率高，又要坚固、耐风霜雨雪、能经受砂砾冰霜的冲击，起到长期保护电池的作用。

目前在商品化生产中标准太阳能电池组件的上盖板材料通常采用低铁钢化玻璃，其特点是：透光率高、抗冲击能力强和使用寿命长。这种太阳能电池组件用的低铁钢化玻璃，一般厚度为3.2 mm。在晶体硅太阳能电池响应的波长范围内(320～1100 nm)。透光率超过90%，对于波长大于1200 nm的红外线有较高的反射率，同时能耐太阳紫外线的辐射。利用紫外可见光光谱仪测得普通玻璃的光谱透过率(图1.38)与太阳电池组件用的超白玻璃光谱透过率(图1.39)比较，普通玻璃在700～1100 nm段透过率下降较快，明显低于超白玻璃的透过率。

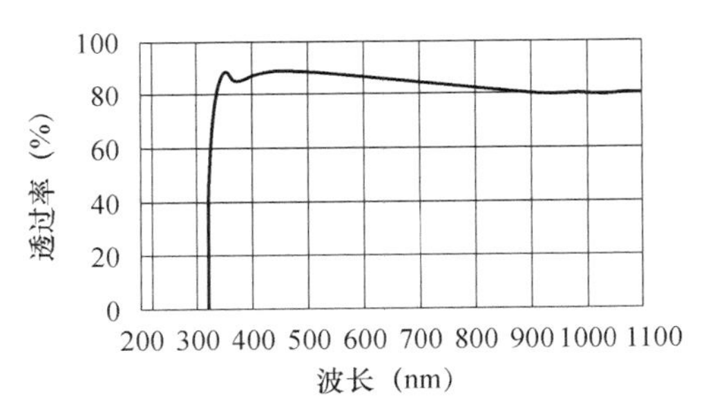

图1.38　普通玻璃的光谱透过率

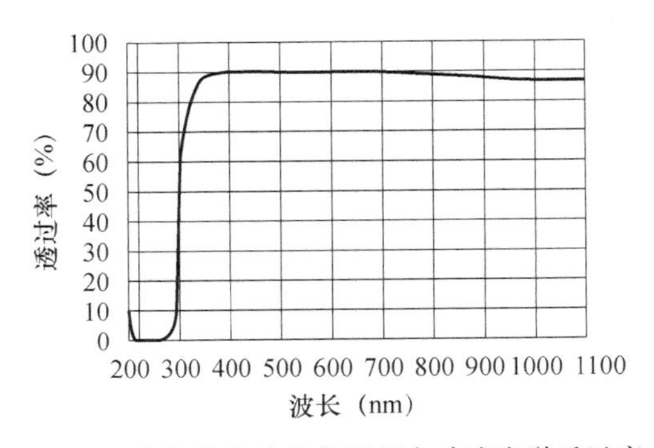

图1.39　太阳能电池组件用超白玻璃光谱透过率

普通玻璃体内含铁量过高及玻璃表面的光反射过大是降低太阳能利用率的主要原因。为此，玻璃制造商们对降低玻璃中的铁含量、研制新的防反射涂层或减反射表面材料以及如何增加玻璃强度和延长使用寿命这3方面十分重视。目前，先进的玻璃生产工艺技术已能方便地对2～3 mm薄玻璃进行物理或化学钢化处理，不仅光透过率仍保持较高值，而且使玻璃的强度提高为普通平板玻璃的3～4倍。薄玻璃经过钢化处理后,在太阳能利用中“以薄代厚”并达到相对降低玻璃铁含量,提高光透过率及减轻太阳能电池组件的自重及成本,不仅切实可行,而且效果明显。

为了减少玻璃表面光反射率,在玻璃制造过程中通过物化处理方法对玻璃表面进行些减反射工艺处理,可制成“减反射玻璃”,其措施主要是在玻璃表面涂布一层薄膜,可行之有效地降低玻璃的反射率。此薄膜层又称之为减反射涂层。这种在玻璃表面制备的减反射层,可采用真空沉积法、浸蚀法和高温烧结法等工艺得以实现。目前采用浸蚀法工艺的较多。该工艺是指浸涂硅酸钠与化学处理相结合制备减反射玻璃,经济又简便,其工艺流程大致如下:

玻璃原片→洗涤→干燥→浸入硅酸钠溶液→提取玻璃→低温烘干(或自然风干)→二次化学处理→提取并烘干→检测(透光率、反射率及膜厚)→包装→出厂

该工艺方法可使玻璃透光率比原先提高4%~5%。如3 mm厚玻璃光透过率由原来的80%提高到85%,折射率较高的超白玻璃(含铁量较低),光透过率可从原来的86%提高到91%,这种涂层与玻璃能够牢固地结合,经测试表明其耐磨性非常好。

除玻璃外,还可采用透明Tedlar、PMMA(俗称有机玻璃)板或PC(聚碳酸酯)板作为太阳电池组件的正面盖板材料。PMMA板和PC板有透光性能好、材质轻的优点,但耐温性差,表面易刮伤,在太阳能电池组件应用上受到一定限制,目前主要用于室内或便携式太阳能电池组件的封装。

3.背面材料

组件底板对电池既有保护作用又有支撑作用。对底板的一般要求是:具有良好的耐气候性能,能隔绝从背面进来的潮气和其他有害气体;在层压温度下不起任何变化;与黏结材料结合牢固。一般所用的底板材料为玻璃、铝合金、有机玻璃以及PVF(或TPT)复合膜等,目前生产上较多应用的是PVF(或TPT)复合膜。

太阳能电池组件背面材料有多种选择,主要取决于应用场所和用户需求。用于太阳能庭院灯和玩具的小型太阳能电池组件多用电路板、耐温塑料或玻璃钢板材,而大型太阳能电池组件多用玻璃或Tedlar复合材料。用玻璃可制成双面透光的太阳能电池组件,适用于光伏幕墙或透光光伏屋顶。透明Tedlar由于重量轻,可适用于建造太阳能车、船。用得最多的就是Tedlar复合薄膜,如TPT(或TPE),Tedlar严格来说应为Tedlar PVT薄膜,是一种具有高透光率的透明材料,也可根据需要制成蓝、黑等多种颜色。它是美国杜邦公司独家生产的产品,同样具有许多碳氟聚合物的性质:耐老化、耐腐蚀、不透气等,这些特点很适合封装太阳能电池。此外,它还具有优良的强度和防潮性能,可直接用作太阳能电池组件或太阳能集热器的封装材料。

一般复合薄膜所用的Tedlar厚度为38 μm,聚酯为75 μm,铝膜和铁膜为25~30 μm。通常用得最多的是Tedlar/Polyester/Tedlar,简称TPT。TPT复合薄膜具有更好的防潮、抗湿和耐候性能,通常太阳能电池组件背面的白色覆盖物大都是TPT。

TPT还具有高强、阻燃、耐久、自洁等特性，在纺织、建筑等行业都有广泛应用。白色的TPT对阳光可起反射作用，能提高组件的效率，并且具有较高的红外反射率，可以降低组件的工作温度，也有利于提高组件的效率。但是它的价格较高，约10美元/m^2，而且它不容易黏合。

目前，很多太阳能电池组件封装厂家开始使用TPE代替TPT作为太阳能电池组件的背面材料。TPE是由Tedlar、聚酯、EVA 3层材料构成，与电池接触面（EVA面）为接近电池颜色的深蓝色封装出来的组件较美观。由于少了一层Tedlar，TPE的耐候性能不及TPT，但其价格便宜（约为TPT的一半），与EVA黏合性能好，在组件封装，尤其是小型组件封装上应用越来越多。

4.边框

平板式组件应有边框，以保护组件和便于组件与方阵支架的连接固定。边框与黏结剂构成对组件边缘的密封。边框材料主要有不锈钢、铝合金、橡胶以及塑料等。

太阳能电池组件工作寿命的长短与封装材料和封装工艺有很大关系。封装材料的寿命是决定组件寿命的重要因素。

1.4.4　太阳能电池组件封装工艺

晶体硅太阳能电池组件制造的内容主要是将单片太阳能电池片进行串并互连后严密封装，以保护电池片表面、电极和互连线等不受到腐蚀，另外封装也避免了电池片的碎裂，因此太阳能电池组件的生产过程，其实也就是太阳能电池片的封装过程，太阳能电池组件的生产线又叫组件封装线。封装是太阳能电池组件生产中的关键步骤，封装质量的好坏决定了太阳能电池组件的使用寿命。没有良好的封装工艺，再好的电池组件也生产不出好的电池。

太阳能电池组件制造、封装和测试设备主要有激光划片机、层压机、固化炉、电池片测试台、组件测试台、电阻率测试仪等。

较大型的太阳能电池组件专业厂家设备非常齐全，如清洗玻璃、平铺切割EVA、太阳能电池焊接等都有专门的设备。

1.工艺流程

太阳能电池组件封装工艺流程如下：

电池片测试分选→激光划片（整片使用时无此步骤）→电池片单焊（正面焊接）并自检验→电池片串焊（背面串接）并自检验→中检测试→叠层敷设（玻璃清洗、材料下料切割、敷设）→层压（层压前灯检、层压后削边、清洗）→终检测试→装边框（涂胶、装镶嵌角铝、装边框、撞角或螺丝固定、边框打孔或冲孔、擦洗余胶）→装接线盒、焊接引线→高压测试→清洗、贴标签→组件抽检测试→组件外观检验→包装入库

可将这一工艺流程概述为：组件的中间是通过金属导电带焊接在一起的单体电池，

电池上、下两侧均为EVA膜，最上面是低铁钢化白玻璃，背面是PVF(或TPT)复合膜。将各层材料按顺序叠好后，放入真空层压机内进行热压封装。最上层的玻璃为低铁钢化白玻璃，透光率高，而且经紫外线长期照射也不会变色。EVA膜中加有抗紫外剂和固化剂，在热压处理过程中固化形成具有一定弹性的保护层，并保证电池与钢化玻璃紧密接触。PVF(或TPT)复合膜具有良好的耐光、防潮、防腐蚀性能。经层压封装后，再于四周加上密封条，装上经过阳极氧化的铝合金边框以及接线盒，即成为成品组件。最后，要对成品组件进行检验测试，测试内容主要包括开路电压、短路电流、填充因子以及最大输出功率等。

2.工序简介

(1)电池片测试分选　由于电池片制作条件的随机性，生产出来的电池性能参数不尽相同，为了有效地将性能一致或相近的电池片组合在一起，所以应根据其性能参数进行分类。电池片测试即通过测试电池片的输出电流、电压和功率等的大小对其进行分类，以提高电池的利用率，做出质量合格的电池组件。分选电池片的设备叫电池片分选仪，自动化生产时使用电池片自动分选设备。除了对电池片性能参数进行分选外，还要对电池片的外观进行分选，重点是色差和栅线尺寸等。

(2)激光划片　就是用激光划片机将整片的电池片根据需要切割成组件所需要规格尺寸的电池片。例如，在制作一些小功率组件时，就要将整片的电池片切割成四等分、六等分、九等分等。在电池片切割前，要事先设计好切割线路，编好切割程序，尽量利用边角料，以提高电池片的利用率。切痕深度一般要控制在电池片厚度的1/2～2/3。

(3)电池片单焊(正面焊接)　将互连条焊接到电池片的正面(负极)的主栅线上。要求焊接平直、牢固，用手沿45°左右方向轻提互连条不脱落。过高的焊接温度和过长的焊接时间会导致低的撕拉强度或碎裂电池。手工焊接时一般用恒温电烙铁，大规模生产时使用自动焊接机。焊带的长度约为电池片边长的2倍。多出的焊带在背面焊接时与后面的电池片的背面电极相连。

(4)电池片串焊(背面焊接)　背面焊接是将规定片数的电池片串接在一起形成一个电池串，然后用汇流条再将若干个电池串进行串联或并联焊接，最后汇合成电池组件并引出正负极引线。手工焊接时电池片的定位主要靠模具板，模具板上面有9～12个放置电池片的凹槽，槽的大小和电池的大小相对应，槽的位置已经设计好，不同规格的组件使用不同的模板，操作者使用电烙铁和焊锡丝将“前面电池”的正面电极(负极)焊接到“后面电池”的背面电极(正极)上。使用模具板保证了电池片间间距的一致。同时要求每串电池片间距均匀、颜色一致。

(5)中检测试　简称中测。是将串焊好的电池片放在组件测试仪上进行检测，看测试结果是否符合设计要求，通过中测可以发现电池片的虚焊及电池片本身的隐裂等。经过检测合格时可进行下一工序。标准测试条件(STC)：太阳光谱AM1.5，辐照度1000 W/m^2，组件温度25 ℃。测试结果有以下一些参数:开路电压、短路电流、工作电压、工作电流、最大功率等。

(6)叠层敷设 是将背面串接好且经过检测合格后的组件串,与玻璃和裁制切割好的EVA、TPT背板按照一定的层次敷设好,准备层压。玻璃事先要进行清洗,EVA和TPT要根据所需要的尺寸(一般是比玻璃尺寸大10 mm)提前下料裁制。敷设时要保证电池串与玻璃等材料的相对位置,调整好电池串间的距离和电池串与玻璃四周边缘的距离,为层压打好基础。敷设层次按“玻璃—EVA—电池片—EVA—TPT”层叠,如图1.40所示。

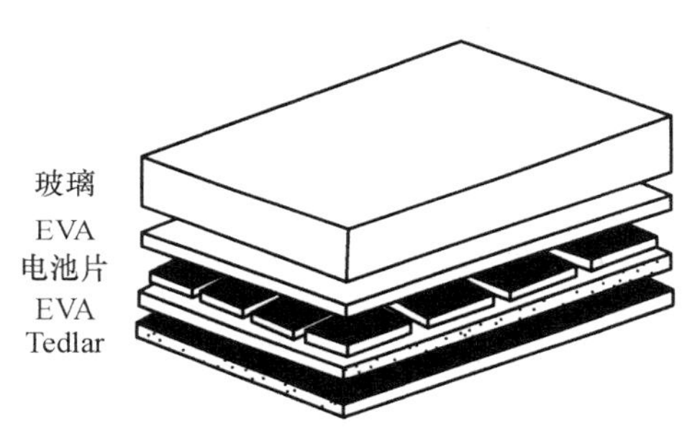

图1.40 一个典型的叠层组件结构

(7)组件层压 将敷设好的电池组件放入层压机内,通过抽真空将组件内的空气抽出,然后加热使EVA熔化,并加压使熔化的EVA流动充满玻璃、电池片和TPT背板膜之间的间隙,同时排出中间的气泡,将电池片、玻璃和背板紧密黏合在一起,最后降温固化取出组件。层压工艺是组件生产的关键一步,层压温度和层压时间要根据EVA的性质决定。层压时EVA熔化后由于压力而向外延伸固化形成毛边,所以层压完毕应用快刀将其切除。要求层压好的组件内单片无碎裂、无裂纹、无明显移位,在组件的边缘和任何一部分电路之间未形成连续的气泡或脱层通道。

(8)终检测试 简称终测。是将层压出的电池组件放在组件测试仪上进行检测,通过测试结果看组件经过层压之后性能参数有无变化,或组件中是否发生开路或短路等故障等。同时还要进行外观检测,看电池片是否有移位、裂纹等情况,组件内是否有斑点、碎渣等。经过检测合格后可进入装边框工序。

(9)装边框 就是给玻璃组件装铝合金边框,以增加组件的强度,进一步密封电池组件,延长电池的使用寿命。边框和玻璃组件的缝隙用硅胶填充。各边框间用角铝镶嵌连接或螺栓固定连接。手工装边框一般用撞角机,自动装边框时用自动组框机。

(10)安装接线盒 接线盒一般都安装在组件背面的引出线处,用硅胶粘接。并将电池组件引出的汇流条正负极引线用焊锡与接线盒中相应的引线焊接。有些接线盒是将汇流条插入接线盒中的弹性插件卡子里连接的。安装接线盒要注意安装端正,接线盒与边框的距离统一。旁路二极管也直接安装在接线盒中。

(11)高压测试　高压测试是指在组件边框和电极引线间施加一定的电压,测试组件的耐压性和绝缘强度,以保证组件在恶劣的自然条件(雷击等)下不被损坏。测试方法是将组件引出线短路后接到高压测试仪的正极,将组件暴露的金属部分接到高压测试仪的负极,以不大于500 V/s的速率加压,直到达到1000 V。加上2倍的被测组件开路电压,维持1 min,如果开路电压小于50 V,则所加电压为500 V。

(12)清洗、贴标签　用95%的乙醇将组件的玻璃表面、铝边框和TPT背板表面的EVA胶痕、污物、残留的硅胶等清洗干净。然后在背板接线盒下方贴上组件出厂标签。

(13)组件抽检测试及外观检验　组件抽查测试的目的是对电池组件按照质量管理的要求对产品抽查检验,以保证组件的合格率。在抽查和包装入库的同时,还要对每一块电池组件进行一次外观检验,其主要内容如下:

1)检查标签的内容与实际板形是否相符。

2)电池片外观色差是否明显。

3)电池片的片与片之间、行与行之间间距是否一致,横、竖间距是否成90°。

4)焊带表面是否做到平整、光亮、无堆积、无毛刺。

5)电池板内部有无细碎杂物。

6)电池片有无缺角或裂纹。

7)电池片行或列与外框边缘是否平行,电池片与边框间距是否相等。

8)接线盒位置是否统一或有无因密封胶未干造成移位或脱落。

9)按线盒内引线焊接是否牢固、圆滑或有无毛刺。

10)电池板输出正负极与接线盒标示是否相符。

11)铝材外框角度及尺寸是否正确,有无造成边框接缝过大。

12)铝边框四角是否未打磨造成有毛刺。

13)外观清洗是否干净。

14)包装箱是否规范。

(14)包装入库　将清洗干净、检测合格的电池组件贴标牌、按规定数量装入纸箱。纸箱两侧要各垫一层材质较硬的纸板,组件与组件之间也要用塑料泡沫或薄纸板隔开。

1.4.5　太阳能电池组件的技术要求和检验测试

1.太阳能电池组件的技术要求

合格的太阳能电池组件应该达到一定的技术要求,相关部门也制定了电池组件的国家标准和行业标准。下面是层压封装型硅太阳能电池组件的一些基本技术要求。

(1)光伏组件在规定工作环境下,使用寿命应大于20 a(使用20 a后,效率大于原来效率的80%)。

(2)组件的电池上表面颜色应均匀一致,无机械损伤,焊点及互连条表面无氧化斑。

(3)组件的每片电池与互连条应排列整齐,组件的框架应整洁无腐蚀斑点。

(4)组件的封装层中不允许有气泡或脱层在某一片电池与组件边缘形成一个通路,气泡或脱层的几何尺寸和个数应符合相应的产品详细规范规定。

(5)组件的功率面积比大于65 W/m^2,功率质量比大于4.5 W/kg,填充因子FF大于0.65。

(6)组件在正常条件下的绝缘电阻不得低于200 MΩ。

(7)组件EVA的交联度应大于65%,EVA与玻璃的剥离强度大于30 N/cm,EVA与组件背板材料的剥离强度大于15 N/cm。

(8)每块组件都要有包括如下内容的标签

1)产品名称与型号。

2)主要性能参数,包括短路电流I_{SC}、开路电压U_{OC}、峰值工作电流I_m、峰值工作电压U_m、峰值功率P_m以及$I-U$曲线图、组件重量、测试条件、使用注意事项等。

3)制造厂名、生产日期及品牌商标等。

2.太阳能电池组件的检验测试

太阳能电池组件的各项性能测试,一般都是按照GB/T9535－1998《地面用晶体硅光伏组件设计鉴定和定型》中的要求和方法进行。下面是电池组件的一些基本性能指标与检测方法。

(1)电性能测试　太阳能电池组件的电性能与硅太阳能电池片(单体)的主要性能参数类似,测试标准条件相同(太阳AM1.5,光强辐照度1000 W/m^2,环境温度25 ℃),主要测试项目包括:短路电流、开路电压、峰值电流、峰值电压、峰值功率、填充因子、转换效率等,这些性能参数的概念与前面所定义的硅太阳能电池的主要性能参数相同,只是在具体的数值上有所区别。如36片电池片串联的组件开路电压为21 V左右,峰值电压为17.0～17.5 V;太阳能电池片开路电压是0.5～0.6 V,典型工作峰值电压0.48 V。

太阳能电池组件的电性能随辐照度和温度变化。组件表面温度升高,输出功率下降,呈现负的温度特性。晴天受到辐射的组件表面的温度比外界气温高20～40 ℃,所以此时组件的输出功率比标准状态的输出功率低。另外,由于季节和温度的变化输出功率也在变化。如果辐射照度相同,冬季比夏季输出功率大。辐射特性和温度特性如图1.41、图1.42所示。

由图1.41、图1.42可见,组件温度不变、辐照度变化时,短路电流(I_{SC})与辐照度成正比,与之伴随最大输出功率(P_m)和辐照度也大致成正比。

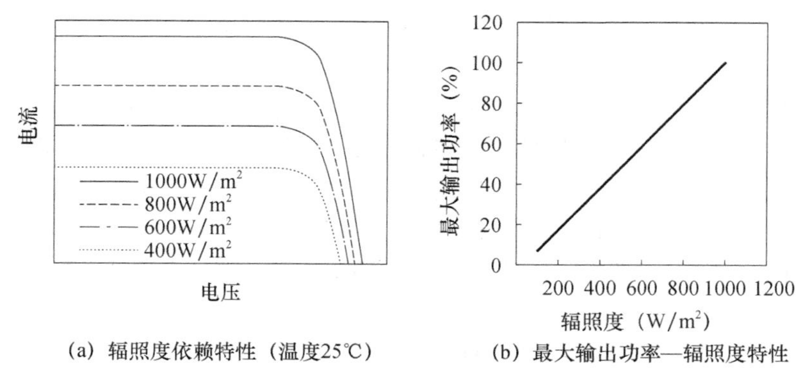

(a) 辐照度依赖特性(温度25℃)　(b) 最大输出功率—辐照度特性

图1.41　辐照度依赖特性和最大输出功率辐照度特性

当辐照度不变、组件温度上升时,开路电压(U_{oc})和最大输出功率(P_m)也下降。

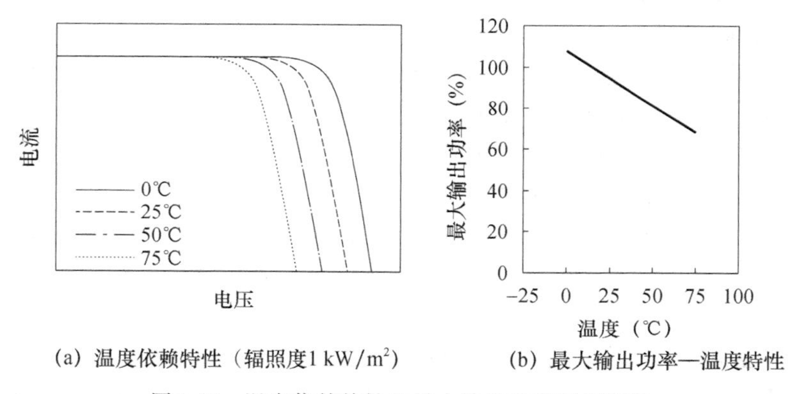

(a) 温度依赖特性(辐照度1 kW/m²)　(b) 最大输出功率—温度特性

图1.42　温度依赖特性和最大输出功率温度特性

(2)电绝缘性能测试　以1 kV摇表的直流电压通过组件边框与组件引出线,测量绝缘电阻,绝缘电阻要求大于2000 MΩ,以确保在应用过程中组件边框无漏电现象发生。

(3)热循环实验　将组件放置于有自动温度控制、内部空气循环的气候室内,使组件在−40~85 ℃循环规定次数,并在极端温度下保持规定时间,监测实验过程中可能产生的短路和断路、外观缺陷、电性能衰减率、绝缘电阻等,以确定组件由于温度重复变化引起的热应变能力。

(4)湿热—湿冷实验　将组件放置于有自动温度控制、内部空气循环的气候室内,使组件在一定温度和湿度条件下往复循环,保持一定恢复时间,监测实验过程中可能产生的短路和断路、外观缺陷、电性能衰减率、绝缘电阻等,以确定组件承受高温、高湿和低温、低湿的能力。

(5)机械载荷实验　在组件表面逐渐加载,监测实验过程中可能产生的短路和断路、外观缺陷、电性能衰减率、绝缘电阻等，以确定组件承受风雪、冰霜等静态载荷的能力。

（6）冰雹实验　以钢球代替冰雹从不同角度以一定动量撞击组件，检测组件产生的外观缺陷、电性能衰减率，以确定组件抗冰雹撞击的能力。

（7）老化实验　老化实验用于检测太阳能电池组件暴露在高湿和高紫外线辐照场地时具有有效抗衰减能力。将组件样品放在65 ℃、光谱约6.5的紫外太阳光下辐照，最后检测光电特性，看其下降损失。值得一提的是，在暴晒老化实验中，电性能下降是不规则的。

1.5　太阳能电池方阵的设计

1.5.1　太阳能电池方阵的组成

太阳能电池方阵是为了满足高电压、大功率的发电要求，由若干个太阳能电池组件通过串并联连接，并通过一定的机械方式固定组合在一起的。除太阳能电池组件的串并联组合外，太阳能电池方阵还需要防反充（防逆流）二极管、旁路二极管、电缆等对电池组件进行电气连接，并配备专用的、带避雷器的直流接线箱。有时为了防止鸟粪等玷污太阳能电池方阵表面而产生“热斑效应”，还要在方阵顶端安装驱鸟器。另外，电池组件方阵要固定在支架上，支架要有足够的强度和刚度，整个支架要牢固地安装在支架基础上。

1. 太阳能电池组件的串并联组合

太阳能电池方阵的连接有串联、并联和串并联混合连接几种方式。当每个单体电池组件性能一致时，多个电池组件的并联连接，可在不改变输出电压的情况下，使方阵的输出电流成比例地增加，如图1.43(a)所示。而串联连接时，则可在不改变输出电流的情况下，使方阵输出电压成比例地增加，如图1.43(b)所示。组件串并联混合连接时，既可增加方阵的输出电压，又可增加方阵的输出电流，如图1.43(c)所示。

但是，组成方阵的所有电池组件性能参数不可能完全一致，所有的连接电缆、插头插座接触电阻也不相同，于是会造成各串联电池组件的工作电流受限于其中电流最小的组件。而各并联电池组件的输出电压又会被其中电压最低的电池组件钳制。因此，方阵组合会产生组合连接损失，使方阵的总效率总是低于所有单个组件的效率之和。组合连接损失的大小取决于电池组件性能参数的离散性，因此除了在电池组件的生产工艺过程中，尽量提高电池组件性能参数的一致性外，还可以对电池组件进行测试、筛选、组合，即把特性相近的电池组件组合在一起。例如，串联组合的各组件工作电流要尽量相近，并联组合每串与每串的总工作电压也要考虑搭配得尽量相近，最大限度地减少组合连接损失。因此，方阵组合连接要遵循下列几条原则：

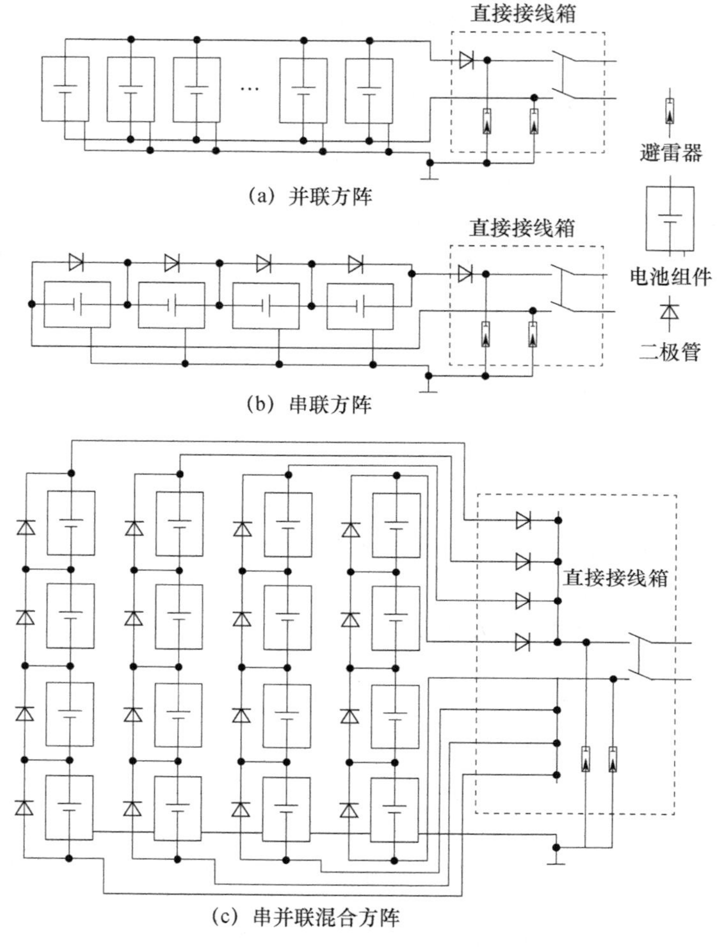

(a) 并联方阵

(b) 串联方阵

(c) 串并联混合方阵

图1.43 太阳能电池方阵基本电路示意图

(1)串联时需要工作电流相同的组件,并为每个组件并接旁路二极管。

(2)并联时需要工作电压相同的组件,并在每一条并联支路中串联防反充(防逆流)二极管。

(3)尽量考虑组件连接线路最短,并用较粗的导线。

(4)严格防止个别性能变坏的电池组件混入电池方阵。

2.太阳能电池组件的热斑效应

在太阳能电池方阵中,如发生有阴影(例如树叶、鸟类、鸟粪等)落在某单体电池或一组电池上,或当组件中的某单体电池被损坏时,但组件(或方阵)的其余部分仍处于阳光暴晒之下正常工作,这样未被遮挡的那部分太阳能电池(或组件)就要对局部被遮挡或已损坏的太阳能电池(或组件)提供负载所需的功率,使该部分太阳能电池如同一个工作于反向偏置下的二极管,其电阻和压降很大,从而消耗功率而导致发热。由于出现高温,称之为“热斑”。

对于高电压大功率方阵,阴影电池上的电压降所产生的热效应甚至能造成封装材料损伤、焊点脱焊、电池破裂或在电池上产生“热斑”,从而引起组件和方阵失效。电池裂纹或不匹配、内部连接失效、局部被遮光或弄脏均会引起这种效应。

在一定的条件下,串联支路中被遮蔽的太阳能电池组件将被当作负载消耗其他被光照的太阳能电池组件所产生的部分能量或所有能量,被遮挡的太阳能电池组件此时将会发热,这就是“热斑效应”,如图1.44所示。

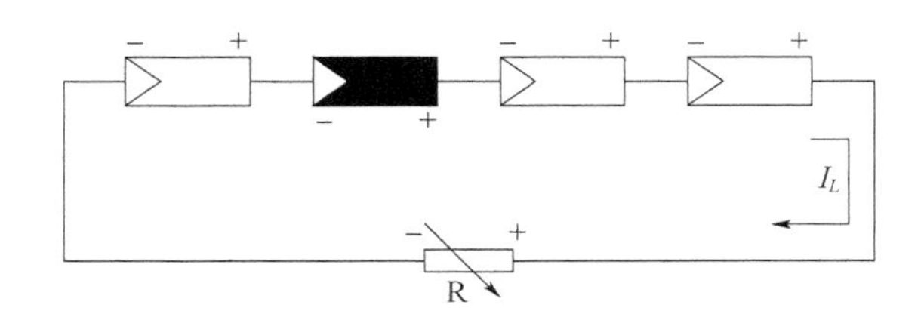

图1.44 串联太阳能电池组件热斑形成示意图

图1.45所示的是多组并联的太阳能电池组件,假定其中一块被部分遮挡,也有可能形成热斑。“热斑效应”会严重地破坏太阳能电池组件,甚至可能会使焊点熔化、封装材料破坏,乃至使整个组件失效。产生热斑效应的原因除了以上情况外,还有个别质量不好的电池片混入电池组件、电极焊片虚焊、电池片隐裂或破损、电池片性能变坏等因素,需要引起注意。

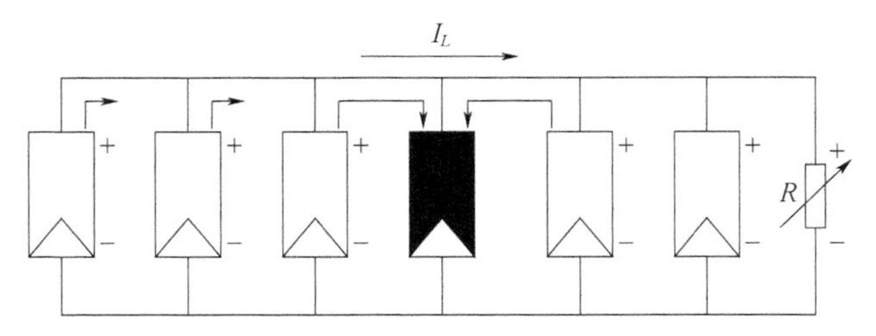

图1.45 并联太阳能电池组件热斑形成示意图

热斑效应的防护:串联回路,需要在太阳能电池组件的正负极间并联一个旁路二极管D_b,以避免串联回路中光照组件所产生的能量被遮蔽的组件所消耗。并联支路,需要串联一只二极管D_S以避免并联回路中光照组件所产生的能量被遮蔽的组件所吸收,串联二极管在独立光伏发电系统中可同时起到防止蓄电池在夜间反充电的功能。热斑效应防护电路如图1.46所示。

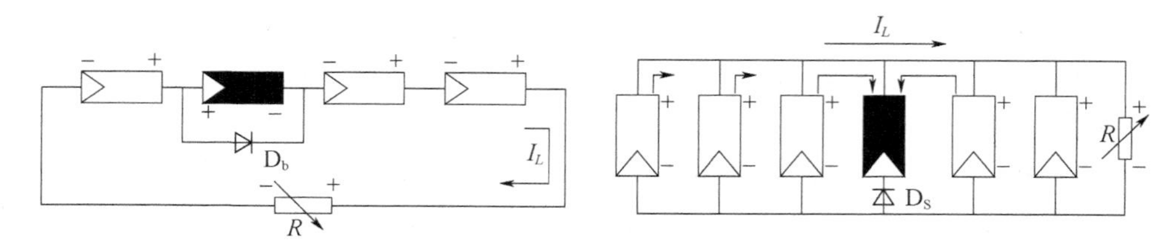

图1.46 太阳能电池组件热斑效应防护电路

3.防反充(防逆流)和旁路二极管

在太阳能电池方阵中,二极管是很重要的器件,常用的二极管基本都是硅整流二极管,在选用时要注意规格参数留有余量,防止击穿损坏。一般反向峰值击穿电压和最大工作电流都要取最大运行工作电压和工作电流的2倍以上。二极管在太阳能光伏发电系统中主要分为两类。

(1)防反充(防逆流)二极管　防反充二极管的作用之一是防止太阳能电池组件或方阵在不发电时,蓄电池的电流反过来向组件或方阵倒送,不仅消耗能量,而且会使组件或方阵发热甚至损坏。作用之二是在电池方阵中,防止方阵各支路之间的电流倒送。这是因为并联各支路的输出电压不可能绝对相等,各支路电压总有高低之差,或者某一支路因为故障、阴影遮蔽等使该支路的输出电压降低,高电压支路的电流就会流向低电压支路,甚至会使方阵总体输出电压降低。在各支路中串联接入防反充二极管 D_S 就可避免这一现象的发生。

在独立光伏发电系统中,有些光伏控制器的电路中已经接入了防反充二极管,即控制器带有防反充功能时,组件输出就不需要再接二极管了。

防反充二极管存在有正向导通压降,串联在电路中会有一定的功率消耗,一般使用的硅整流二极管管压降为0.7 V左右,大功率管可达1～2 V。肖特基二极管虽然管压降较低,为0.2 ~ 0.3 V,但其耐压和功率都较小,适合小功率场合应用。

(2)旁路二极管　当有较多的太阳能电池组件串联组成电池方阵或电池方阵的一个支路时,需要在每块电池板的正负极输出端反向并联1个(或2～3个)二极管 D_b,这个并联在组件两端的二极管就叫旁路二极管。

旁路二极管的作用是防止方阵串中的某个组件或组件中的某一部分被阴影遮挡或出现故障停止发电时,在该组件旁路二极管两端会形成正向偏压使二极管导通,组件串工作电流绕过故障组件,经二极管旁路流过,不影响其他正常组件的发电,同时也保护被旁路组件受到较高的正向偏压或由于"热斑效应"发热而损坏。

旁路二极管一般都直接安装在组件接线盒内,根据组件功率大小和电池片串的多少,安装1 ~ 3个二极管,如图1.47所示。其中图1.47(a)采用一个旁路二极管,当该组件被遮挡或有故障时,组件将被全部旁路。图1.47(b)和图1.47(c)分别采用2个和3个二极管将电池组件分段旁路,则当该组件的某一部分有故障时,可以做到旁路组件的一半或1/3,其余部分仍然可以继续正常工作。

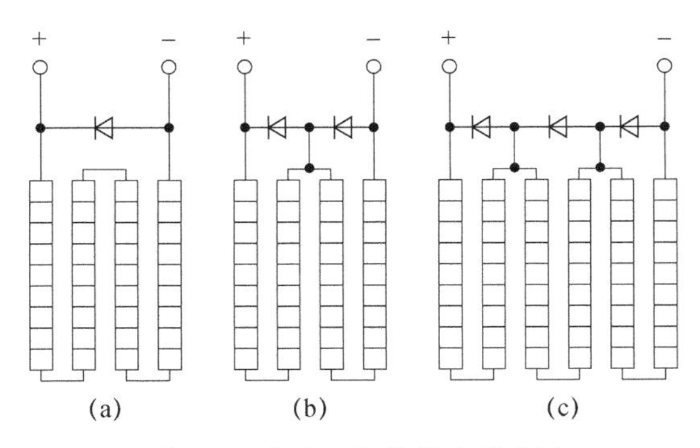

图1.47 旁路二极管接法示意图

旁路二极管也不是任何场合都需要,当组件单独使用或并联使用时,是不需要接二极管的。对于组件串联数量不多且工作环境较好的场合,也可以考虑不用旁路二极管。

4.太阳能电池方阵的电路

太阳能电池方阵的基本电路由太阳能电池组件串、旁路二极管、防反充二极管和带避雷器的直流接线箱等构成,常见的电路形式有并联方阵电路、串联方阵电路和串并联混合方阵电路。

1.5.2 太阳能电池方阵组合的计算

太阳能电池方阵是根据负载需要将若干个组件通过串联和并联进行组合连接,得到规定的输出电流和电压,为负载提供电力的。方阵的输出功率与组件串并联的数量有关,串联是为了获得所需要的工作电压,并联是为了获得所需要的工作电流。

一般独立光伏系统电压往往被设计成与蓄电池的标称电压相对应或者是它的整数倍,而且与用电器的电压等级一致,如220 V、110 V、48 V、36 V、24 V、12 V等。交流光伏发电系统和并网光伏发电系统,方阵的电压等级往往为110 V或220 V。对电压等级更高的光伏发电系统,则采用多个方阵进行串并联,组合成与电网等级相同的电压等级,如组合成600 V、10 kV等,再通过逆变器后与电网连接。

方阵所需要串联的组件数量主要由系统工作电压或逆变器的额定电压来确定,同时要考虑蓄电池的浮充电压、线路损耗以及温度变化等因素。一般带蓄电池的光伏发电系统方阵的输出电压为蓄电池组标称电压的1.43倍。对于不带蓄电池的光伏发电系统,在计算方阵的输出电压时一般将其额定电压提高10%,再选定组件的串联数。

例如，一个组件的最大输出功率为108 W，最大工作电压为36.2 V，选用逆变器为交流三相，额定电压380 V，逆变器采取三相桥式接法，则需直流输入电压（即太阳能电池方阵的输出电压）

$$U_p = U_{ab}/0.817 = 380/0.817 \approx 465\ \text{V}$$

再来考虑电压富余量，太阳能电池方阵的输出电压应增大到465×1.1=512 V，则计算出组件的串联数为512 V/36.2 V≈14块。

然后再从系统输出功率来计算太阳能电池组件的总数。现假设负载要求功率是30 kW，则组件总数为30000 W/108 W≈277块，从而计算出模块并联数为277/14≈19.8，可选取并联数为20块。

结论：该系统应选择上述功率的组件14串联20并联，组件总数为14×20=280块，系统输出最大功率为108 W×280≈30.2 kW。

为便于选用太阳能电池组件，列出JMD系列硅太阳能电池组件的技术参数，如表1.2、表1.3所示。

表1.2　JMD系列单晶硅太阳能电池板技术参数

型号	最大峰值功率 P_m(W)	最大峰值功率电压 U_m(V)	最大峰值功率电流 I_m(A)	开路电压 U_{oc}(V)	短路电流 I_{sc}(A)	最大系统电压(V)	工作温度(℃)	尺寸(mm×mm×mm)
JDM010-12M	10	17.5	0.58	21.5	0.63	600	-40~60	352×290×25
JDM020-12M	20	17.5	1.16	21.5	1.27	700	-40~60	591×295×28
JDM030-12M	30	17.5	1.71	21.5	1.97	700	-40~60	434×545×28
JDM040-12M	40	17.5	2.33	21.5	2.56	700	-40~60	561×545×28
JDM050-12M	50	17.5	2.91	21.5	3.2	700	-40~60	688×545×28
JDM060-12M	60	17.5	3.2	21.5	3.52	700	-40~60	816×545×28
JDM070-12M	70	17.5	4	21.5	4.4	700	-40~60	753×670×28
JDM075-12M	75	17.5	4.36	21.5	4.79	700	-40~60	753×670×28
JDM080-12M	80	17.5	4.66	21.5	5.12	700	-40~60	1195×545×30
JDM085-12M	85	17.5	4.95	21.5	5.44	700	-40~60	1195×545×30
JDM090-12M	90	17.5	5.14	21.5	5.65	700	-40~60	1195×545×30
JDM0140-12M	140	17.5	8	21.5	8.8	1000	-40~60	1450×670×30

表1.3 JMD系列多晶硅太阳能电池板技术参数

型号	最大峰值功率 P_m(W)	最大峰值功率电压 U_m(V)	最大峰值功率电流 I_m(A)	开路电压 U_{oc}(V)	短路电流 I_{sc}(A)	最大系统电压(V)	工作温度(℃)	尺寸(mm×mm×mm)
JDM010-12P	10	17.5	0.58	21.5	0.63	600	-40~60	352×290×25
JDM020-12P	20	17.5	1.16	21.5	1.27	700	-40~60	591×295×28
JDM030-12P	30	17.5	1.71	21.5	1.97	700	-40~60	434×545×28
JDM040-12P	40	17.5	2.33	21.5	2.56	700	-40~60	561×545×28
JDM050-12P	50	17.5	2.91	21.5	3.2	700	-40~60	688×545×28
JDM060-12P	60	17.5	3.2	21.5	3.52	700	-40~60	816×545×28
JDM070-12P	70	17.5	4	21.5	4.4	700	-40~60	753×670×28
JDM075-12P	75	17.5	4.36	21.5	4.79	700	-40~60	753×670×28
JDM080-12P	80	17.5	4.66	21.5	5.12	700	-40~60	1195×545×30
JDM085-12P	85	17.5	4.95	21.5	5.44	700	-40~60	1195×545×30
JDM0140-12P	140	17.5	8	21.5	8.8	1000	-40~60	1450×670×35

参考文献

何道清,何涛,丁宏林,2012.太阳能光伏发电系统原理与应用技术[M].北京:化学工业出版社.

第2章　光伏并网逆变器的电路拓扑

2.1　光伏并网逆变器的分类

光伏并网逆变器是将太阳能电池所输出的直流电转换成符合电网要求的交流电再输入电网的设备，是并网型光伏系统能量转换与控制的核心。光伏并网逆变器的性能不仅是影响和决定整个光伏并网系统是否能够稳定、安全、可靠、高效地运行，同时也是影响整个系统使用寿命的主要因素。因此，掌握光伏并网逆变器技术对应用和推广光伏并网系统有着至关重要的作用。本章将对光伏并网逆变器进行分类讨论。根据有无隔离变压器，光伏并网逆变器可分为隔离型和非隔离型等，具体详细分类关系如图2.1所示。以下主要按此分类方法，讨论不同结构的基本性能。

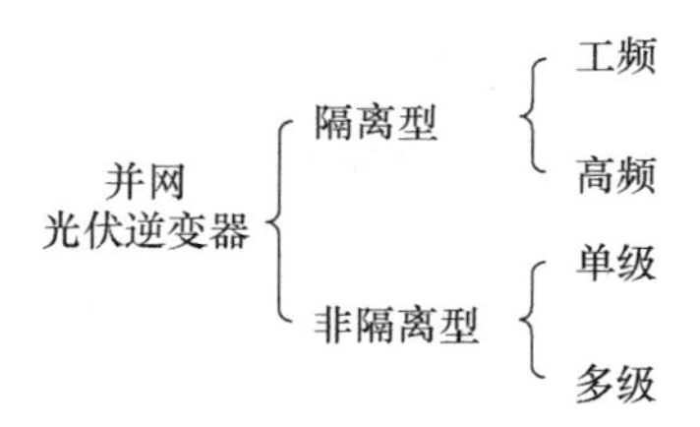

图2.1　光伏并网逆变器的分类

2.1.1　隔离型光伏并网逆变器结构

在隔离型光伏并网逆变器中，又可以根据隔离变压器的工作频率，将其分为工频隔离型和高频隔离型两类。

1.工频隔离型光伏并网逆变器结构

工频隔离型是光伏并网逆变器最常用的结构，也是目前市场上使用最多的光伏逆变器类型，其结构如图2.2所示。光伏阵列发出的直流电能通过逆变器转化为50 Hz的交流电能，再经过工频变压器输入电网，该工频变压器同时完成电压匹配以及隔离功能。由于工频隔离型光伏并网逆变器结构采用了工频变压器使输入与输出隔离，主电路和控制电路相对简单，而且光伏阵列直流输入电压的匹配范围较大。由于变压器的隔离：一方面，可以有效地降低人接触到光伏侧的正极或者负极时，电网电流通过桥臂形成回路对人构成伤害的可能性,提高了系统安全性;另一方面,也保证了系统不会向电网注入直流分量,有效地防止了配电变压器的饱和。

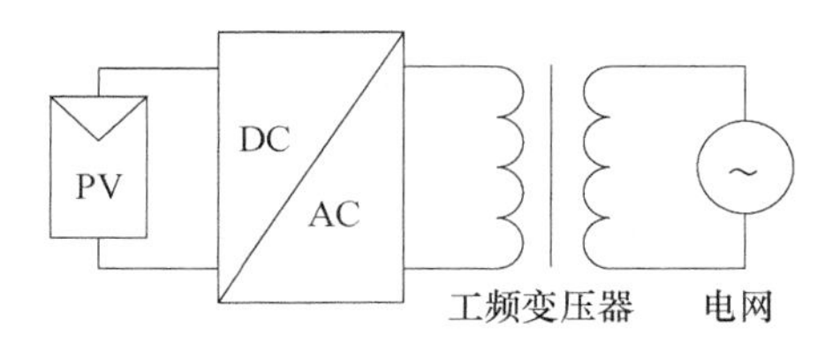

图2.2 工频隔离型光伏并网逆变器结构

然而,工频变压器具有体积大、质量重的缺点,它约占逆变器总质量的50%左右,使得逆变器外形尺寸难以减小;另外,工频变压器的存在还增加了系统损耗、成本,并增加了运输、安装的难度。

工频隔离型光伏并网逆变器是最早发展和应用的一种光伏并网逆变器主电路形式,随着逆变技术的发展,在保留隔离型光伏并网逆变器优点的基础上,为减小逆变器的体积和质量,高频隔离型光伏并网逆变器结构便应运而生。

2.高频隔离型光伏并网逆变器结构

高频隔离型光伏并网逆变器与工频隔离型光伏并网逆变器的不同在于使用了高频变压器,从而具有较小的体积和质量,克服了工频隔离型光伏并网逆变器的主要缺点。值得一提的是,随着器件和控制技术的改进,高频隔离型光伏并网逆变器效率也可以做得很高。

按电路拓扑结构来分类,高频隔离型光伏并网逆变器主要有2种类型:DC/DC变换型和周波变换型,如图2.3所示。其具体结构和工作原理将在2.2.2节详细叙述。

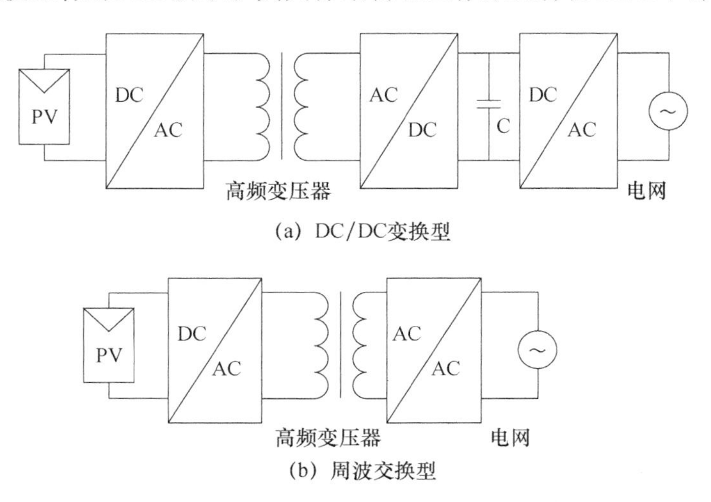

(a) DC/DC变换型

(b) 周波交换型

图2.3 高频隔离型光伏并网逆变器的结构

2.1.2 非隔离型并网逆变器结构(孙龙林,2009)

在隔离型并网系统中,变压器将电能转化成磁能,再将磁能转换为电能,显然这一过程将导致能量损耗。一般数千瓦的小容量变压器导致的能量损失可达5%,甚至更高。因此,提高光伏并网系统效率的有效手段便是采用无变压器的非隔离型光伏并网逆变器结构。而在非隔离系统中,由于省去了笨重的工频变压器或复杂的高频变压器,系统结构变简单、质量变轻、成本降低,并具有相对较高的效率。

非隔离型并网逆变器按拓扑结构可以分为单级和多级2类,如图2.4所示。

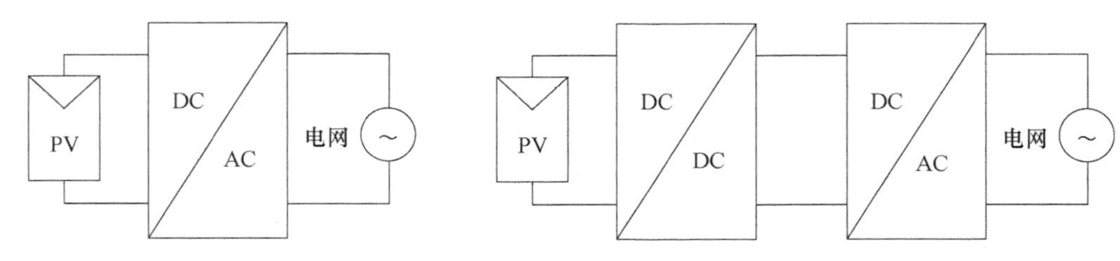

(a) 单极非隔离型光伏并网逆变器　　(b) 多极非隔离型光伏并网逆变器结构

图2.4 非隔离型光伏并网逆变器结构

1.单级非隔离型光伏并网逆变器

在图2.4(a)所示的单级非隔离型光伏并网逆变器系统中,光伏阵列通过逆变器直接耦合并网,因而逆变器工作在工频模式。另外,为了使直流侧电压达到能够直接并网逆变的电压等级,一般要求光伏阵列具有较高的输出电压,这便使得光伏组件乃至整个系统必须具有较高的绝缘等级,否则将容易出现漏电现象。

2.多级非隔离型光伏并网逆变器结构

在图2.4(b)所示的多级非隔离型光伏并网逆变器系统中,功率变换部分一般由DC/DC和DC/AC多级变换器级联组成。由于在该类拓扑中一般需采用高频变换技术,因此也称为高频非隔离型光伏并网逆变器。

需要注意的是:由于在非隔离型的光伏并网系统中,光伏阵列与公共电网是不隔离的,这将导致光伏组件与电网电压直接连接。而大面积的太阳能电池组不可避免地与地之间存在较大的分布电容,因此,会产生太阳能电池对地的共模漏电流。而且由于无工频隔离变压器,该系统容易向电网注入直流分量。

实际上,对于非隔离并网系统,只要采取适当措施,同样可保证主电路和控制电路运行的安全性,另外,由于非隔离光伏并网逆变器具有体积小、质量轻、效率高、成本较低等优点,这使得该结构将成为今后主要的光伏并网逆变器结构。

2.2　隔离型光伏并网逆变器

在光伏并网系统中，逆变器的主要作用是将光伏阵列发出的直流电转换成与电网同频率的交流电并将电能馈入电网。通常可使用一个变压器将电网与光伏阵列隔离，光伏并网系统中将具有隔离变压器的并网逆变器称为隔离型光伏并网逆变器，按照变压器种类可以将隔离型光伏并网逆变器分为工频隔离型光伏并网逆变器和高频隔离型光伏并网逆变器2类。

2.2.1　工频隔离型光伏并网逆变器(孙向东和钟彦儒，2002)

在工频隔离型光伏并网逆变系统中，光伏阵列输出的直流电由逆变器逆变为交流电，经过变压器升压和隔离后并入电网。使用工频变压器进行电压变换和电气隔离，具有以下优点：结构简单、可靠性高、抗冲击性能好、安全性能良好、无直流电流问题。这类结构直流侧MPPT电路电压上、下限比值范围一般在3倍以内。

但由于系统采用的是工频变压器，所以存在体积大、质量重、噪声高、效率低等缺点。

常规拓扑形式：工频隔离型光伏并网逆变器常规的拓扑形式有单相结构、三相结构以及三相多重结构等。

1. 工频隔离系统——单相结构

单相结构的工频隔离型光伏并网逆变器如图2.5所示，一般可采用全桥和半桥结构。这类单相结构常用于几个千瓦以下功率等级的光伏并网系统，其中直流工作电压一般小于600 V，工作效率也小于96%。

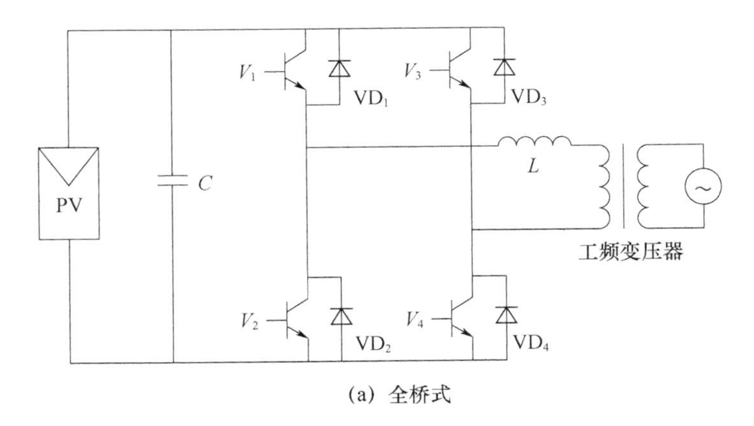

(a) 全桥式

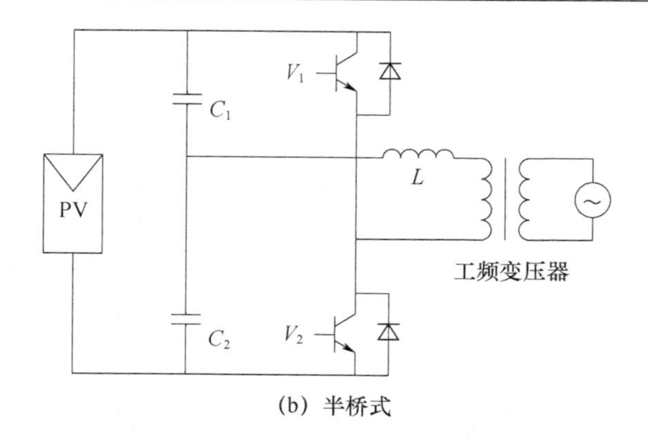

(b) 半桥式

图 2.5　工频隔离系统——单相结构

2.工频隔离系统——三相结构

三相结构的工频隔离型光伏并网逆变器如图 2.6 所示，一般可采用两电平或者三电平三相半桥结构。这类三相结构常用于数十甚至数百千瓦以上功率等级的光伏并网系统。其中:两电平三相半桥结构的直流工作电压一般在 450～820 V，工作效率可达 97%。而三电平半桥结构的直流工作电压一般在 600～1000 V，工作效率可达 98%，另外，三电平半桥结构可以取得更好的波形品质。

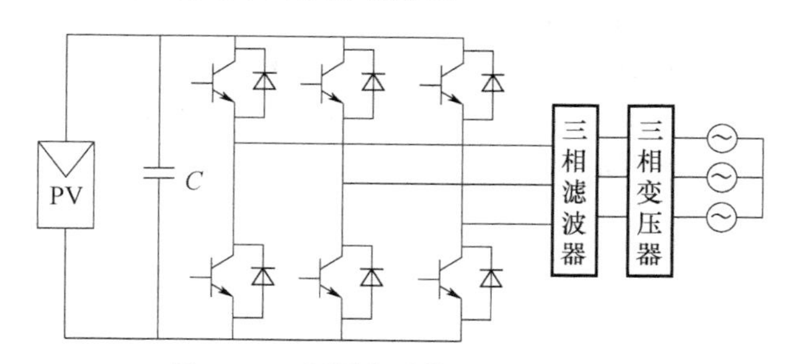

图 2.6　工频隔离系统——三相结构

三相多重结构的工频隔离型光伏并网逆变器如图 2.7 所示，一般都采用三相全桥结构。这类三相多重结构常用于数百千瓦以上功率等级的光伏并网系统。其中:三相全桥结构的直流工作电压一般在 450～820 V，工作效率可达 97%。值得一提的是，这种三相多重结构可以根据太阳辐照度的变化，进行光伏阵列与逆变器连接组合的切换来提高逆变器运行效率，如太阳辐照度较小时将所有阵列连入一台逆变器，而当太阳辐照度足够大时，才将 2 台逆变器投入运行。另外，这种三相多重结构当 2 台逆变器同时工作时还可以利用变压器二次侧绕组 d 或 y 连接消除低次谐波电流，或采用移相多重化技术提高等效开关频率，降低每台逆变器的开关损耗。

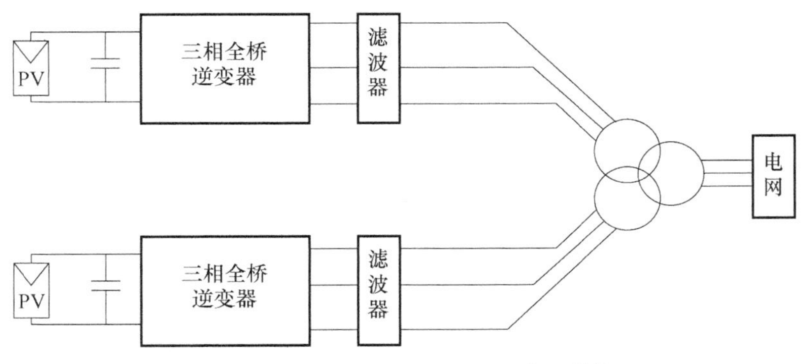

图2.7　工频隔离系统——三相多重结构

2.2.2　高频隔离型光伏并网逆变器

与工频变压器(LFT)相比,高频隔离型光伏并网逆变器(HFT)具有体积小、质量轻等优点,因此高频隔离型光伏并网逆变器也有着较广泛的应用。高频隔离型逆变器主要采用了高频链逆变技术。

高频链逆变技术的新概念是由Espelage和B.K.Bose于1977年提出的。高频链逆变技术用高频变压器替代了低频逆变技术中的工频变压器来实现输入与输出的电气隔离,减小了变压器的体积和质量,并显著提高了逆变器的特性。

在光伏发电系统中,已经研究出多种基于高频链技术的高频光伏并网逆变器。一般而言,可按电路拓扑结构分类的方法来研究高频链并网逆变器,主要包括DC/DC变换型(DC/HFAC/DC/LFAC)和周波变换型(DC/HFAC/LFAC)2大类,以下分类讨论。

1.DC/DC变换型高频链光伏并网逆变器(段峻,2003)

(1)电路组成与工作模式　DC/DC变换型高频链光伏并网逆变器具有电气隔离、质量轻、体积小等优点,单机容量一般在几个千瓦以内,系统效率大约在93%以上,其结构如图2.8所示。在这种DC/DC变换型高频链光伏并网逆变器中,光伏阵列输出的电能经过DC/HFAC/DC/LFAC变换并入电网,其中DC/AC/HFT/AC/DC环节构成了DC/DC变换器。另外,在DC/DC变换型高频光伏并网逆变器电路结构中,其输入、输出侧分别设计了两个DC/AC环节:在输入侧使用的DC/AC将光伏阵列输出的直流电能变换成高频交流电能,以便利用高频变压器进行变压和隔离,再经高频整流得到所需电压等级的直流;而在输出侧使用的DC/AC则将中间级直流电逆变为低频正弦交流电压,并与电网连接。

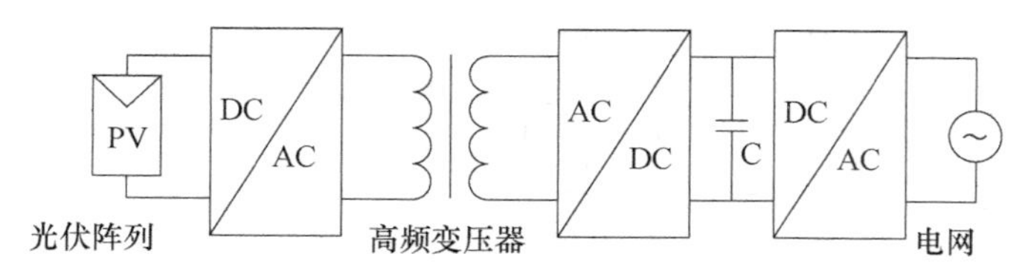

图2.8　DC/DC变换型高频链光伏并网逆变器电路结构示意图

DC/DC变换型高频链光伏并网逆变器主要有2种工作模式:第一种工作模式如图2.9所示,光伏阵列输出的直流电能经过前级高频逆变器变换成等占空比(50%)的高频方波电压,经高频变压器隔离后,由整流电路整流成直流电,然后再经过后级PWM逆变器以及LC滤波器滤波后将电能并入工频电网;第二种工作模式如图2.10所示,光伏阵列输出的直流电能经过前级高频逆变器逆变成高频正弦脉宽脉位调制(Sinusoidal Pulse Width Position Modulation,SPWPM)波,经高频隔离变压器后,再进行整流滤波成半正弦波形(馒头波),最后经过后级的工频逆变器逆变将电能并入工频电网。

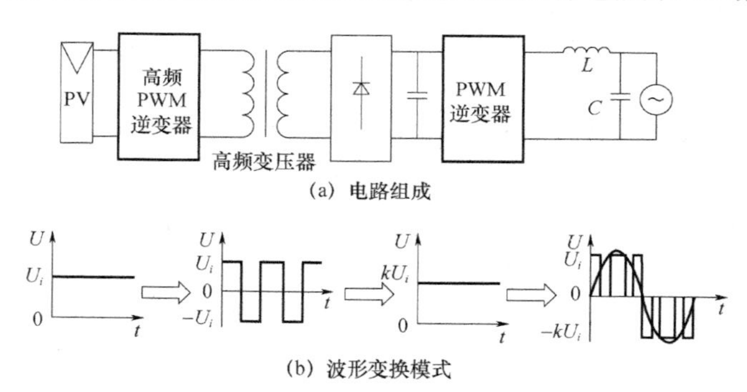

图2.9　DC/DC变换型高频链光伏并网逆变器的工作模式1

k—变压器的电压比

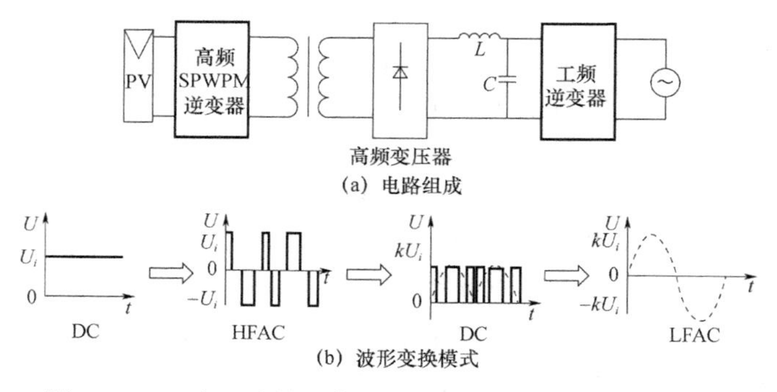

图2.10　DC/DC变换型高频链光伏并网逆变器工作模式2

k—变压器的电压比

(2)关于SPWPM调制　所谓的SPWPM调制就是指不仅对脉冲的宽度进行调制,而使其按照正弦规律变化,并且对脉冲的位置(Position,简称脉位)也进行调制,使调制后的波形不含有直流和低频成分。图2.11为SPWM波和SPWPM波的波形对比,从图中可以看出:只要将单极性SPWM波进行脉位调制,使得相邻脉冲极性互为反向即可得到SPWPM波波形。这样SPWPM波中含有单极性SPWM波的所有信息,并且是双极三电平波形。但是与SPWM低频基波不同,SPWPM波中基波频率较高且等于开关频率。由于SPWPM波中不含低频正弦波成分,因此便可以利用高频变压器进行能量的传输。SPWPM电压脉冲通过高频变压器后,再将其解调为单极性SPWM波,即可获得所需要的工频正弦波电压波形。

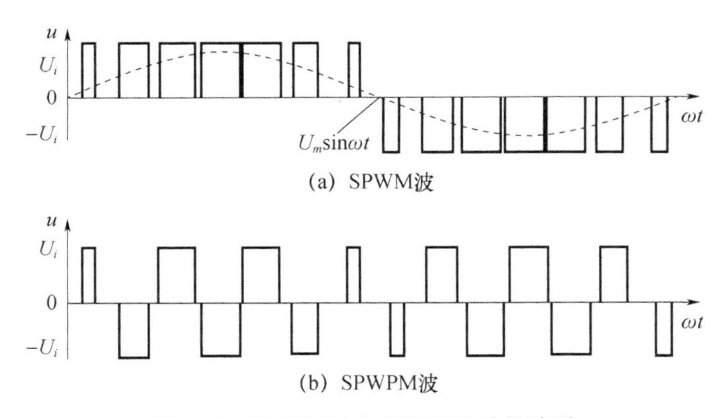

图2.11　SPWM波与SPWPM波的波形

2.周波变换型高频链光伏并网逆变器(黄敏超 等,1999;李磊,2006)

电路组成与工作模式

DC/DC变换型高频链光伏并网逆变电路结构中使用了三级功率变换(DC/HFAC/DC/LFAC)拓扑,由于变换环节较多,因而增加了功率损耗。为了提高高频光伏并网逆变电路的效率,希望可以直接利用高频变压器同时完成变压、隔离(图2.12)。

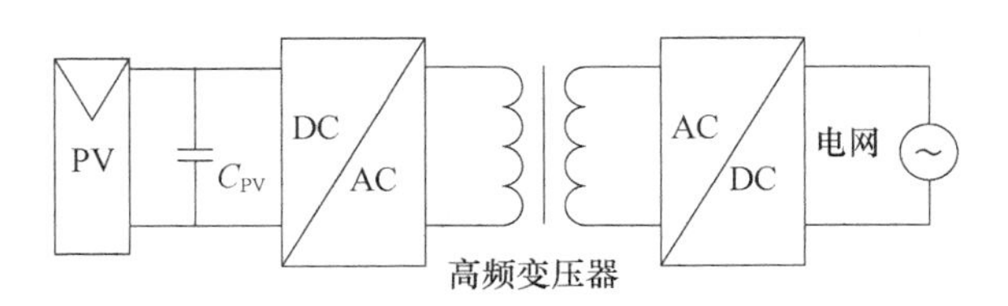

图2.12　周波变换型高频链光伏并网逆变器结构

与DC/DC变换型高频链光伏并网逆变器类似,周波变换型高频链光伏并网逆变器也主要有2种工作模式:第一种工作模式如图2.13所示,光伏阵列输出的直流电能首先经过高频PWM逆变器逆变成等占空比(50%)的高频方波电,经高频隔离变压器后,由周波变换器控制直接输出工频交流电;第二种工作模式如图2.14所示,光伏阵列输出的直流电能首先经过高频SPWPM逆变器变换成高频SPWPM波,经高频隔离变压器后,由周波变换器控制直接输出工频交流电。

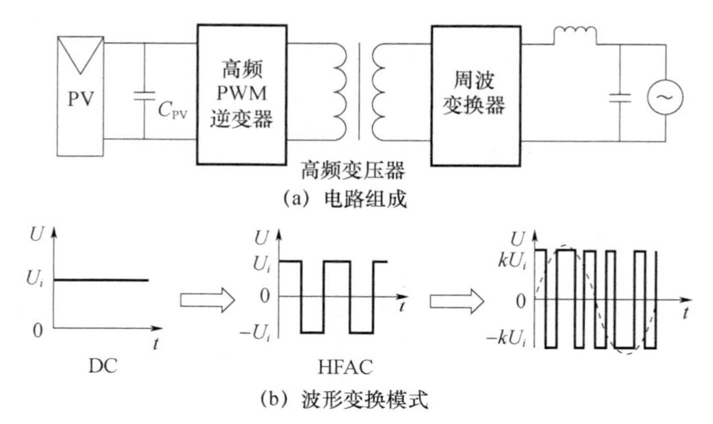

(a) 电路组成

(b) 波形变换模式

图2.13 周波变换型高频链光伏并网逆变器工作模式1

k—变压器的电压比

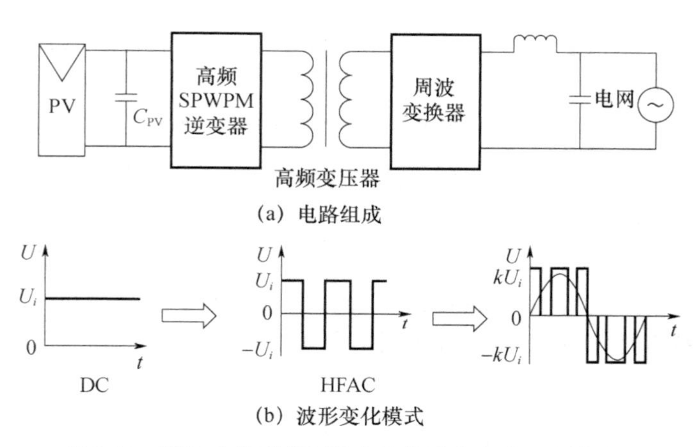

(a) 电路组成

(b) 波形变化模式

图2.14 周波变换型高频链光伏并网逆变器工作模式2

k—变压器的电压比

在具体的电路结构上,周波变换型高频链光伏并网逆变器其高频逆变器部分可采用推挽式、半桥式以及全桥式等变换电路的形式,周波变换器部分可采用全桥式和全波式等变换电路的形式。一般而言,推挽式电路适用于低压输入变换场合;半桥和全桥电路适用于高压输入场合;全波式电路功率开关电压应力高,功率开关数少,变压器绕组利用率低，适用于低压输出变换场合；全桥式电路功率开关电压应力低，功率开关数多，变压器绕组的利用率高，适用于高压输出场合。全桥式周波变换型高频链光伏并网逆变器其拓扑结构如图2.15所示，具体讨论如下。

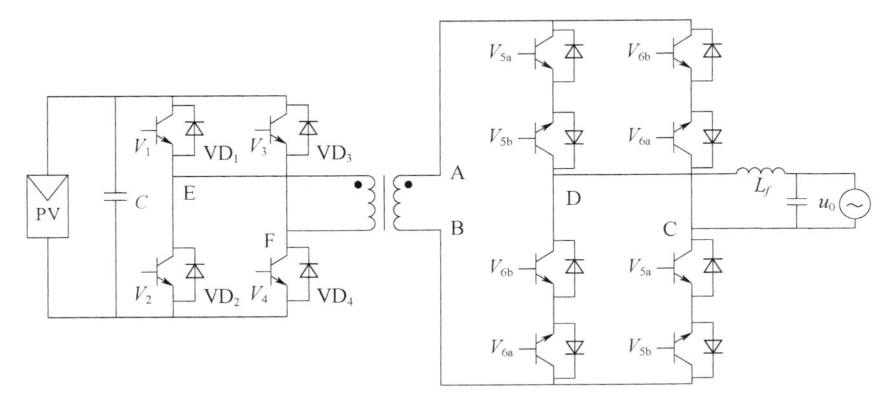

图2.15　全桥式周波变换型高频链光伏并网逆变器拓扑结构

由于采用传统的PWM技术时，周波变换器功率器件换流将关断漏感中连续的电流而造成不可避免的电压过冲，因而该类型高频隔离光伏并网逆变器常采用第二种工作模式。它可以在不增加电路拓扑复杂程度的前提下，较好地解决了电压过冲现象和周波变换器的软换流技术问题。该工作模式就是利用一个高频开关逆变器，把输入的直流电逆变为SPWPM波，通过高频隔离变压器后，传送到变压器二次侧，然后利用同步工作的周波变换器把SPWPM波变换成SPWM波。由于电能变换没有经过整流环节，并且采用双向开关，因此该电路拓扑可以实现功率双向流动，这对配备储能环节的系统是有必要的。

2.3　非隔离型光伏并网逆变器

为了尽可能地提高光伏并网系统的效率和降低成本，在不需要强制电气隔离的条件下（有些国家的相关标准规定了光伏并网系统需强制电气隔离），可以采用不隔离的无变压器型拓扑方案。非隔离型光伏并网逆变器由于省去了笨重的工频变压器，所以具有体积小、质量轻、效率高、成本较低等诸多优点，因而这使得非隔离型并网结构具有很好的发展前景。

一般而言，非隔离型光伏并网逆变器按结构可以分为单级型和多级型2种。下面依此分类进行叙述。

2.3.1 单级非隔离型光伏并网逆变器

单级非隔离型光伏并网逆变器结构如图2.16所示，可见单级光伏并网逆变器只用一级能量变换就可以完成DC/AC并网逆变功能，它具有电路简单、元器件少、可靠性高、效率高、功耗低等诸多优点。

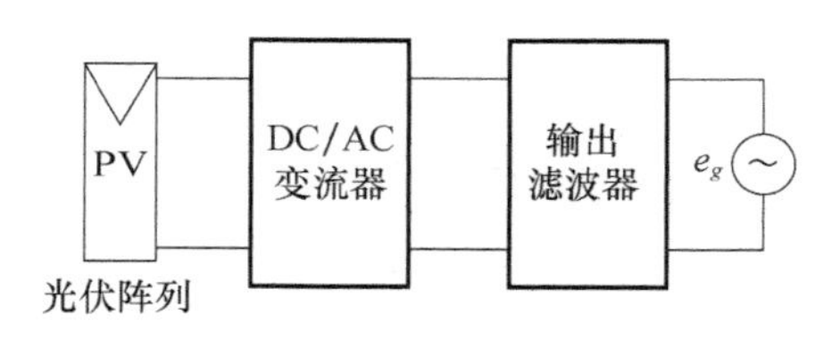

图2.16　单级非隔离型并网系统结构

实际上，当光伏阵列的输出电压满足并网逆变要求且不需要隔离时，可以将工频隔离型光伏并网逆变器各种拓扑中的隔离变压器省略，从而演变出单级非隔离型光伏并网逆变器的各种拓扑，如:全桥式、半桥式、三电平式等。

虽然，单级非隔离型光伏并网逆变器省去了工频变压器，但常规结构的单级非隔离型光伏并网逆变器其网侧均有滤波电感，而该滤波电感均流过工频电流，因此也有一定的体积和质量。另外，常规结构的单级非隔离型光伏并网逆变器要求光伏组件具有足够的电压以确保并网发电，因此，可以考虑一些新思路以克服常规单级非隔离型光伏并网逆变器的不足，以下介绍两种新颖的单级非隔离型光伏并网逆变器。

1. 基于Buck－Boost电路的单级非隔离型光伏并网逆变器

为了克服常规结构的单级非隔离型光伏并网逆变器的不足，进一步减小光伏并网逆变器的质量、体积，基于Buck－Boost电路的单级非隔离型光伏并网逆变器，其拓扑结构如图2.17所示。

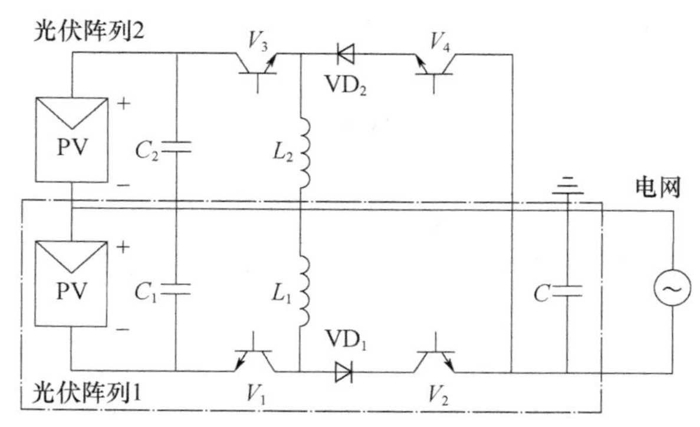

图2.17　基于Buck－Boost电路的单级非隔离型光伏并网逆变器主电路拓扑

这种基于Buck－Boost电路的单级非隔离型光伏并网逆变器拓扑由两组光伏阵列和Buck－Boost型斩波器组成，由于采用Buck－Boost型斩波器，因此无须变压器便能适配较宽的光伏阵列电压以满足并网发电要求。2个Buck－Boost型斩波器工作在固定开关频率的电流不连续状态(Discontinuous Current Mode,DCM)下，并且在工频电网的正负半周中控制两组光伏阵列交替工作。由于中间储能电感的存在，这种非隔离型光伏并网逆变器的输出交流端无须接入流过工频电流的电感，因此逆变器的体积、质量大为减小。另外，与具有直流电压适配能力的多级非隔离型光伏并网逆变器相比，这种逆变系统所用开关器件的数目相对较少。

2.基于Z源网络的单级非隔离型光伏并网逆变器

常规的电压源单级非隔离型并网逆变器拓扑存在以下问题：

(1)只能应用在直流电压高于电网电压幅值的场合，因此要想实现并网，须满足光伏输入电压要高于电网电压的条件。

(2)同一桥壁的两个管子导通需加入死区时间，以防止直通而导致的直流侧电容短路。

(3)直流侧的支撑电容值要设计得足够大来抑制直流电压纹波。

针对上述常规拓扑的不足(郭小强　等，2008)，提出了一种基于Z源网络的单级非隔离型光伏并网逆变器，相比于传统结构的光伏并网逆变器，它可以通过独特的直通状态来达到直流侧升压的目的，从而实现逆变器任意的电压输出的要求。这种新型的Z源光伏并网逆变器具有：理论上任意大小的光伏阵列输入电压均可通过Z源逆变器接入电网。

图2.18为基于Z源网络的单级非隔离型光伏并网逆变器的一般拓扑，该拓扑由光伏阵列、二极管VD、Z源对称网络($L_1=L_2, C_1=C_2$)、全桥逆变器($S_1 \sim S_4$)以及输出滤波环节5部分组成。

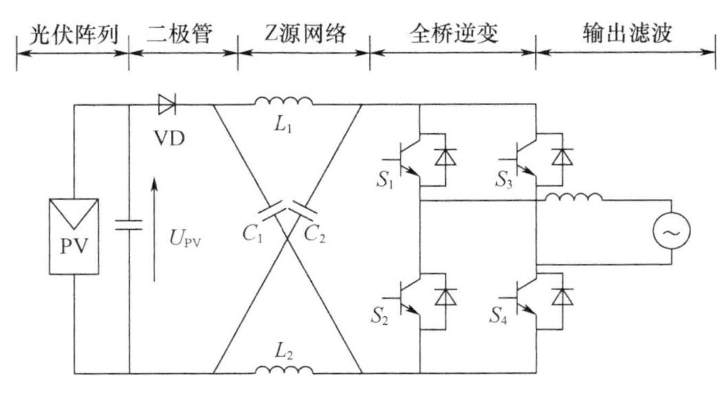

图2.18　基于Z源网络的单级非隔离型光伏并网逆变器拓扑

在传统的电压型逆变器中，同一桥臂上下开关管同时导通（直通状态）是被禁止的，因为在这种情况下，输入端直流电容会因瞬间的直通而导致电流突增从而损坏开关器件。但Z源网络的引入使直通状态在逆变器中成为可能，整个Z源逆变器也正是通过这个直通状态为逆变器提供了独特的升压特性。

下面具体介绍Z源逆变器的工作原理。图2.19给出了Z源逆变器从直流侧看过去的等效电路拓扑，其中逆变桥及后续输出电路可近似等效为一受控电流源I_{in}。

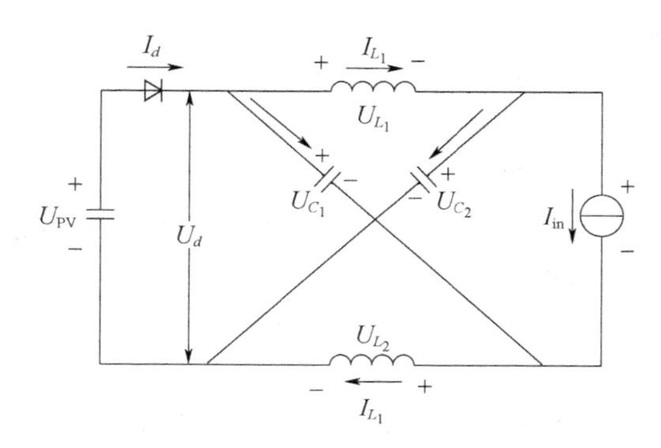

图2.19　Z源逆变器等效电路

由于Z源逆变器具有直通状态，因此根据一个开关周期T_s中Z源逆变器是否工作在直通开关状态可将图2.19所示的电路分两种情况来讨论，如图2.20所示。同时为了分析的简便，假设Z源网络为对称网络，即

$$L_1 = L_2, C_1 = C_2 \tag{2.1}$$

稳态时，由电路的对称性，有：

$$U_{L_1} = U_{L_2} = U_L, U_{C_1} = U_{C_2} = U_C \tag{2.2}$$

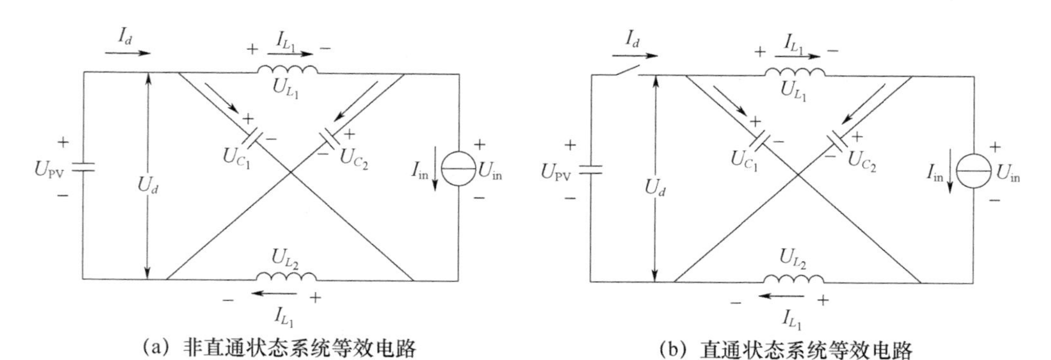

(a) 非直通状态系统等效电路　(b) 直通状态系统等效电路

图2.20　Z源逆变器系统等效电路

1）当系统工作在非直通状态时，输入二极管VD正向导通。若一个开关周期T_s中

非直通状态运行时间为T_1，此时Z源逆变器等效电路如图2.20(a)所示，由图可得

$$U_{PV}=U_d=U_{C_1}+U_{b_2}=U_{L_1}+U_{C_2}=U_L+U_C \tag{2.3}$$

$$U_{in}=U_{C_1}-U_{L_1}=U_{C_2}-U_{L_2}=U_C-U_L \tag{2.4}$$

联立式(2.3)、(2.4)得

$$U_{in}=2U_C-U_{PV} \tag{2.5}$$

2)当系统工作在直通状态时，二极管VD承受反压截止。若一个开关周期T_s中直通状态运行时间为T_0，且$T_n=T_s-T_1$，此时Z源逆变器等效电路如图2.20(b)所示，由图有

$$U_{C_1}=U_{C_2}=U_C=U_{L_1}=U_{L_2}=U_L \tag{2.6}$$

稳态时，Z源电感$L_1(L_2)$在开关周期T_s内应满足伏秒特性(一个开关周期的平均储能为0)，即

$$(U_{PV}-U_C)T_1+U_CT_0=0 \tag{2.7}$$

化简式(2.7)，得Z源电容电压

$$U_C=\frac{T_1}{T_1-T_0}U_{PV}=\frac{1-d_0}{1-2d_0}U_{PV} \tag{2.8}$$

式中，B为升压因子，$B=1/(1-2d_0)$。

通过上述方程的推导，可以得到一个重要的结论：电压型Z源逆变器可以实现逆变器输出电压或高于或低于直流输入电压，且不需要额外的中间级变换电路，是一种主动形态的Buck－Boost型变换电路，具有较大的输入电压范围，而对于传统的电压型逆变器，逆变器输出电压总是低于直流输入电压。

2.3.2　多级非隔离型光伏并网逆变器(朱朝霞　等，2005；舒杰　等，2008)

在传统拓扑的非隔离式光伏并网系统中，光伏电池组件输出电压必须在任何时刻都大于电网电压峰值，所以需要光伏电池板串联来提高光伏系统输入电压等级。但是多个光伏电池板串联常常可能由于部分电池板被云层等外部因素遮蔽，导致光伏电池组件输出能量严重损失，光伏电池组件输出电压跌落，无法保证输出电压在任何时刻都大于电网电压峰值，使整个光伏并网系统不能正常工作。而且只通过一级能量变换常常难以很好地同时实现最大功率跟踪和并网逆变两个功能，虽然上述基于Buck－Boost电路的单级非隔离型光伏并网逆变器能克服这一不足，但其需要两组光伏阵列连接并交替工作，对此可以采用多级变换的非隔离型光伏并网逆变器来解决这一问题。

通常多级非隔离型光伏并网逆变器的拓扑由两部分构成，即前级的DC/DC变换器以及后级的DC/AC变换器，如图2.21所示。

多级非隔离型光伏并网逆变器的设计关键在于DC/DC变换器的电路拓扑选择，

从DC/DC变换器的效率角度来看,Buck和Boost变换器效率是最高的。由于Buck变换器是降压变换器,无法升压,若要并网发电,则必须使得光伏阵列的电压要求匹配在较高等级,这将给光伏系统带来很多问题,因此Buck变换器很少用于光伏并网发电系统。Boost变换器为升压变换器,从而可以使光伏阵列工作在一个宽泛的电压范围内,因而直流侧电池组件的电压配置更加灵活。由于通过适当的控制策略可以使Boost变换器的输入端电压波动很小,因而提高了最大功率点跟踪的精度,同时Boost电路结构上与网侧逆变器下桥臂的功率管共地,驱动相对简单。可见,Boost变换器在多级非隔离型光伏并网逆变器拓扑设计中是较为理想的选择。

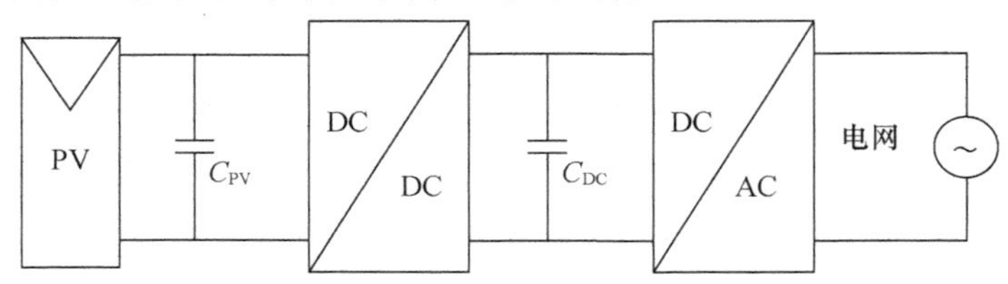

图2.21　多级非隔离型并网逆变器结构

1.基本Boost多级非隔离型光伏并网逆变器

基本Boost多级非隔离型光伏并网逆变器的主电路拓扑图如图2.22所示,该电路为双级功率变换电路。前级采用Boost变换器完成直流侧光伏阵列输出电压的升压功能以及系统的最大功率点跟踪(MPPT),后级DC/AC部分一般采用经典的全桥逆变电路完成系统的并网逆变功能。

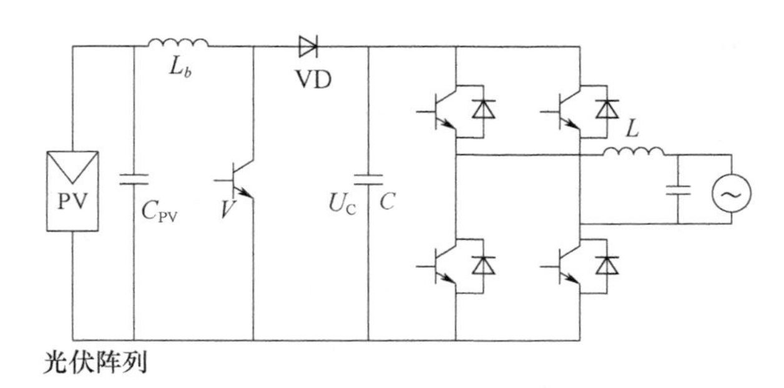

图2.22　基本Boost多级非隔离型光伏并网逆变器主电路拓扑

以下分为两级来分析其工作原理和控制过程。

(1)前级Boost变换器的工作过程图2.22中前级Boost变换器的工作过程如下:

令开关V的开关周期为T_s,占空比为D。

当$0<t<DT_s$时,V开通,电流回路为$C_{PV}\to L_b\to V$,此时,C_{PV}经V向电感L_b充电,即:$u_v=0$,$U_L=U_{PV}$;

当$DT_s<t<T_s$时，V关断，电流回路为$C_{PV}\rightarrow L_b\rightarrow D\rightarrow C\rightarrow C_{PV}$，此时，$C_{PV}$和$L_b$一起向$C$充电，即：$u_v=U_c$，$U_L=U_{PV}-U_C$。

考虑到电感L_b在一个周期内电流平衡，有

$$\frac{U_{PV}}{L}t_{on}+\frac{U_{PV}-U_C}{L}t_{off}=0 \tag{2.9}$$

$$\frac{U_{PV}}{L}DT_s+\frac{U_{PV}-U_C}{L}(1-D)T_s=0 \tag{2.10}$$

化简后可得Boost变换器输入输出电压关系为

$$U_{PV}=(1-D)U_C \tag{2.11}$$

由于$D<1$，则式(2.11)表明：前级斩波变换器的输出电压U_C大于其光伏阵列的输入电压U_{PV}，从而实现了升压变换功能。

(2)后级全桥电路的PWM调制　光伏阵列输出的直流电在前级Boost变换器升压后，即可得到满足并网逆变电路直流侧输入电压要求的电压等级。图2.22中后级DC/AC部分采用了全桥电路拓扑，其中交流侧电感用以滤除高频谐波电流，保证并网电流品质。关于并网逆变的控制将在后续章节详细讨论，以下主要分析其PWM调制过程。

对于图2.22所示的单相桥式并网逆变电路，通常采用载波反相的单极性倍频调制方式，以降低开关损耗。

同样，也可以采用调制波反相的单极性倍频调制方式以取得同样的倍频效果。

总之，单极性倍频调制方式可以在开关频率不变的条件下，使输出SPWM波的脉动频率是常规单极性调制方式的2倍。这样，单极性倍频调制方式可在开关损耗不变的条件下，使电路输出的等效开关频率增加1倍。显然与双极性调制相比，单极性倍频调制方式具有较小的谐波分量。因此，对单相桥式电压型逆变电路而言，单极性倍频调制方式性能优于常规的单、双极性调制。

2.双模式Boost多级非隔离型光伏并网逆变器

在图2.22所示的基本Boost多级非隔离型光伏并网逆变器中，前级Boost变换器与后级全桥变换器均工作于高频状态，因而开关损耗相对较大。为此，有学者提出了一种新颖的双模式(dual－mode)Boost多级非隔离型光伏并网逆变器，这种光伏并网逆变器具有体积小、寿命长、损耗低、效率高等优点，其主电路如图2.23(a)所示。与图2.22所示的基本Boost多级非隔离型光伏并网逆变器不同的是：双模式Boost多级非隔离型光伏并网逆变器电路增加了旁路二极管VD_b，该电路工作波形如图2.23(b)所示。

(1)工作原理　当输入电压U_{in}小于给定正弦输出电压U_{out}的绝对值时，Boost电路的开关V_C高频运行，前级工作在Boost电路模式下，在中间直流电容上产生准正弦变化的电压波形。同时，全桥电路以工频调制方式工作，使输出电压与电网极性同步。例

如，当输出为正半波时，仅 V_1和 V_4开通。当输出为负半波时，仅 V_2和 V_3开通。此工作方式称为PWM升压模式。

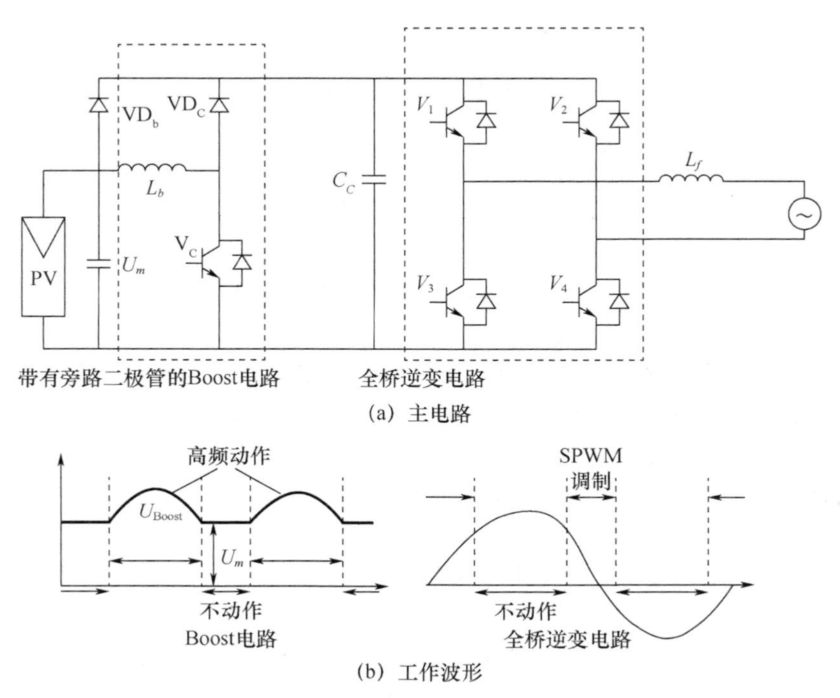

(a) 主电路

(b) 工作波形

图2.23 双模式Boost多级非隔离型光伏并网逆变器主电路及工作波形

当输入电压 U_{in}大于等于给定正弦输出电压 U_{out}的绝对值时，开关 V_C关断。全桥电路在SPWM调制方式下工作。此时，输入电流不经过Boost 电感 L_b和二极管 VD_C，而是以连续的方式从旁路二极管通过。此工作方式称为全桥逆变模式。

综上分析，无论这种双模式Boost多级非隔离型光伏并网逆变器电路工作在何种模式，同一时刻只有一级电路工作在高频模式下，与传统的基本Boost多级非隔离型光伏并网逆变器相比，降低了总的开关次数。此外，当系统工作在全桥逆变模式下，输入电流以连续的方式通过旁路二极管 VD_b，而不是从电感 L_b和二极管 VD_C通过，减小了系统损耗。另外，由于这种双模式Boost多级非隔离型光伏并网逆变器电路独特的工作模式，无须使中间直流环节保持恒定的电压，因而电路中间环节中常用的大电解电容可以用一个小容量的薄膜电容代替，从而有效地减小了系统体积、质量和损耗，增加了系统的寿命、效率和可靠性。

(2)控制过程　双模式Boost多级非隔离型光伏并网逆变器2种工作模式下的控制框图如图2.24所示。

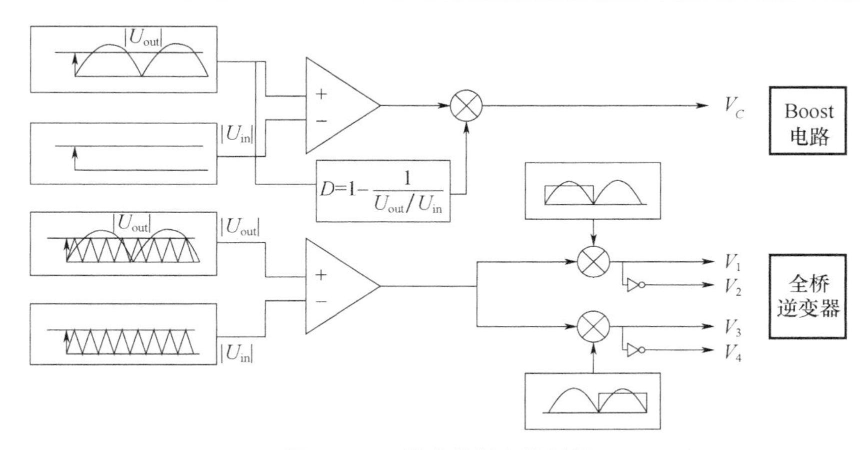

图 2.24　双模式控制电路框图

当 $U_{in}<|U_{out}|$时，Boost电路进行升压，通过改变占空比D，产生准正弦脉冲调制波形；当 $U_{in}>|U_{out}|$时，全桥电路通过高频三角载波和给定正弦波比较获得触发信号，产生正弦输出信号。

前级Boost电路开关V_C和全桥逆变器开关V_1～V_4脉冲时序如图2.25所示。

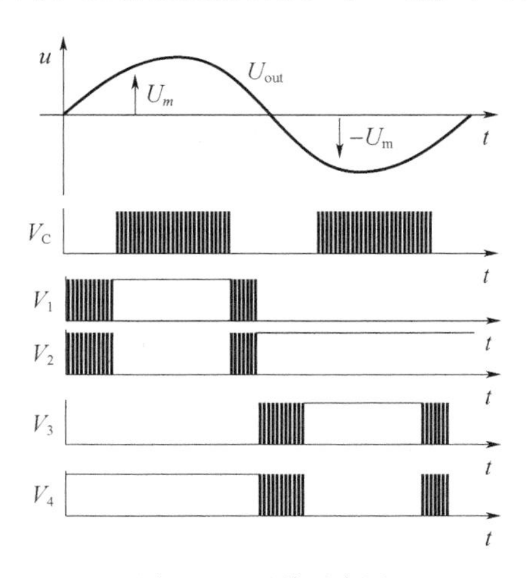

图 2.25　开关时序图

(3)双重Boost光伏并网逆变器　随着系统功率等级的越来越大，为了减少谐波含量和加快动态响应，逆变器功率处理能力和开关频率的矛盾越来越严重。在多级非隔离型光伏并网逆变器中，是否可以考虑将多重化、多电平以及工频调制技术相结合以解决这一矛盾，下面介绍一种基于双重Boost变换器的电流型光伏并网逆变器。

基于双重Boost变换器的电流型光伏并网逆变器其主电路拓扑如图2.26所示，其主要的设计思路就是在输入级采用电流多重化设计，为利用这一电流多重化设计而在输出级选用了电流源逆变器拓扑结构，并采用工频调制将输入级的电流多重化转化成为逆变器输出的多电平电流波形，有效地减小了网侧滤波器体积和系统损耗，具体分析如下：

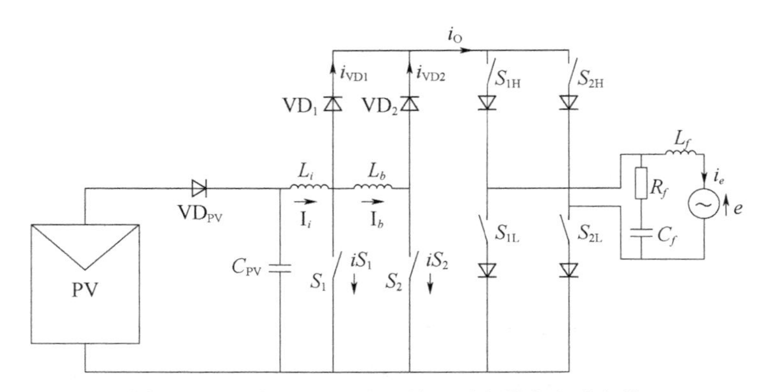

图 2.26　双重Boost电流型并网逆变器主电路拓扑

1)多重化设计。该拓扑中由S_1、VD_1、L_1和S_2、VD_2和L_b组成两组并联的Boost变换器，电路采用载波移相PWM多重化调制技术，通过以两个反相的三角波作为载波进行PWM调制，得到S_1和S_2的驱动信号，从而为得到需要的输出电压波形提供驱动信号。由于后级采用了电流源逆变器，为使该电流源逆变器工作于工频调制模式，其电流源逆变器的输入电流必须为馒头波。其中双重Boost电路的具体工作过程是：若控制电感L_b上电流i_b等于$0.5i_j$，则当S_1、S_2都断开时，输入电流i_1分别以电流i_{VD_1}和i_{VD_2}流出，两者之和为i_o，且i_{VD_1}和i_{VD_2}都等于$0.5i_1$，i_o即为后级电流源逆变器的输入电流；当S_1导通、S_2断开时，$i_{VD_1}=0$，$i_{VD_2}=i_b=0.5i_j$，流过S_1电流也为$0.5i_j$，此时电感L_i作为储能元件储存光伏阵列发出的能量；当S_1断开、S_2导通时，L_i、VD_1组成的Boost变换器，将L_i储存能量传向后级的电流源逆变器，其中$i_{VD_1}=0.5i_j$、$i_{VD_2}=0$，另一部分电能则通过L_b储能；当S_1、S_2都导通时，L_i和L_b都作为储能元件接受来自光伏阵列光伏电能，此时$i_{VD_1}=0$，$i_{VD_2}=0$。

2)多电平电流工频调制。由于前级双重Boost变换器的半正弦波调制，使双重Boost变换器的输出电流波形为各组叠加的半正弦调制的多电平波形，这一电流的多电平波形，主要含有与工频对应的半正弦信息，因此其后级的电网逆变器的开关管可以采用工频调制，从而有效地降低了电流源逆变器的开关损耗；另外，通过电流源逆变器的工频调制，其逆变器的输出电流波形为各组叠加的正弦调制的多电平波形，有效地降低了电流谐波，减小了网侧滤波器体积，改善了并网电流品质。实际上，上述双重

Boost变换器的电流型光伏并网逆变器结构可以推广到多重Boost变换器的电流型光伏并网逆变器结构，并且由于主电流在多个Boost变换器中的分配使得该逆变器拓扑在大功率场合(兆瓦级)中的应用成为可能。总之，这种逆变器拓扑的优点是功率器件的电流由于多重、多电平的电流调制和平衡分配，降低了功率器件电流的上升率，减小了系统的EMT干扰和滤波器的体积及损耗，同时输出逆变器的多重调制也降低了开关损耗，因而这些优点将有利于光伏并网系统的设计。这种多重Boost变换器的电流型光伏并网逆变器结构的主要问题是：系统在较高的电压等级运行时，电路的工作效率有所下降，这主要是由于拓扑中采用了大功率电感所导致的，因此应当尽量选用低损耗的电感。

2.3.3 非隔离型光伏并网逆变器问题研究

随着光伏并网高效能技术的发展，无变压器的非隔离型并网逆变器越来越受到人们的关注，也是未来并网逆变器的发展方向，但是也存在相应的难点问题：其一，由于逆变器输出不采用工频变压器进行隔离及升压，逆变器易向电网中注入电流分量，会对电网设备产生不良影响，如引发变压器或互感器饱和、变电所接地网腐蚀等问题；其二，由于并网逆变器中没有工频及高频变压器，同时由于光伏电池对地存在寄生电容，使得系统在一定条件下能够产生较大的共模泄漏电流，增加了系统的传导损耗，降低了电磁兼容性，同时也会向电网中注入谐波并会产生安全问题。

1.非隔离型光伏并网逆变器输出直流分量的抑制(叶智俊 等，2007)

理论上，并网逆变器只向电网注入交流电流，然而在实际应用中，由于检测和控制等的偏移往往使并网电流中含有直流分量。在非隔离的光伏并网系统中，逆变器输出的直流电流分量直接注入电网，并对电网设备产生不良影响，如引发变压器或互感器饱和、变电所接地网腐蚀等问题。因此，必须重视并网逆变器的直流分量问题，并应严格控制并网电流中的直流分量。

(1)直流分量的产生原因　直流分量产生的最根本原因是逆变器输出的高频SPWM波中含有一定的直流分量。逆变器输出脉宽调制波中含有直流分量的原因可以归结为以下几点：

1)给定正弦信号波中含有直流分量。这种情况多发生在模拟控制的逆变器中，正弦波给定信号由模拟器件产生，因为所用元器件特性的差异，给定正弦信号波本身就含有很小的直流分量。采用闭环波形反馈控制，输出电流波形和给定波形基本一致，从而导致输出交流电流中也含有一定的直流分量。

2)控制系统反馈通道的零点漂移引起的直流分量。控制系统反馈通道主要包括检测元件和A/D转换器，这两者的零点漂移统一归结为反馈通道的零点漂移，并且是造成输出电流直流分量的主要因素。

检测元件的零点漂移:逆变器引入输出反馈控制,不可避免要采用各种检测元件,最常用的是电压、电流霍尔传感器。这些霍尔元件一般都存在零点漂移,由于检测元件的零点漂移,使得输出电流中含有直流分量。虽然零点漂移量的绝对值非常小,但由于反馈系数一般来说也很小,因此该直流分量不可忽视,这是造成输出电流中包含直流分量的重要因素之一。

A/D转换器的零点漂移:在全数字控制的逆变器中,霍尔元件检测到的输出电流还需经过A/D转换器把模拟量转化为数字量,并由处理器按一定的控制规律进行运算。同检测元件一样,A/D转换器也存在零点漂移,同样会造成输出交流电流中含有直流分量。

控制系统产生的SPWM信号需经过脉冲分配及死区形成电路分相、设置死区,再经驱动电路隔离、放大后驱动开关管。其中元器件参数的分散性会引起死区时间不等,即各管每次导通时间中的损失不一致,从而逆变器输出中包含直流分量。

即使控制电路产生的脉宽调制波完全对称,但由于主电路中功率开关管特性的差异,如导通时饱和降不同以及关断时存储时间的不一致等,这些均会造成输出SPWM波正负的不对称,从而导致输出电流中含有直流分量。

以上几种因素中,前两种因素的可能性和实际影响最大,因为在控制系统中的反馈通道及调制信号发生等环节易形成直流分量,且被逆变桥放大。而在后两种因素中,电路处理的是SPWM开关信号,只要设计合理并匹配恰当,影响一般较小。

(2)直流分量的抑制方法

1)软件直流分量抑制。在数字化控制PWM逆变器中,由于数字电路的输出脉宽一般也是通过调制波与三角波的数字比较而得到的,因此,可以通过检测算出一个工频周期内PWM输出电压(包括正、负脉冲)的积分,若该积分为0,则认为控制器发出的调制波脉宽是对称的,否则输出电流中就会产生直流分量,对此可以采用软件补偿的办法来消除相应的直流分量。

以单相全桥逆变器为例,若采用调制波反相的单极性倍频调制方式,则单相全桥逆变器的两桥臂分别由调制波信号u_c、$-u_c$和载波信号的比较来进行控制。

若令全桥的输出电压为u_{ab}、两桥臂对直流负母线的电压为u_{a0}、u_{b0},则全桥的PWM输出电压在一个工频周期T的积分为

$$\int_0^T u_{ab}\,\mathrm{d}t = \int_0^T (u_{a0} - u_{b0})\mathrm{d}t = 0 \tag{2.12}$$

假设SPWM为理想调制方式,则:

$$\int_0^T K\,[\,u_c - (-u_c)\,]\mathrm{d}t = 2K\int_0^T u_c\mathrm{d}t = 0 \tag{2.13}$$

式中,K为理想调制的增益(等于直流母线电压)。

由式(2.13)可看出,实际上只要保证在一个工频周期内u_c对时间的积分等于0,就可以使逆变器输出的PWM波形直流分量为0。实际应用时,由于数字控制器是每隔一定的时间采样一次,因此,只要把一个工频周期的调制波u_c在每个工频周期累加,并保证它等于0,就保证了控制系统中无直流分量。如果累加之和不为0,就把该累加值作为下一个工频周期调制量u_c的补偿值,从而可以确保每一个工频周期PWM波形的直流分量为0。

2)硬件直流分量的抑制。当驱动电路不对称以及功率开关管饱和压降不相等等硬件因素引起直流分量时,可以通过适时检测并网电流的直流分量,并通过一系列的数字算法,以补偿逆变桥的输出脉宽,从而抵消并网电流中的直流分量。

并网电流中除有直流分量外,还含有50 Hz的交流分量,用电流传感器检测并网电流时,若通过如图2.27所示的直流分量检测电路即可抽出其中的直流分量。

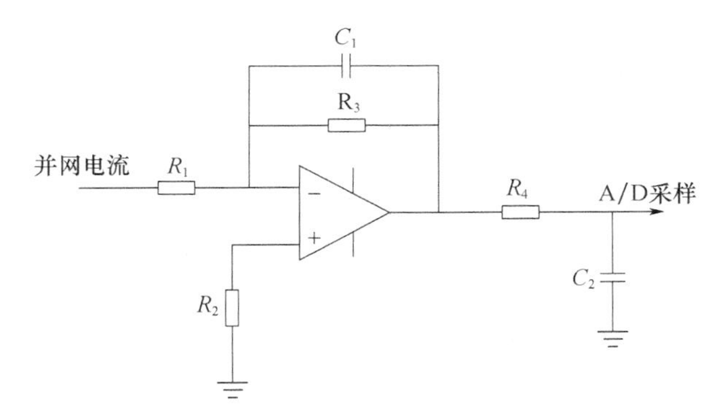

图2.27　直流分量检测电路

分析图2.27直流分量检测电路,其传递函数为

$$G(s)=\frac{R_3/R_1}{1+sR_3C_1}\frac{1}{1+sR_4C_2} \tag{2.14}$$

从式(2.14)可看出:图2.27所示的直流分量检测电路实际上是两个低通滤波器的串联,从而利于直流成分传输。一方面,通过设定适当的R_3/R_1,可让直流成分有一定的放大;另一方面,若将滤波时间常数设定在0.2 s以上,则可基本上滤除50 Hz的交流分量。这样,输入A/D采样通道的电压信号便可认为是直流分量的检测值。由于并网电流中的直流分量的检测值可正可负,需要用一双极性A/D转换器对它进行采样,因此该采样值就是并网电流中直流分量的数字表示形式。

检测到直流分量后,可以通过闭环调节使得直流分量为0。由于PWM逆变器采用全数字化控制,因此采用数字PI调节最简单,其控制结构如图2.28所示。图中i_e为直流分量检测量,将i_e和0比较后经PI调节后得到抑制直流分量所需要的修正脉宽量$i_\triangle$,

$i_{\triangle}$与i_k相叠加以驱动逆变桥的功率开关管，从而消除并网电流中的直流分量。这一方案能有效地解决一般全桥逆变器中死区、电路参数不对称以及波形校正等引起的脉冲宽度不对称，从而抑制了并网电流中的直流分量(李剑　等，2002)。

显然，上述硬件直流分量的抑制效果主要取决于直流分量检测与A/D采样的精度。

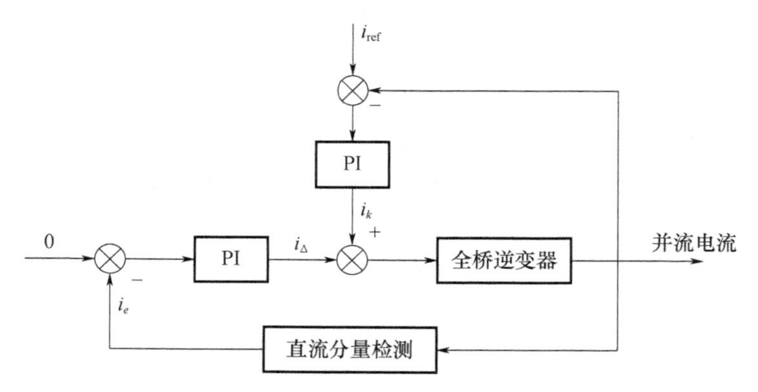

图2.28　硬件直流分量的抑制示意图

3)基于虚拟电容控制的直流分量抑制方法(郭小强　等，2008)。上述直流分量抑制方法是通过对输出直流分量的采样并经A/D转换成数字信号，再送入微处理器进行闭环控制处理的，从而达到消除输出直流分量的作用。利用数字控制的方法，电路简单，便于控制，但是由于直流分量相对交流输出而言，幅值要小得多，很难保证精确采样，对此会大大影响直流分量的消除效果。

实际上，可以利用电容所具有的隔直特性，将电容串联在逆变输出的主电路中，使直流分量完全降落在电容上，这样就可以从根本上消除并网电流中的直流分量。然而，为了减小基波电压在隔直电容器上的损失，应使其基波交流阻抗非常小，因此隔直电容的电容量必须选得非常大，这样不仅大大增加了成本、体积和重量，而且也降低了功率的传输效率，影响了逆变器的动态特性。因此，这种方法仅适用于高频逆变器以及某些中频电源系统，在工频正弦波并网逆变器中很难应用。

针对上述不足，提出了基于虚拟电容概念的直流抑制方法：即采用控制方法代替输出串联电容，这不仅使并网逆变器实现零直流注入，而且又可实现隔直电容的零损耗。以单相并网逆变器为例，对应输出串联隔直电容的原理电路如图2.29所示。先考察图2.30给出的并网逆变器电流环结构的系统线性模型，如果改变电容电压反馈节点的位置便可得到等效的并网逆变器电流环结构的系统线性模型，如图2.31所示。因此，图2.29中的隔直电容C可由图2.31所示的控制策略所替代，这就是基于虚拟电容控制的直流抑制方案的基本思路。

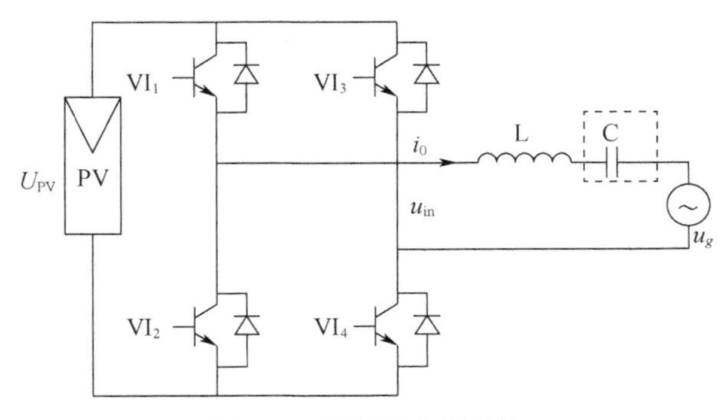

图2.29　并网逆变器系统

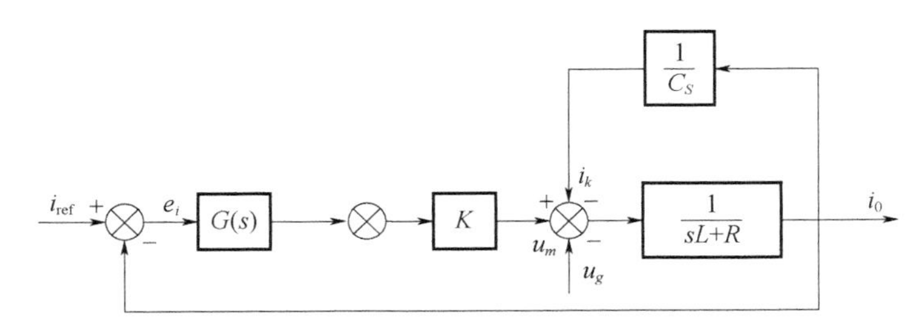

图2.30　并网逆变器电流环系统线性模型

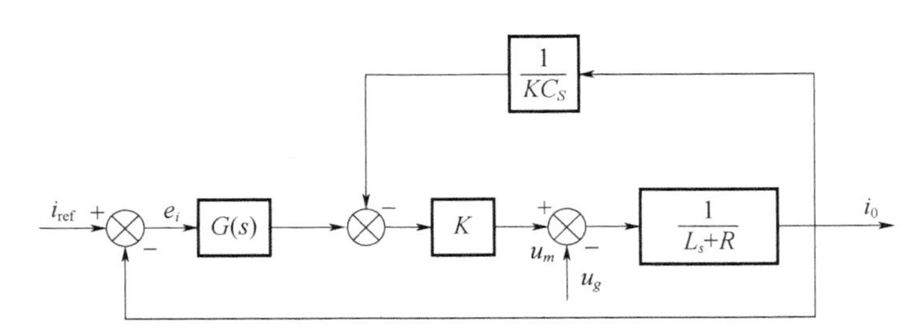

图2.31　并网逆变器电流环系统等效的线性模型

由图2.30或图2.31可得系统的传递函数如下：

$$i_o(s)=\frac{KG(s)}{L_S+R+KG(s)+\dfrac{1}{C_S}}i_{\mathrm{ref}}(s)-\frac{1}{L_S+R+KG(s)+\dfrac{1}{C_S}}U_g(s) \quad (2.15)$$

式中，$G(s)$是电流调节器传递函数，对于单相逆变器，为实现对正弦波电流的无静差控制，电流调节器$G(s)$可采用比例谐振调节器，其传递函数为：

$$G(s)=K_p+\frac{K_i s}{s^2+\omega^2} \quad (2.16)$$

另外，为分析上述基于虚拟电容控制的直流抑制方案的特性，根据式(2.16)第一项做出系统的闭环博德图，如图2.32所示。为了便于比较，同时给出了不加隔直电容C时的系统闭环博德图。从图2.32系统闭环博德图分析可以看出：在零频率处，基于虚拟电容控制的系统闭环幅频特性为0，这意味着直流输入信号经过闭环系统后衰减为0，从而实现了零稳态直流电流的注入。

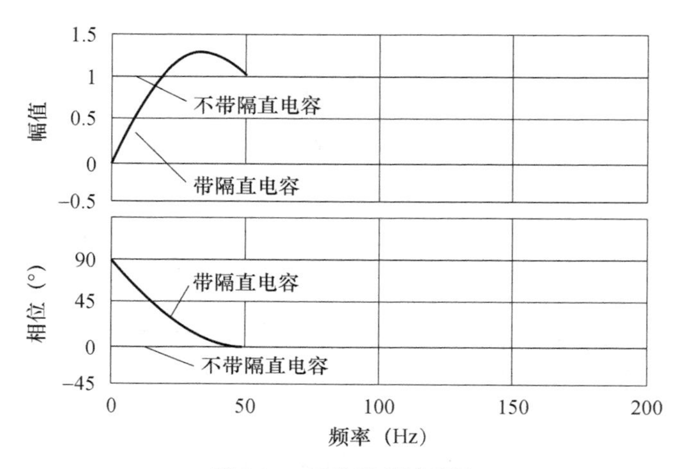

图2.32　系统闭环博德图

2.非隔离型光伏并网逆变器中共模电流的抑制

(1)共模电流产生原理　非隔离的光伏并网发电系统中，电网和光伏阵列之间存在直接的电气连接。太阳能电池和接地外壳之间存在对地的寄生电容，而这一寄生电容会与逆变器输出滤波元件以及电网阻抗组成共模谐振电路，如图2.33所示。当并网逆变器的功率开关动作时会引起寄生电容上电压的变化，而寄生电容上变化的共模电压能够激励这个谐振电路从而产生共模电流。共模电流的出现增加了系统的传导损耗，降低了电磁兼容性并产生安全问题。

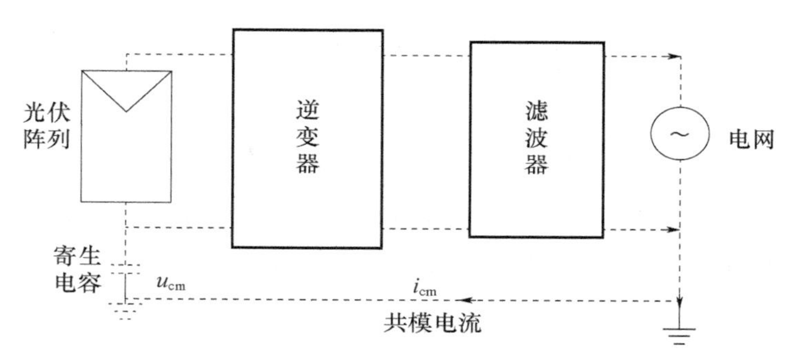

图2.33　非隔离型光伏并网系统中的寄生电容和共模电流

寄生电容的大小与直流源及环境因素有关，在光伏系统中，一般光伏组件对地的寄生电容变化范围为nF～mF。

根据$i_{cm}=2\pi fC_Pu_{cm}$这一寄生电容上共模电压u_{cm}和共模电流i_{cm}存在的关系，光伏阵列对地的寄生电容值可用下式来估计

$$C_P=\frac{1}{2\pi f}\frac{i_{cm}}{u_{cm}} \tag{2.17}$$

假设电网内部电感L远小于滤波电感L_f，滤波器的截止频率远小于谐振电路的谐振频率，共模谐振电路的谐振频率可近似为

$$f_r=\frac{1}{2\pi\sqrt{L_fC_P}} \tag{2.18}$$

显然，在共模谐振电路的谐振频率处会出现较大幅值的漏电流。

下面针对具体拓扑来分析光伏并网逆变器的共模问题，为方便分析，以下分全桥拓扑和半桥拓扑2类来讨论。

1)全桥逆变器的共模分析。图2.34所示的是全桥逆变器及其共模电压的分析电路。以电网电流正半周期为例进行分析，图中：u_{a0}、u_{b0}表示全桥逆变器交流输出a、b点对直流负母线0点的电压，u_L表示电感上的压降，u_g表示电网电压，u_{cm}表示寄生电容上的共模电压，i_{cm}表示共模谐振回路中的共模电流。

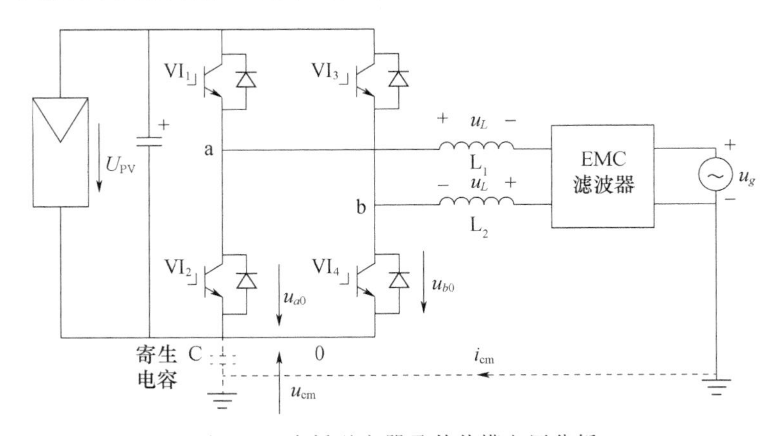

图2.34　全桥逆变器及其共模电压分析

根据基尔霍夫电压定律，可列出共模回路的电压方程：

$$-u_{a0}+u_L+u_g+u_{cm}=0 \tag{2.19}$$

$$-u_{b0}-u_L+u_{cm}=0 \tag{2.20}$$

式(2.19)和式(2.20)相加可得共模电压u_{cm}为：

$$u_{cm}=0.5(u_{a0}+u_{b0}-u_g)=0.5(u_{a0}+u_{b0})-0.5u_g \tag{2.21}$$

而流过寄生电容上的共模电流 i_{cm} 为：

$$i_{cm}=C\frac{\mathrm{d}u_{cm}}{\mathrm{d}t} \tag{2.22}$$

可见，共模电流与共模电压的变化率成正比。由于 u_c 工频电网电压，则由 u_c 在寄生电容上产生的共模电流一般可忽略，而 u_{a0}、u_{b0} 为PWM高频脉冲电压，共模电流主要由此激励产生。因此，工程上并网逆变器的共模电压可近似表示为

$$u_{cm}\approx 0.5(u_{a0}+u_{b0}) \tag{2.23}$$

为了抑制共模电流，应尽量降低 u_{cm} 的频率，而开关频率的降低则带来系统性能的下降。但若能使 u_{cm} 为一定值，则能够基本消除共模电流，即功率器件所采用的PWM开关序列应使得a、b点对0点的电压之和满足：

$$u_{a0}+u_{b0}=\text{定值} \tag{2.24}$$

对于单相全桥拓扑，通常可以采用两种PWM调制策略来形成PWM开关序列，即单极性调制和双极性调制。不同的调制策略对共模电流的抑制效果相差很大，以下分别进行讨论：

①单极性调制：对于图2.35所示的单相全桥拓扑，若采用单极性调制，在电网电流正半周期，VI_4 一直导通，VI_1、VI_2 则采用互补通断的PWM 调制；而在电网电流负半周期，VI_3 一直导通，而 VI_1、VI_2 则采用互补通断的PWM调制。考虑到电流正、负半周期开关调制的类似性，以下只分析电网电流正半周期开关调制时的逆变器共模电压：

当 VI_2 关断，VI_1、VI_4 导通时，共模电压为：

$$u_{cm}=0.5(u_{a0}+u_{b0})=0.5(U_{PV}+0)=0.5U_{PV} \tag{2.25}$$

当 VI_1 关断，VI_2、VI_4 导通时，共模电压为：

$$u_{cm}=0.5(u_{a0}+u_{b0})=0.5(0+0)=0 \tag{2.26}$$

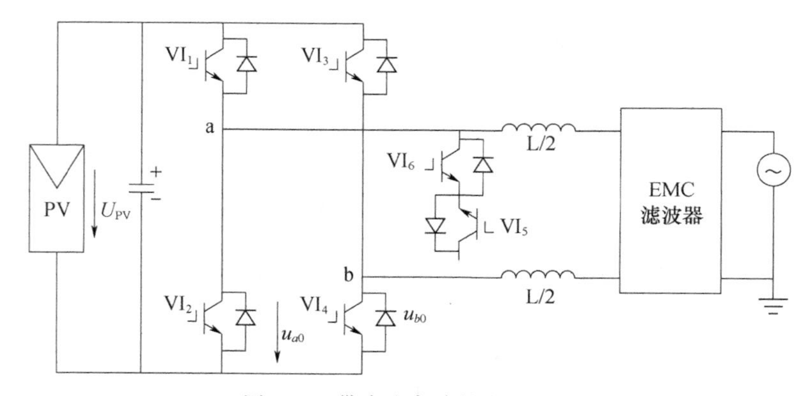

图2.35 带直流旁路的全桥拓扑

可见，采用单极性调制的全桥逆变器拓扑产生的共模电压其幅值在0与$U_{PV}/2$之间变化，且频率为开关频率的PWM高频脉冲电压。此共模电压激励共模谐振回路产生共模电流，其数值可达到数安，并随着开关频率的增大而线性增加。

②双极性调制：对于图2.35所示的单相全桥拓扑，若采用双极性调制，桥臂开关对角互补通断，即要么VI_1、VI_4导通，要么VI_2、VI_3导通，以下分析双极性调制时的逆变器共模电压：

当VI_1、VI_4导通，而VI_2、VI_3关断时：

$$u_{cm}=0.5(u_{a0}+u_{b0})=0.5(U_{PV}+0)=0.5U_{PV} \tag{2.27}$$

当VI_1、VI_4关断，而VI_2、VI_3导通时：

$$u_{cm}=0.5(u_{a0}+u_{b0})=0.5(0+U_{PV})=0.5U_{PV} \tag{2.28}$$

由以上两式不难看出：对于单相全桥并网逆变器，若采用双极性调制，在开关过程中$u_{cm}=0.5U_{PV}$，由于稳态时U_{PV}近似不变，因而u_{cm}近似为定值，由此所激励的共模电流近似为0。显然，对于单相全桥并网逆变器而言，若采用双极性调制则能够有效地抑制共模电流。

和单极性调制相比，虽然双极性调制能够有效地抑制共模电流，但也存在着明显的不足：在整个电网周期中，由于双极性调制时4个功率开关都以开关频率工作，而单极性调制时只有2个功率开关可以开关频率工作，因此所产生的开关损耗是单极性调制的2倍；另外，双极性调制时其逆变器交流侧的输出电压在U_{PV}和$-U_{PV}$之间变化，而单极性调制时其逆变器交流侧的输出电压则在U_{PV}和0或$-U_{PV}$和0之间变化，因此双极性调制时其逆变器输出的电流纹波幅值是单极性调制时的2倍。

$$u_{cm}=0.5(u_{a0}+u_{b0})=0.5(0.5U_{PV}+0.5U_{PV})=0.5U_{PV} \tag{2.29}$$

显然由式(2.28)、式(2.29)不难看出，当U_{PV}不变时则共模电压始终保持恒定，因此共模电流得以消除。负半周期的换流过程及共模电压分析与正半周期时的结论类似，和采用双极性调制的单相全桥拓扑相比，该拓扑中桥臂中流过电流的调制开关的正向电压由U_{PV}降低为$0.5U_{PV}$，从而降低了开关损耗。另外，由于增加了一个新的续流通路，该拓扑的交流侧输出电压和单极性调制时的输出电压相同，从而有效地降低了输出电流的纹波，减小了滤波电感的损耗。

③带直流旁路的全桥拓扑：图2.35所示拓扑是在单相全桥拓扑的交流侧增加以双向功率开关构成的续流支路，以使续流回路与直流侧断开。然而也可以在直流母线上增加功率开关使续流回路与直流侧断开，这种能够抑制共模电流的带直流旁路的全桥拓扑如图2.36所示。该拓扑由6个功率开关器件和2个二极管组成。其中，VI_1～VI_4工作在工频调制模式，一般可忽略其开关损耗，而VI_5、VI_6则采用高频的PWM控制。

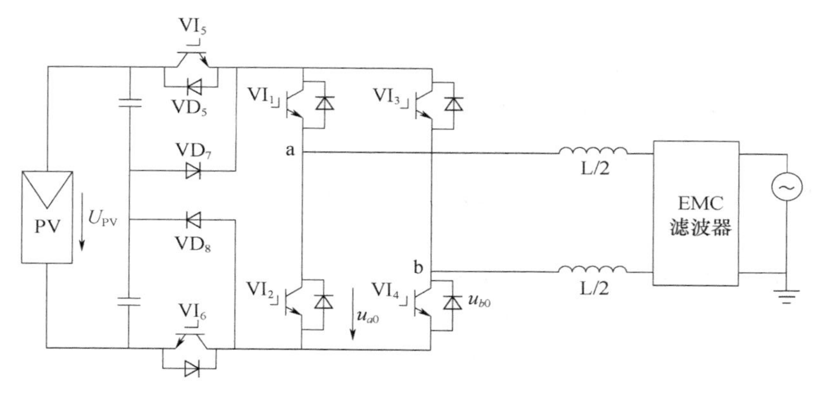

图2.36 带直流旁路的全桥拓扑

下面以电网电流正半周期为例，对图2.36所示带直流旁路的全桥拓扑的共模电压进行分析。

考虑电网电流的正半周期，此时VI_1、VI_4保持导通，VI_5、VI_6则采用高频的PWM调制。当VI_1、VI_4、VI_5、VI_6导通时，共模电压为：

$$u_{cm}=0.5(u_{a0}+u_{b0})=0.5(0.5U_{PV}+0.5U_{PV})=0.5U_{PV} \tag{2.30}$$

当VI_5、VI_6关断时，存在两条续流路径，分别为：VI_1、VI_3的反并联二极管及VI_4和VI_2的反并联二极管，由此

$$u_{cm}=0.5(u_{a0}+u_{b0})=0.5(0.5U_{PV}+0.5U_{PV})=0.5U_{PV} \tag{2.31}$$

电网电流负半周期的换流过程及共模电压分析与正半周期类似。显然在开关过程中，若U_{PV}保持不变，则共模电压恒定，从而抑制了共模电流。另外，由于调制开关VI_5、VI_6的正向电压降为$0.5U_{PV}$，因而开关损耗得到降低，且交流侧输出电压与单极性调制的交流侧输出电压相同，因而电流纹波小，降低了输出滤波电感上的损耗。由于全桥桥臂上的开关管采用了工频调制，因而带直流旁路全桥拓扑的工作效率要比带交流旁路全桥拓扑的工作效率高。

④H5拓扑：在图2.37所示的带直流旁路的全桥拓扑中，VI_4、VI_2采用工频调制，即在电网电流的正负半周分别始终导通，而VI_6始终采用PWM 控制。若将VI_4、VI_2和VI_6合并，即VI_4、VI_2在电网电流的正负半周分别以开关频率进行调制，从而省略VI_6，即可得到图2.37所示的H5拓扑。该拓扑是由德国SMA公司提出，且已在我国申请了技术专利。

该拓扑中，VI_1、VI_3在电网电流的正负半周各自导通，VI_4、VI_5在电网正半周期以PWM控制，而VI_2、VI_5在电网负半周期以PWM控制。现以电网正半周期为例对其共模电压进行分析。

在电网电流正半周期，VI_1始终导通，当正弦控制波大于三角载波时，Vl_5、VI_4导通，

共模电压u_{cm}为

$$u_{cm}=0.5(u_{a0}+u_{b0})=0.5(0.5U_{PV}+0)=0.5U_{PV} \tag{2.32}$$

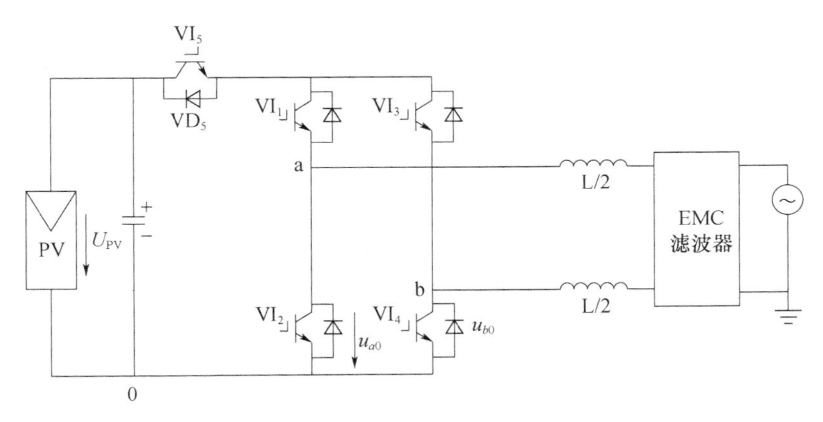

图2.37　H5拓扑

当正弦调制波小于三角载波时，VI_5、VI_4关断，电流经VI_3的反并联二极管以及VI_1续流。当VI_2、VI_4、Vl_5关断后，由于其关断阻抗很高、共模电流很小，阻断了寄生电容的放电，u_{a0}、u_{b0}近似保持原寄生电容的充电电压$0.5U_{PV}$，因此

$$u_{cm}=0.5(u_{a0}+u_{b0})=0.5(0.5U_{PV}+0.5U_{PV})=0.5U_{PV} \tag{2.33}$$

负半周期的换流过程及共模电压分析与正半周期时类似。可见，在开关过程中，若U_{PV}保持不变则共模电压恒定，从而抑制了共模电流，并且交流侧输出电压也与单极性调制时的交流侧输出电压相同。

与前两种抑制共模的逆变器拓扑相比，由于减少了功率开关，并采用了独特的调制方式，这种H5拓扑具有相对较高的工作效率。德国SMA公司的 Sunny Mini Central系列光伏并网逆变器就是采用这种拓扑结构，其最高效率达到98.1%，欧洲效率达到97.7%。

2.4　多支路光伏并网逆变器

随着光伏发电技术与市场的不断发展，光伏并网系统在城市中的应用也日益广泛。然而，城市的可利用空间有限，因此为在有限空间中提高光伏系统的总安装容量，一方面要提高单个电站的容量，另一方面应将光伏发电广泛地与城市的建筑相结合。但是城市建筑的情况较为复杂，其光照、温度、光伏组件规格都会因安装地方的不同而有所差异，这样传统的集中式光伏并网结构无法满足光伏系统的高性能应用要求，为此可以采用多支路型的光伏并网逆变器结构(陈兴峰，2005)。这种多支路型的光伏并网逆变器在各支路光伏方阵的特性不同或光照及温度条件不同时，各支路可独立进行最大功率跟踪，从而解决了各支路之间的功率失配问题。另外，多支路光伏并网逆变器安装灵活、维修方便，能够最大限度地利用太阳辐射能量，有效地克服支路间功率失配所带来的系统整体效率低下等缺点，并可最大限度减少受单一支路故障的影响，具有较好的应用前景。

一般而言，根据有无隔离变压器可以将多支路光伏并网逆变器分为隔离型和非隔离型两大类，以下分别进行阐述。

2.4.1 隔离型多支路光伏并网逆变器

对于隔离型多支路光伏并网逆变器而言，由于可以设置较多支路，而每个支路变换器的功率又可以相对较小，因而这种隔离型结构通常可使用高频链技术。图 2.38 为多支路高频链光伏并网逆变器电路结构，该逆变器电路结构由高频逆变器、高频变压器、整流器、直流母线、逆变器和输入、输出滤波器等构成。其中输入级的高频链结构采用基于全桥高频隔离的多支路设计，而并网逆变器则采用集中式设计。

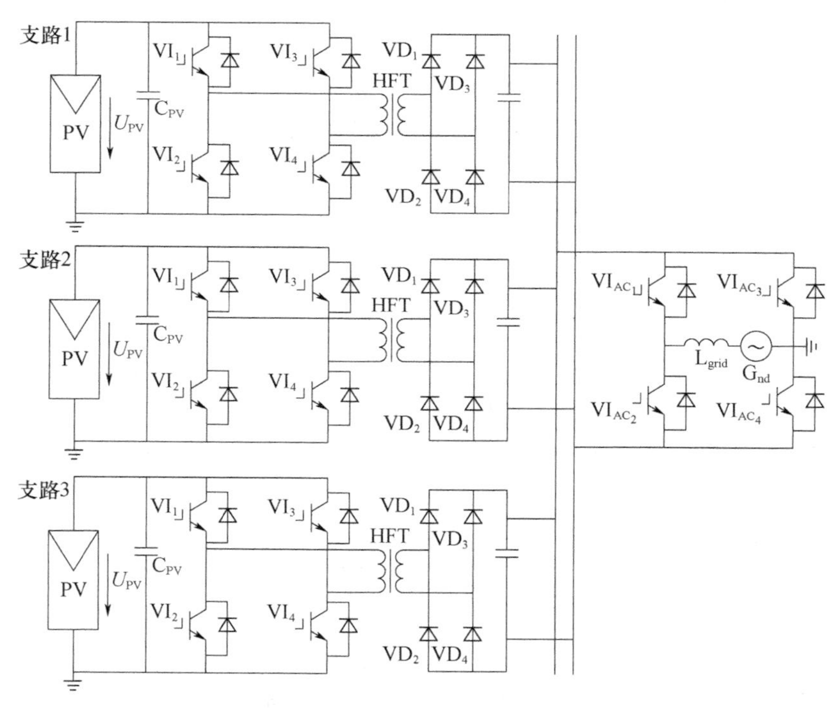

图 2.38 多支路高频链光伏并网逆变器结构

由于全桥高频隔离并网逆变器的前后级电路控制通过中间直流电容解耦，因而当有多个支路时，每个前级全桥电路可以单独控制，多个支路输出的电流汇集到直流母线上，然后经过一个集中的并网逆变器并网运行。对于每一个光伏输入支路，系统根据检测到的光伏组件的电压、电流信息，通过输入级高频全桥的占空比控制，一方面实现各支路的最大功率点跟踪控制，另一方面则将整流后输出的直流电流并联到直流母线上；而后级的并网逆变器则可采用直流电流外环与交流电流内环的双环控制策略，通过对直流母线期望电压的控制来实现光伏能量的平稳传输。

多支路高频链光伏并网逆变器具有以下优、缺点：

优点：①电气隔离、重量轻。②对每条支路分别进行最大功率跟踪，解决了各条支路间的电流失配问题。③由于具有多个支路电路，适合多个不同倾斜面阵列接入，即阵列1～n可以具有不同的MPPT电压，互补不干扰。④非常适合于光伏建筑一体化形式的分布式能源系统应用。

缺点：①工作频率较高，系统的EMC比较难设计。②系统的抗冲击性能较差。③三级功率变换，系统功率器件偏多，系统的整体效率偏低，成本相对较高。

2.4.2　非隔离型多支路光伏并网逆变器

为了更好地提高系统效率、降低损耗、减小系统体积，可以采用非隔离型拓扑结构来组成多支路光伏并网逆变器。非隔离型多支路光伏并网逆变器由多个DC/DC变换器和一个集中并网逆变器组成，具有MPPT效率高、可靠性高、良好的可扩展性、组合多样等优点。其DC/DC变换器常为Boost变换器，图2.39为一典型基于Boost变换器的多支路光伏并网逆变器主电路拓扑。

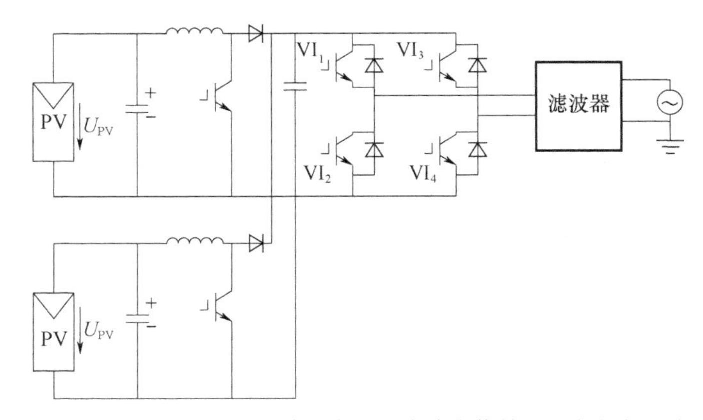

图2.39　基于Boost变化器的非隔离型多支路光伏并网逆变器主电路拓扑

该系统的控制框图如图2.40所示。与多支路高频链光伏并网逆变器系统整体控制类似，输入级完成MPPT控制，而网侧逆变器则通过输出电流的控制来稳定中间直流母线电压，并实现整个系统稳定并网运行。

Boost型变换器输出电压大于输入电压，这限定了光伏阵列输出电压范围，为了提高电压范围，更好地适应复杂的环境，基于双重Buck-Boost变换器的多支路光伏并网逆变器结构，其主电路拓扑如图2.41所示，其中，输入级采用Buck-Boost变换器可以通过调节占空比升压或降压，使系统具有较大的光伏阵列输入电压范围。

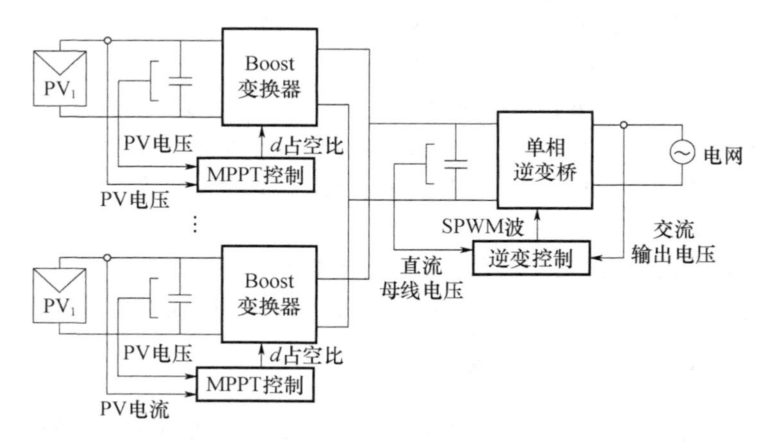

图2.40　非隔离型多支路光伏并网逆变器的控制框图

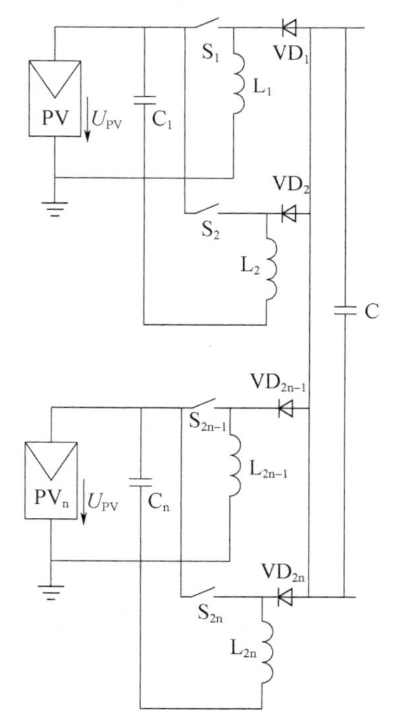

图2.41　采用双重Buck-Boost电路的多支路光伏并网逆变器主电路拓扑

在双重Buck-Boost变换器中，每个开关具有相同的占空比，且采用载波移相PWM多重化调制技术，从而使输出等效的开关频率增加了一倍，即使输出电压和输出电流的脉动幅值减少了一半，使用较小的输出电容也可以稳定电压。另外，双重Buck-Boost变换器的储能元件是电感，易于多个双重Buck-Boost变换器的并联。若使各双重Buck-Boost变换器工作在电感电流断续模式(DCM)，当把多个双重Buck-Boost电路并联后，各双重Buck-Boost电路的工作特性彼此独立，不同光伏组件的最大功率点可以通过调整每个支路中交错式双Buck-Boost的开关管占空比进行独立调整。

2.4.3　非隔离级联型光伏并网逆变器

随着电力电子技术的进步，多电平逆变器以其电压变化率(du/dt) 小、开关损耗低以及输出波形好(谐波含量低)等诸多优点在大功率变换器领域获得了较好的应用。典型的多电平逆变器拓扑主要包括二极管钳位型和飞跨电容型。然而，随着电平数的增加，二极管钳位型逆变器不仅需要大量的钳位二极管，还需要额外的方法来保证分压电容的均压控制，而且当电平数大于3时，其控制策略的复杂性大大增加。飞跨电容型逆变器虽然没有钳位二极管，但也需要大量的飞跨电容，同时也要对电压进行控制。为克服上述2类多电平逆变器的不足，近年来，级联型多电平逆变器得到了快速发展。级联型多电平逆变器的主要优点是在相同的电平数下级联型所需的功率开关器件数量少，且控制策略简单，特别是易于模块化扩展和冗余运行。级联型多电平逆变器的主要不足在于需要多个相互独立的直流电源。实际系统中多采用多个蓄电池或者由多二次绕组的变用器输出整流来实现。

但是在光伏并网系统中，通常采用多个光伏电池板串联来作为直流侧输入。因此可以很方便地采用一定数量电池板的串联来获得独立的直流源。另外，级联型多电平逆变器可以独立控制各单元的功率输出，使得光伏并网系统中电池板工作在不匹配的状态下也可以进行独立的MPPT。例如，在建筑一体化系统中，不同的墙面因为受到的辐照度不一样而存在不同的最大功率点，如果采用单个集中型光伏并网逆变器，则会造成能时的损失。这种情况若采用级联型光伏并网逆变器，则可以将不同墙面的电池板作为独立的直流单元，通过各自独立的MPPT控制以使系统最大限度地向电网输送电能。再者，级联型光伏并网逆变器可以在开关频率较低的情况下获得满意的输出效果，不仅降低了开关损耗，减小了滤波器体积，节约了滤波器成本，同时有效地提高了功率变换系统的效率。可见，在光伏并网系统(尤其是大功率系统)中非常适合采用基于级联多电平的光伏并网逆变器结构。

1.级联多电平光伏并网逆变器拓扑

基于两单元级联的五电平单相光伏并网逆变器的主电路拓扑如图2.42所示。

这是一种最基本的级联组合，实际应用中可以采用多个单元的级联，并可以进行组合以构成三相级联型多电平的光伏并网逆变器。

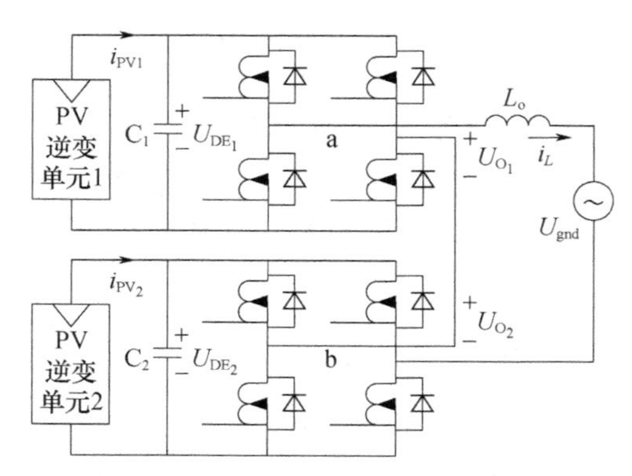

图2.42　基于两单元级联的五电平单相光伏并网逆变器的主电路拓扑

从图2.42可以看出，在级联型光伏并网逆变系统中，无须前级的DC/DC环节，每个光伏模块与各自的直流侧储能电容连接，经H桥逆变并由各自H桥输出电压的串联叠加，以合成支路的输出电压，通过输出电压幅值和相位的控制来控制并网电流，从而实现光伏系统的单位功率因数并网运行。

2.级联多电平光伏并网逆变器的调制

目前级联型多电平逆变器的调制方法主要有以下3类：

(1)阶梯波调制法和特定谐波消除脉宽调制法(SHEPWM)　这2种方法一般通过预先计算开关角度消除谐波，由于其一个周期内只进行一次开关动作，因此在级联数量较少的情况下波形品质较差。

(2)空间矢量调制法　这种方法主要用于五电平以下的变压器，且不利于单元扩展。

(3)SPWM法　SPWM法又分为载波层叠(CD)PWM法和载波相移(CPS)PWM法：载波层叠法就是将三角波载波在空间上层叠，再通过调制波与载波的交点来控制功率管的开关，这种调制方法虽然较为简单，但在光伏并网系统中需要额外的控制策略来满足各单元输出功率的均衡，且难以实现各单元独自的MPPT；载波相移法就是通过载波相移获得与级联数相同的载波信号，再通过调制波与各载波的交点来控制相应的功率开关，采用载波相移法能很好地解决各单元独自的MPPT控制问题，因此这里主要介绍载波相移法。

众所周知，开关频率越高，逆变器输出波形的谐波含量就越小。如果将图2.43所示的H桥中必须互补通断的上、下两个开关管视为一对桥臂(如图2.42中PV单元1的桥臂a)，那么当单个功率开关管的开关频率固定时，可以通过改变不同对桥臂开关管的导通角度来获得等效更高的开关频率。当级联单元数为N,单个开关管的开关频率为f时,有两种载波移相调制方法。

单极性载波移相调制:如果每个H桥逆变单元均采用单极性调制时,须通过载波移相获得相差为180°/N的N个载波信号,此时,输出电压的等效开关频率即为$2fN$。

双极性载波移相调制:如果每个H桥逆变单元均采用双极性调制时,须通过载波移相获得相差为360°/N的N个载波信号,此时,输出电压的等效开关频率为fN。

3.级联多电平光伏并网逆变器的控制

在级联多电平光伏并网逆变器的控制系统设计时,通常每个H桥逆变单元采用基于MPPT的电压外环和电流内环的双闭环控制策略,如图2.43所示。控制系统主要包括:MPPT运算单元、功率运算单元、直流电压控制环、输出电流控制环等。

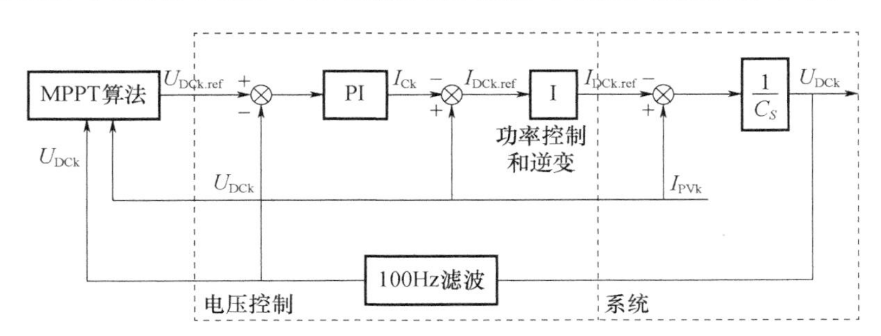

(a) MPPT运算与直流电压控制环结构

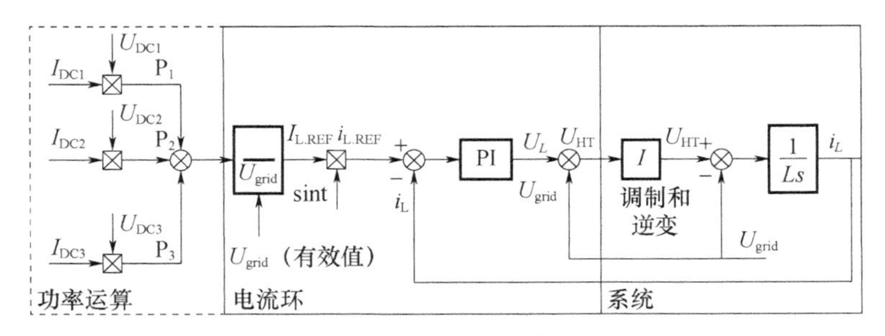

(b) 功率运算与输出电流控制环结构

图2.43　级联多电平光伏并网逆变器的控制系统

每个H桥逆变单元均有独立的MPPT运算单元,MPPT运算一般采用扰动观测法或其他MPPT算法获得。MPPT运算单元的输出即为电压外环的直流电压参考值,并以此通过电压外环的PI调节来控制相应单元的直流侧电压:电压外环PI控制器的输出即是相应单元直流滤波电容的电流参考值,利用相应PV模块输出电流的检测值减去电容电流参考值即为相应H桥单元的直流侧输入电流参考值;而直流侧输入电流参考值与直流侧电容电压参考值的乘积就是单个H桥逆变单元输出功率的参考值,将各H

桥逆变单元输出功率的参考值相加并经过计算即可得出电流内环的H桥输出电流的控制参考值，内环电流参考值与H桥输出电流检测值的差值经过PI调节以及电网电压的前馈控制后即为输出电压的调制波信号；各调制波信号通过载波移相调制以控制各H桥逆变单元的输出电压。

由于级联逆变器中每个H桥逆变单元的输出电流都相同，因而各H桥逆变单元的输出电压的比值就是各单元输出功率的比值，根据上述控制运算获得的各H桥逆变单元输出功率的参考值，便可以得出各H桥逆变单元输出电压的参考值。

在单相H桥并网逆变系统中，当输出单位功率因数的电流时，其直流侧电容电压会出现频率为2倍电网频率的二次纹波（例如当电网为50 Hz时，电容电压的纹波为100 Hz）。虽然增大直流侧电容可以降低纹波电压，但由于PI调节器的放大作用，即使较小的纹波电压也会影响输出电压波形的品质，甚至导致控制系统不稳定，因此必须在直流电压的检测通道中将二次纹波滤除。一般可以采用增陷波器等滤波环节或者设计数字滤波器来消除二次纹波。实际上由于二次纹波的频率固定不变（例如为100 Hz），比较简单的方法就是将采样波形延迟二次纹波对应周期的一半后与原信号相加再除以2，这样也可以有效地滤除二次纹波，这种采用波形延迟叠加以滤除二次纹波的简易方法如图2.44所示。

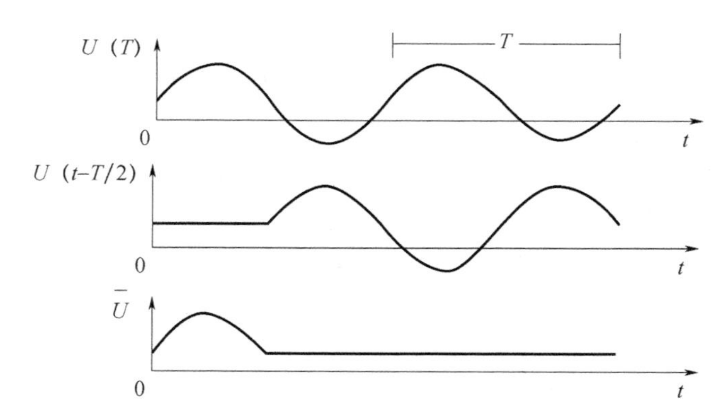

图2.44　采用波形延迟叠加以滤除二次纹波的建议方法示意

2.5　微型光伏并网逆变器

2.5.1　微型光伏并网逆变器概述

1. 微型光伏并网逆变器产生的背景

微型光伏并网逆变器，通常简称微型逆变器（Miero Inverter，MI），是一种用于独立光伏组件并网发电系统(有时也称之为AC Module)的功率变换单元,由于传统的基于光伏组件串并联的光伏并网系统,其结构缺乏系统的扩充性,且无法实现每块组件的最大功率点运行,若任一组件损坏,将会影响整个系统的正常工作,甚至瘫痪,另外,这种较高直流电压的系统还存在安全性和绝缘问题,于是,国外的专家学者于20世纪70年代提出了基于独立光伏组件的并网发电系统。然而由于当时技术的限制,这种思想没有在实际中应用。直到20世纪80年代末,美国ISET(International Solur Electric Technology)公司才真正对此作了深入研究,其中Kleinkauf教授在多篇论文中提出了基于AC Module的光伏并网发电思路,并强调其优点,当时称其为模块集成变换器(Module Integrated Converter)。

20世纪90年代初,美国和欧洲就有几家公司开始研究此装置。第一台微型光伏并网逆变器是由德国ZSW公司于1992年研制的,其功率只有50 W,采用的是高频开关频率(500 kHz)和隔离变压器。1994年,ZSW公司用同样的技术研制出100 W的微型光伏并网逆变器,然而,由于这种小功率并网逆变器成本过高,以及电磁干扰等一系列问题,导致产品无法进入市场。1994—1996年,欧洲的另外3个公司也开始研制并网逆变器,它们分别是Mustervolt(荷兰)、Alpha Real(瑞士)、OKE-Servics(荷兰)。1997年,美国的AES公司研制出第一台投放市场的微型逆变器产品。近年来国内外的微型逆变器技术都取得了很大的进展:Enphase公司生产的S280,其功率等级为235~365 W,最高效率可以达到96.8%。国内的昱能科技、山亿新能源、上海举胜电子等生产的微型逆变器产品最高效率均达到96%。

值得注意的是,不同的光伏组件对应的开路电压以及功率不同,故某一种型号的MI对应于各自独立的光伏组件,如:SHELL公司生产的Sunmaster-130S MI其功率为100 W,对应模块的开路电压是24 V;ASE公司生产的Sunsine300 MI其功率为300 W,对应模块的开路电压是36 V;SOLAREX公司生产的MI250其功率是240 W,对应的模块开路电压是48 V。由于光伏组件的型号不同,导致MI的产品系列也较多,其功率范围一般在80~250 W,而功率大小则决定了MI的尺寸大小、价格高低以及所采用的技术。开关频率范围也从10~500 kHz不等。

在MI产品领域,Enphase Energy公司一直是这个行业的领先者。Enphase Microinverters系统是第一个商业运行的MI系统,代表了目前最先进的MI系统技术。包括电力线通信和基于网络的监控与分析功能,Enphase Microinverters系统主要由图2.45所示的3部分组成。

上述的Enphase Microinverters系统中:

微型并网逆变器将直流电转成交流电,它从常规的一个大功率集中逆变器变为一个紧凑的自接连接到电力系统中的每个太阳能模块的逆变单元。与传统的逆变器比较,它是一个将功率转换过程分配给每个模块,并使得整个太阳能光伏并网发电系统成为系统效率更高、更可靠、更智能、更安全的系统。

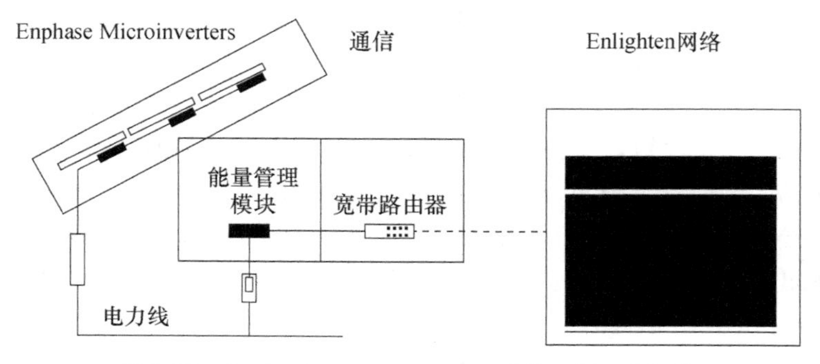

图 2.45 Enphase Microinverters 系统 3 个组成部分

Enphase EMU 是一个通信网关，它收集每一个用户的太阳能电池组件的性能信息，并将这些信息传输到 Enlighten 网站，用户可以通过 Enlighten 网站查看和管理他们各自太阳能发电系统的性能。

Enlighten 网站提供了很多关于太阳能系统和独立太阳能模块性能的信息。图形化的太阳能阵列提供了每个模块的基本信息。更多信息如电流和寿命性能等指标，展现给用户真实的信息，让他们知道安装太阳能的好处。另外，Enlighten 还提供了移动设备接入支持，这使得用户任何时间、任何地点都能够查看实时性能信息。

随着全球光伏市场的打开，未来的 MI 产品的市场也会迅速扩大，随着市场的激烈竞争，价格低、性能优、容易安装、监控精确、人机界面友好的 MI 产品才是未来 MI 市场的主流。

随着技术进步和规模提高，微型逆变器的成本有望进一步降低，效率也将进一步提高。随着分布式光伏特别是光伏建筑技术的应用与发展，未来微型逆变器的应用应该有着较好的发展前景。

2. 微型光伏并网逆变器优缺点概述

(1)微型逆变器的主要优点

1)对实际环境的适应性强，由于每个光伏组件独立工作，对光伏板组件一致性要求降低，当实际应用中出现诸如阴影遮挡、云雾变化、污垢积累、组件温度不一致、组件安装倾斜角度不一致、组件安装方位不一致、组件细小裂缝和组件效率衰减不均等内外部不理想条件时，问题组件不会影响其他组件的工作，从而不会明显降低系统整体发电效率。

2)采用模块化技术，容易扩容，即插即用式安装，快捷、简易、安全；另外，MI 使光伏系统摆脱了危险的高压直流电路，具有组件切断能力，尤其是有利于防火。安装时组件不必完全一致，安装时间和成本将降低 15%～25%，还可随时对系统做灵活变更和扩容。

3)体积较小,且单个MI的价格较便宜,所以一般的工业单位和家庭都可有自己的光伏发电基地。

4)使用标准的MI安装材料,可大大减少安装材料和系统设计的成本。

5)传导损耗降低,传输线价格也减少。

6)不同于传统集中式逆变器,每一个光伏组件有独立的NIPPT。不存在光伏组件之间的不匹配损耗,可以实现发电效率最大化。

7)无须串联二极管和旁路二极管。

8)系统布局紧凑,浪涌电压小。

9)避免了单点故障,传统集中式逆变器是光伏系统的故障高发单元,而使用微逆变器不但消除了这一薄弱环节,而且其分布式架构可以保证不会因单点故障而导致整个系统的失灵。

(2)微型逆变器的主要缺点

1)系统应用可靠性和寿命还不能与太阳能电池模块相比。一旦损坏,更换比较麻烦。

2)与集中式逆变器相比,效率相对较低。但随着电力电子功率器件、磁性器件技术的发展,微型逆变器的效率将进一步提高,例如Enphase公司生产的5280其效率已达到96.8%,这样的效率已经接近普通逆变器的效率。

3)相对成本比较高。

4)集中控制困难。

3.微型光伏并网逆变器关键性技术

(1)微型逆变器不同于传统集中式光伏逆变器,其主要区别在于:

1)微型逆变器输入电压低、输出电压高。单块光伏组件的输出电压范围一般为20～50 V,而电网的电压峰值约为311 V(AC20)或156 V(AC IOV),因此,微型逆变器的输出峰值电压远高于输入电压。这要求微型逆交器需要采用具备升降变换功能的逆变器拓扑;而集中式逆变器一般为降压型变换器,其通常采用桥式拓扑结构,逆变器输出交流侧电压峰值低于输入直流侧电压。

2)功率小。单块光伏组件的功率一般在100～300 W,微型逆变器直接与单块光伏组件相匹配,其功率等级为100～300 W,而传统集中式逆变器功率通过多个光伏组件串并联组合产生足够高的功率,其功率等级一般在1 kW以上。

(2)由于上述微型逆变器自身的这些特点,使微型逆变器的研发存在以下关键性技术:

1)微型逆变器拓扑。微型逆变器的特殊应用需求决定了其不能采用传统的降压型逆变器拓扑结构,如全桥、半桥等拓扑,而应该选择能够同时实现升、降压变换功能的变换器拓扑。除能够实现升、降压变换功能外，还应该实现电气隔离。另外，高效率、小体积的要求决定了其不能采用工频变压器实现电气隔离，需要采用高频变压器。

2)高效率变换技术。为了减小微型逆变器的体积，要求提高逆变器的开关频率，而开关频率的提高必然导致开关损耗升高、变换效率下降，因此小体积与高效率两者之间存在一定的矛盾。因此，高频软开关技术是解决两者矛盾的有效方法，因为软开关技术可以在不增加开关损耗的前提下提高开关频率。显然，研发简单而有效的软开关技术并将软开关技术与具体的微型逆变器拓扑相结合是微型逆变器开发需要解决的关键问题之一。

3)并网电流控制技术。传统的集中式并网逆变器中，一般采用电流闭环控制技术来确保并网电流与电网电压的同频同相，从而实现高质量的并网电流控制，如采用PI控制、重复控制、预测电流控制、滞环控制、单周期控制、比例谐振控制等控制方法，上述方法都需要采用电流霍尔等元件采样进网电流，进而实现并网电流的控制。

由于微型逆变器的小功率特色，为了降低单位发电功率的成本，且考虑到体积要求，开发新型的高时常性、低成本小功率并网电流检测与控制技术是微型逆变器研发需要解决的另一个关键性问题。

4)高效率、低成本最大功率点跟踪(MPPT)技术。光伏发电系统的效率为电池板的光电转换效率、MPPT效率和逆变器效率3部分乘积，高效率MPPT技术对光伏发电系统的效率提高和成本降低有十分重要的意义。常见的MPPT算法包括开路电压法、短路电流法、爬山法、扰动观察法，增量电导法以及基于模糊和神经网络理论的智能跟踪算法等，上述MPPT方法中一般需要同时检测光伏输出侧电压和电流，进而计算出并网功率。

微型逆变器的光伏侧输入电压低，因此光伏侧的电流较大。如果采用电阻检测输入侧电流，对微逆变器的整机效率影响较大，而采用霍尔元件采样光伏侧电流则会增加系统成本及逆变器体积。因此，针对微型逆变器的特殊要求，需要开发新型的无须电流检测的高效率MPPT技术。

5)孤岛检测技术。孤岛检测是光伏并网发电系统必备的功能，是人员和设备安全的重要保证，针对微型逆变器的特殊应用需求，开发简单、有效、零检测盲区、不影响进网电流质量的孤岛检测技术是微逆变器开发需要解决的一个重要课题。

6)无电解电容变换技术。光伏组件的寿命一般为20～25年，要求微型逆变器的寿命必须接近光伏组件，然而电解电容是功率变换器寿命的瓶颈，要使微型逆变器达到光伏组件的寿命，必须减少或避免电解电容的使用。因此，研究和开发无电解电容功率变换技术是微型逆变器开发需要解决的另一个课题。

7)信息通信技术。当多个微型逆变器组成分布式发电系统时,系统需要实时收集每个微型逆变器的信息,以实现有效的监测与管理,因此需要研究低成本、高效、高可靠性的信息通信技术。

2.5.2　微型逆变器的基本拓扑结构

1.微型逆变器拓扑结构概述

微型逆变器(MI)已经进入商业化应用阶段,但是相比于组串式和集中式逆变器仍然是一个较新的应用领域。而电力电子技术是微型逆变器的核心,对提高微型逆变器的性能、推动微型逆变器的持续快速发展具有很重要的作用。MI要求先将输入的低压直流电升压后再转化为交流电并入电网,故其拓扑结构要求由DC/DC变换电路和DC/AC变换电路组合而成。而每类变换器的主电路拓扑结构又存在多种形式,比如DC/DC变换电路,它可以分为BUCK、BOOST、BUCK－BOOST、CUK、SEPIC、ZETE变换电路以及正激、反激、推挽、半桥、全桥变换电路,DC/AC逆变电路可以分为推挽逆变、半桥逆变和全桥逆变电路,因而MI拓扑结构类型十分繁多。目前微型光伏并网逆变器常见的分类方式如图2.46所示。

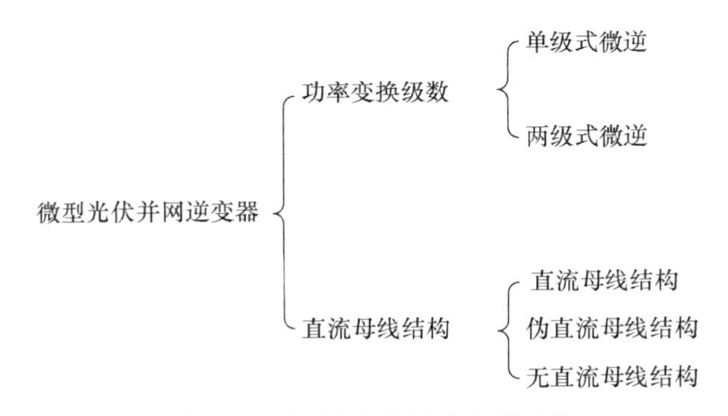

图2.46　微型光伏并网逆变器分类

2.按功率变换级数分类的微型逆变器拓扑

如果按逆变器的功率变换级数分类可以将微型逆变器分为单级式微型逆变器和两级式微型逆变器。

(1)单级式微型逆变器　单级式MI的典型拓扑结构如图2.47所示,该结构采用DC/DC变换器和工频变换器串联的MI结构。由于工频变换器不存在高频调制,因此通常将这种DC/DC变换器和工频变换器的串联结构归为单级变换器结构。目前针对单级式微型逆变器的研究多集中在反激式电路结构上,该类型逆变器所用器件少、成本低、可靠性高,适合应用于小功率场合。

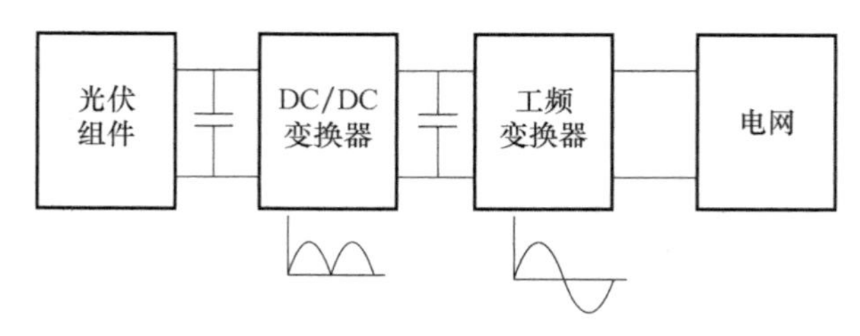

图 2.47 单级式结构的MI

以Enphase等公司产品为代表的单级式微型逆变器原理结构如图2.48所示，该电路采用反激变换器在实现MPPT控制的同时，使高频变压器二次侧输出双正弦半波的直流电，再经过晶体管工频变换器逆变后实行并网。

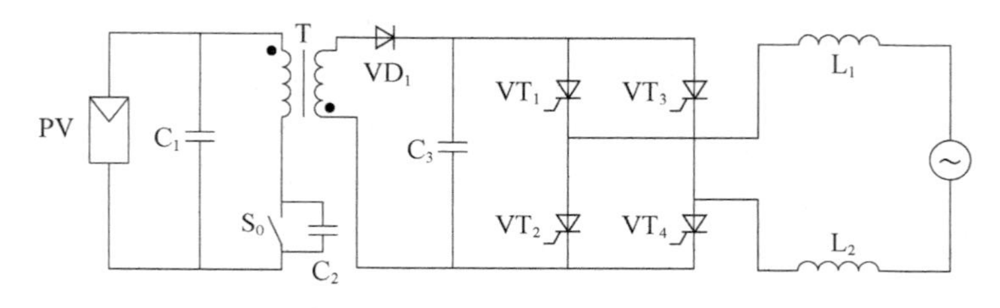

图2.48 采用准谐振反激变器的单级式MI电路

(2)两级式微型逆变器 两级式MI的典型拓扑结构如图2.49所示，该结构采用DC/DC变换器和DC/AC逆变器串联结构，其DC/DC变换器和DC/AC逆变器均采用高频PWM调制，因此是典型的两级变换器结构，其中前级DC/DC变换器在实现对光伏组件最大功率点跟踪控制的同时，实现直流稳压控制。两级式MI应对功率平衡问题具有先天优势，可以实现输入功率与输出功率解耦，然而相对单级式MI而言，其损耗相应增加。

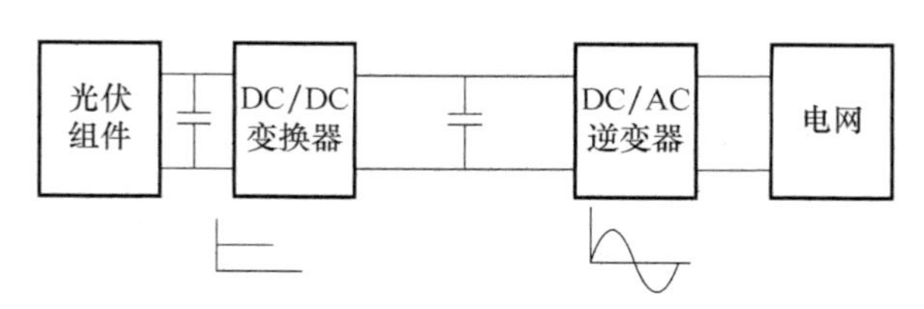

图2.49 两级式结构的MI

图2.50所示为典型的两级式微型逆变器电路拓扑，该电路采用推挽式电压型高频链拓扑结构：前级采用推挽式升压电路，正好满足微型光伏发电系统的要求；后级单相全桥逆变电路采用SPWM控制，再通过滤波电感得到220 V、50 Hz交流输出接入电网。

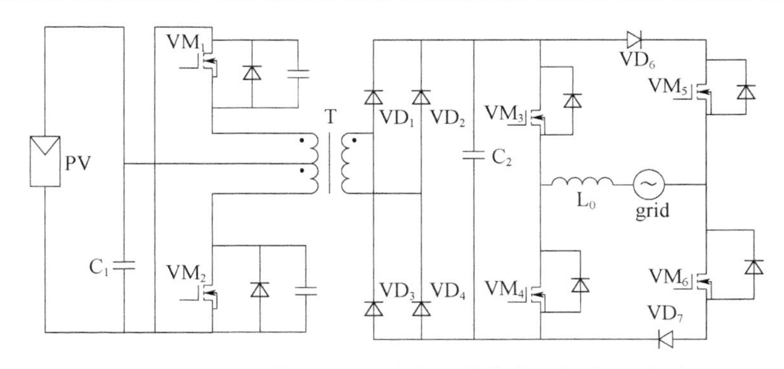

图2.50　采用推挽式电压型高频链结构的两级式MI电路

3.按直流母线结构分类的微型逆变器拓扑

如果按逆变器的直流母线结构分类可以将微型逆变器分为含直流母线结构、伪直流母线结构和无直流母线结构的微型逆变器。

(1)直流母线结构的微型逆变器　直流母线结构的MI一般拓扑结构如图2.51所示,主电路可以分为DC/DC和DC/AC两级。第一级DC/DC电路主要有两个功能:一是实现MPPT算法;二是把光伏组件较低的输出电压升到并网逆变所需要的直流母线电压。第二级DC/AC电路主要用来实现并网功率控制和锁相功能。显然,这是一种典型的两级式MI拓扑结构。

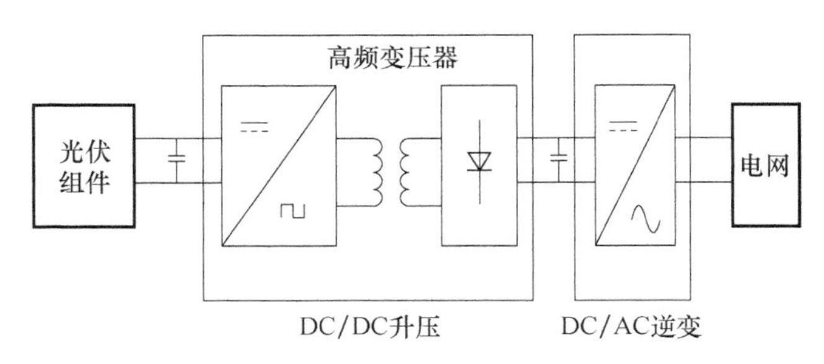

图2.51　直流母线结构的MI一般拓扑结构

根据输入级的DC/DC电路一般采用隔离式电路拓扑,为了实现较高的增益,可以用反激、推挽、半桥和全桥等常见拓扑。由于在相同的输入电压条件下,全桥逆变器的输出电压是半桥式的2倍,也就是在相同输出功率的条件下,全桥逆变器的输出电流仅为半桥的一半,因此若考虑较高功率应用场合,一般需采用全桥逆变器。利用变压器可以容易实现较高的电压增益,但是这些拓扑的共同特点是变压器匝数比过大,较大的一次电流导致漏感损耗较大,隔离电路的效率往往并不高。

直流母线结构的MI中间存在直流环节,从而实现了DC/DC变换和DC/AC逆变器之间的解耦，前后级可以独立控制，控制相对较灵活，可靠性高，从而得到了广泛的应用，但是这种结构还存在一些缺点：

1)DC/DC和DC/AC两级功率变换降低了系统的可靠性和效率。

2)需要更大的直流滤波环节，从而增加了系统的体积和损耗。

3)DC/AC电路工作在高频PWM模式，开关损耗较大。

直流母线结构的MI主要有反激式、推挽式、半桥式和全桥式4种典型的拓扑结构，相应的电路拓扑如图2.52所示。

图2.52(a)是由反激变换器和全桥逆变器组成的反激式直流母线的微型逆变器结构。其中输出级的全桥逆变器采用高频PWM控制，并且桥路中增加了2个辅助二极管，一方面防止逆变器初始连接电网时的电流冲击，另一方面防止电网电流向直流侧回馈，以下系统的辅助二极管也可起同样的作用。

反激式直流母线微型逆变器其电路结构简单。但由于反激式变换器的功率受到限制，且变压器铁心磁状态工作在最大的直流成分下需要铁心开较大的气隙，并使铁心体积较大，因此这种拓扑并不常用。

图2.52(b)是由推挽变换器和全桥逆变器组成的推挽式直流母线的微型逆变器结构。其输入级采用推挽升压电路。适用于低压大电流的场合，正好满足交流模块(AC Module)光伏系统的要求。而后级的单相全桥逆变器采用高频PWM控制，并通过滤波电感接入220 V、50 Hz工频电网。推挽式直流母线的微型逆变器结构十分适合应用于独立光伏组件的并网发电，也是最常用和最有效的拓扑。此电路的最大缺点是变压器绕组利用率低，功率开关耐压应力为输入电压的2倍，同时会出现偏磁现象，且推挽式变换器的效率还有待进一步改善。

图2.52(c)结构是半桥式变换器和全桥逆变器组成的半桥式含直流母线微型逆变器结构。由于输入级半桥式变换器的电压利用率低，功率开关管的电流应力较大，不适合于MI系统输入电压低、输入电流大的应用特点，因此一般不采用此拓扑结构。

图2.52(d)是由全桥式变换器和半桥逆变器组成的全桥式含直流时线的微型逆变器结构。由于全桥式变换器功率开关管较多，一般用于较大功率的场合，显然，这种拓扑结构不适用于输入电压低、小功率的MI场合。

针对前面介绍的推挽式直流母线的微型逆变器的DC/DC变换器效率低，且可能出现磁偏等问题，提出了一种改进的MI拓扑，其系统结构如图2.53所示。该拓扑采用了一种新型的ZVCS串联谐振推挽DC/DC变换器和全桥并网逆变器串联的结构。串联谐振DC/DC变换器是利用变压器的漏感和主电路中电容以及开关管的寄生电容形成谐振电路，使得变换器开关工作在ZVCS软开关状态，从而有效地提高了DC/DC变换器的效率，并利用变压器二次侧的串联谐振电容有效抑制了偏磁。

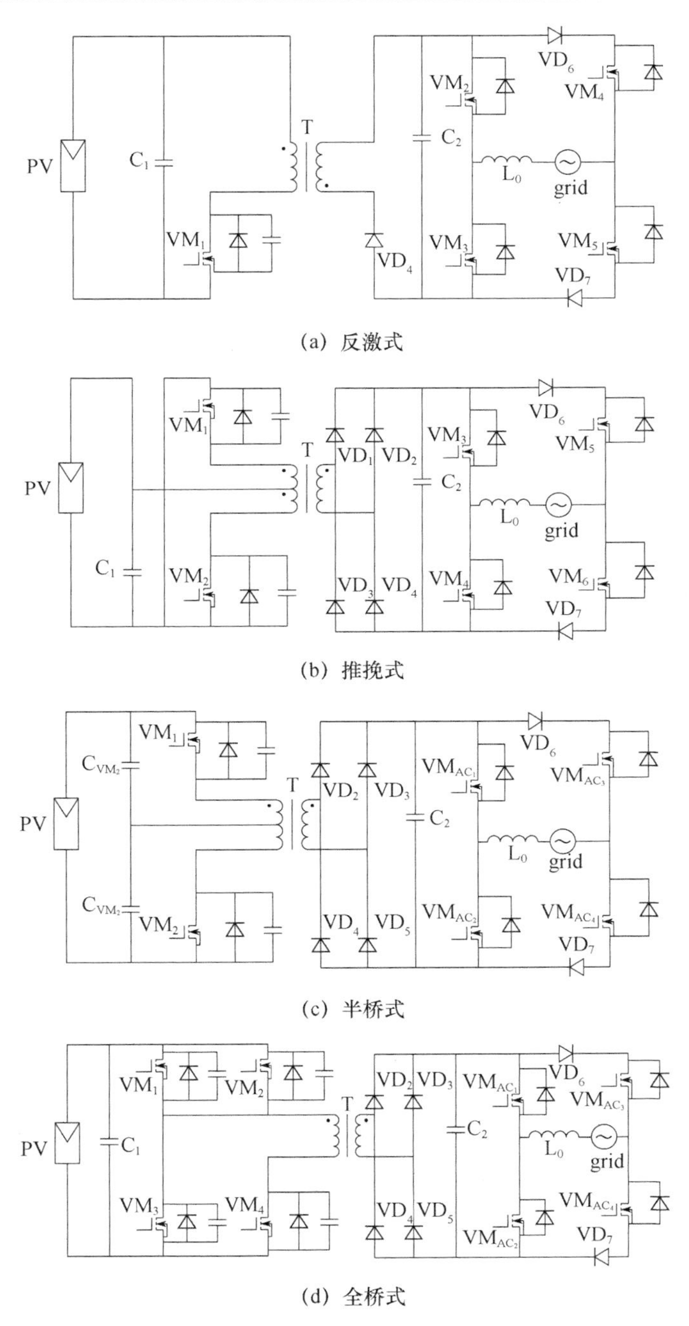

(a) 反激式

(b) 推挽式

(c) 半桥式

(d) 全桥式

图2.52　4种直流母线MI典型电路拓扑

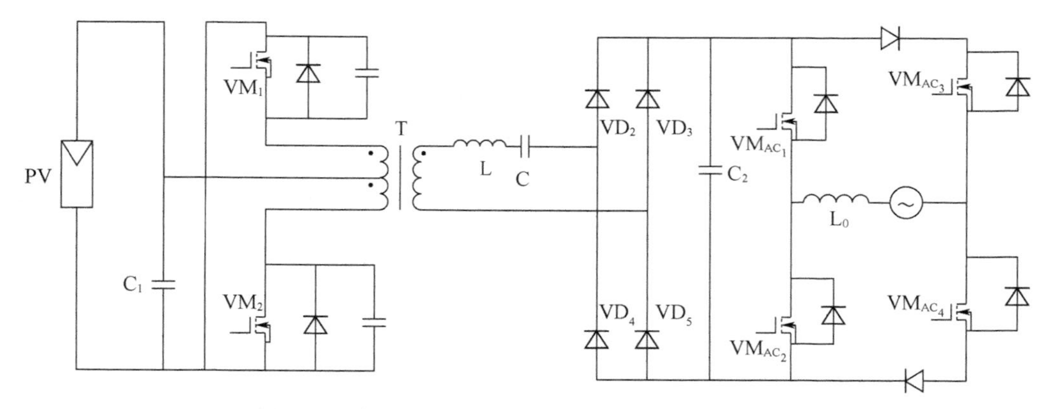

图 2.53　直流母线的ZCVS串联谐振推挽式MI拓扑

以上所述的直流母线的微型逆变器拓扑结构均含有直流环节,因此前级直流升压变换器和后级逆变器可实现解耦控制。

(2)伪直流母线结构的微型逆变器　伪直流母线结构的MI一般拓扑结构如图 2.54所示,该拓扑实际上就是上述的单级式微型逆变器结构。该拓扑类型控制简单,仅对前级控制即可,后级电路工作在工频状态,能有效降低开关管的损耗。

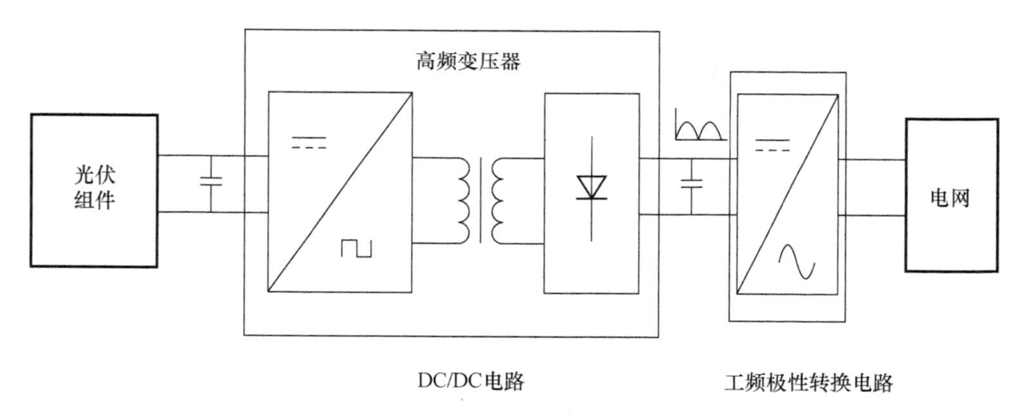

图 2.54　伪直流母线结构的MI一般拓扑结构

伪直流母线结构的MI拓扑常采用一种交错反激式MI拓扑。该拓扑由两路并联的交错反激电路和工频变换电路组成,如图 2.55所示。两路交错并联的反激变换器相当于开关频率倍增,能够减小输出电流的脉动,减小滤波元件的尺寸,减小输出电流的THD(总谐波失真)。美国Mieruhip公司在2010年发布的一款微型逆变器产品方案就采样该拓扑形式,在国内外市场上具有竞争力的公司如APS和Enphase,其产品也是基于类似的拓扑结构。

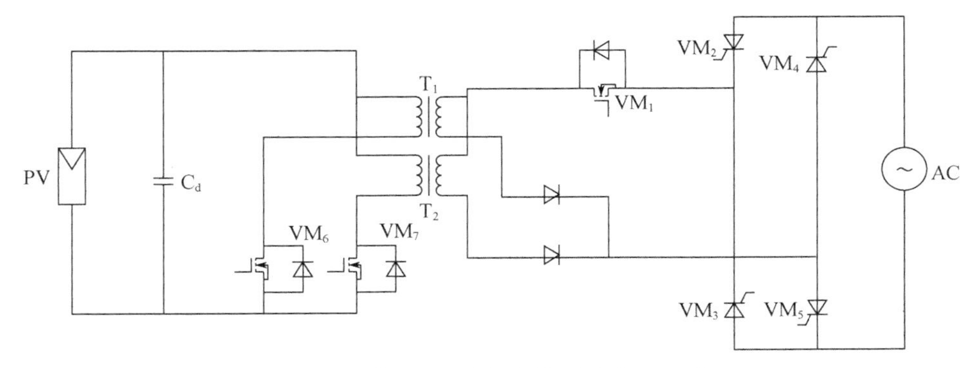

图2.55　伪直流母线的交错反激式MI拓扑

虽然交错并联反激变换器改善了反激变换器的性能，但是变换器工作在硬开关状态，效率较低。一种基于LLC谐振的微型逆变器方案，采用LLC谐振变换器作为微型逆变器的DC/DC级，将光伏电池输出的直流电流转换为正弦半波直流电，通过后级的工频变换器电路变换成为与电网电压同频同相的交流电，如图2.56所示。LLC谐振变换器可使功率器件在全负载范围实现软开关，从而提高系统的效率。同时谐振元件L_r和L_m可以用变压器的漏感和励磁电感替代，从而提高了功率密度。对于LLC变换器而言，由于需要控制变压器二次侧输出正弦半波直流电，如果采用变频控制，则频率范围变化太宽，从而不利于磁性元件设计，因此，可以考虑定频与变频相结合的混合控制。

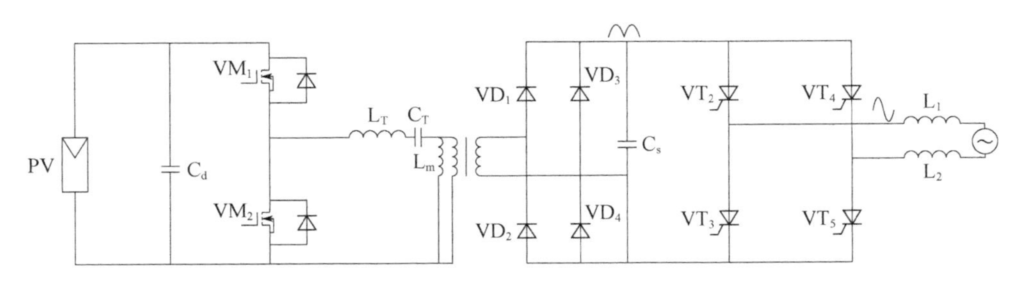

图2.56　基于LLC变换器的伪直流母线结构的MI拓扑

(3)无直流母线结构的微型逆变器　无直流母线结构的MI一般拓扑结构如图2.57所示。该拓扑前级采用全桥逆变、推挽等电路形式，将光伏组件的直流输入电压转换为高额交流电压。经过变压器升压后，通过变压器二次侧的交—交变换器，将高频交流电直接变换成工频交流电实现并网控制。显然，这类MI实际上就是一种周波变换型高频链光伏并网逆变器。该类拓扑最大的优点在于没有直流母线，不需要耐高压、大容量的功率解耦电容，因此能够增加微型逆变器的寿命，减小微型逆变器的体积。

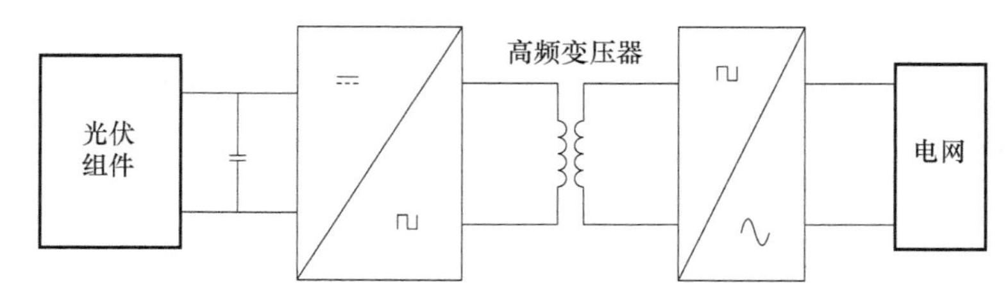

图 2.57 无直流母线结构的MI一般拓扑结构

针对上述设想，有学者提出了一种基于串联谐振电路的微型逆变器结构，如图2.58所示。变压器一次侧开关具有零电压开通的特性，因此该电路理论上具有较高的效率。但是变频控制频率变化范围宽，滤波器设计困难。该变换器为高频开关逆变器，把输入的直流电压逆变为SPWPMI(正弦脉宽脉位调制)波，通过高频隔离变压器后，利用同步工作的交—交变换器把SPWPM波变换成SPWM波。由于电能变换没有经过整流环节，并且交—交变换器采用双向开关，因此该电路拓扑原理上可以实现功率双向流动。

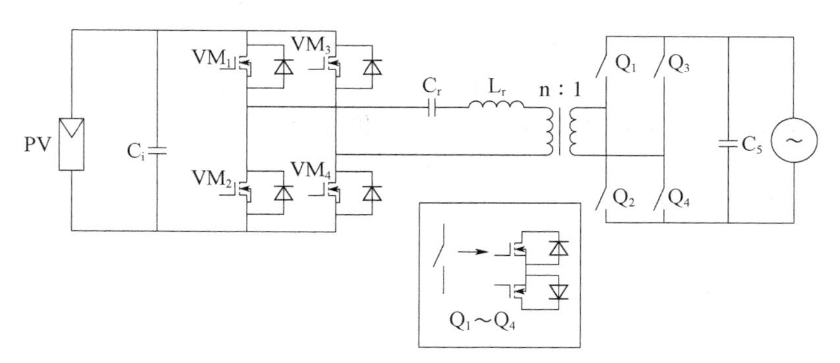

图 2.58 无直流母线的串联谐振式MI拓扑

采用无直流母线结构的MI，由于后级变换器使用双向开关元件，导致器件数目增多，控制相对较复杂，目前用于商业产品开发的实例比较少。但是该拓扑能够获得很高的功率密度和使用寿命，因此是未来MI拓扑研究的一个探索方向。

另外，为了消除电解电容，有学者提出在逆变器输入端增加一个功学解耦电路，将功率脉动转移到解耦电路，但效率非常低，只有70%。为此，美国Solar Bridge公司应用Linis大学香槟分校Krein教授提出了二端口做微型逆变器方案，其电路拓扑如图2.59所示。该方案将脉动功率转移至变形器附加的第三方波纹绕组，并且其100 W样机仅需不到10 μF薄膜电容，但大量开关尤其是双向开关的引入，使得电路及其控制过于复杂，工程应用还需进一步改进。

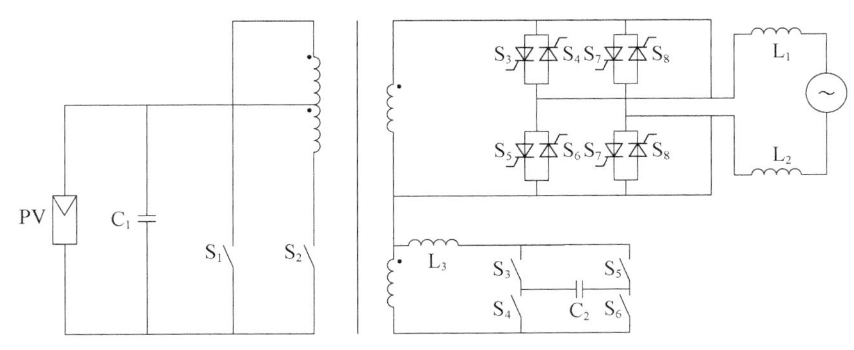

图 2.59　具有解耦电路的无直流母线三端口MI拓扑

(4)3类直流母线MI拓扑对比　表2.1对3类直流母线MI拓扑结构进行了对比。对于额定功率为200 W左右的模块化光伏系统并网应用场合，微型逆变器的拓扑选择不仅要考虑效率的提高，还要兼顾电路的可靠性以及成本等因素。在众多的拓扑中，采用伪直流母线结构的反激式逆变电路具有结构简单、元件数量少等优点，得到了业界MI产品的广泛应用。

表 2.1　3类直流母线MI拓扑结构对比

		直流母线	伪直流母线	无直流母线	
控制方法	DC/DC	固定占空比	SPWM	周波高频链控制	
	DC/AC	SPWM	工频方波		
解耦电容	位置	直流母线	电池端	电池端	交流侧
	大小	中等	大	大	小
控制复杂度		简单(前后端独立控制)	中等(MPPT,电流波形控制在前级)	中等	复杂(功率解耦控制)
成本		中	低	高	高
效率		中	高	低	低
优点		两级独立控制	DC/AC损耗低	功率密度高	
缺点		DC/AC损耗高	DC/DC控制较复杂	双向开关,矩阵控制	

总之，从太阳能光伏发电系统角度来看，电池板的阴影问题依然具有一定的挑战性。阴影的变化、太阳能电池板上的污垢和面板老化，都会对各个面板的电压构成影响，从而引起串联面板的输出电压发生变化。而光伏微型逆变器作为解决这一问题的有效方案，不仅能够实现组件级的最大功率点跟踪控制，而且能实现组件级的故障保护，同时可以简化线路设计。国内外专家一致认为，随着分布式光伏发电技术的推广应

用，尤其是与建筑相结合的光伏发电系统的应用，微型逆变器在未来光伏并网系统中将具有广阔的应用前景。

2.6 NPC三电平光伏逆变器

与两电平逆变器相比，中点钳位（NPC）电平逆变器能获得更低的输出谐波和更高的效率。因此NPC电平拓扑结构在光伏并网逆变器设计中显示出诸多优越性，并逐步成为光伏逆变器的上流电路拓扑。

NPC三电平逆变器拓扑自从20世纪80年代初提出以来，得到了很大的发展，并在拓扑结构上出现了多个分支，主要包括：Ⅰ型NPC三电平拓扑、ANPC三电平拓扑和T型NIPC三电平拓扑，其各单相拓扑结构如图2.60所示。当然，二电平逆变器除了NPC拓扑结构外，还包括飞跨电容式拓扑结构和级联式拓扑结构，这些结构在光伏并网逆变器设计中的应用较为少见，这里不予介绍。以下简要介绍Ⅰ型NPC三电平拓扑、ANPC三电平拓扑和T型NPC三电平拓扑的基本工作原理。

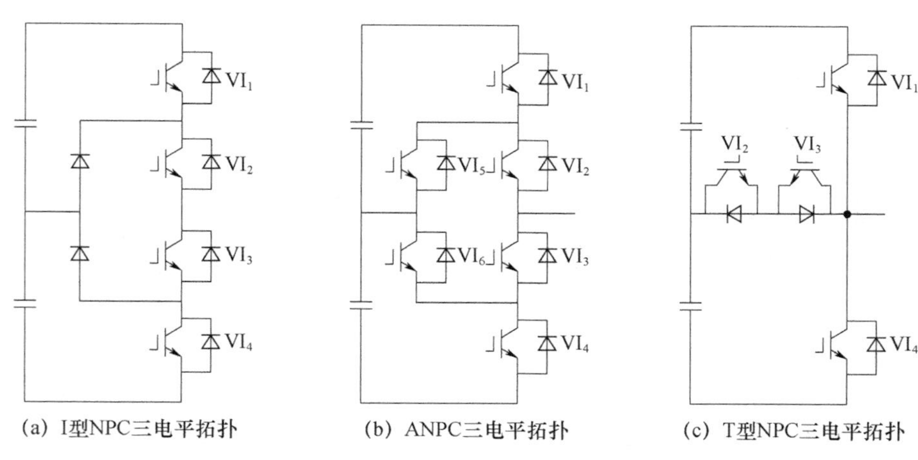

(a) I型NPC三电平拓扑　(b) ANPC三电平拓扑　(c) T型NPC三电平拓扑

图2.60　常见的NPC三电平拓扑

2.6.1 Ⅰ型NPC三电平拓扑

Ⅰ型NPC三电平拓扑的基本工作原理为：当处于正半周期时，在有源供电状态下，VI_1、VI_2同时导通，在续流状态下VI_2、VI_3同时导通；当处于负半周期时，在有源供电状态下，VI_3、VI_4同时导通，在续流状态下VI_2、VI_3同时导通。Ⅰ型NPC三电平拓扑的开关管VI_2和VI_3不承担开关损耗，而开关管VI_1和VI_4承担了几乎所有的开关损耗，因此，在开关频率较高时，即使通态损耗的差异不大，VI_2、VI_3与VI_1、VI_4的总功率损耗也会出现明显的不平衡。Ⅰ型NPC三电平拓扑的损耗分布不平衡，开关管的发热不均衡，使得散热系统优化设计比较困难，影响了系统的稳定性和可靠性。

2.6.2 ANPC三电平拓扑

为了解决Ⅰ型NPC三电平拓扑功率损耗分布不均的问题，ANPC三电平拓扑出现。与Ⅰ型NPC三电平拓扑相比，ANPC三电平拓扑增加了2个可控开关件，获得了更多的续流状态，有效提高了系统的控制自由度，使得开关管的功率损耗更加均匀。以正半周期为例分析ANPC三电平拓扑的基本工作原理。此时存在2种正向续流状态，从续流状态I向有源状态换流时，VI_1、VI_6导通，VI_5关断，VI_1承担开通损耗；从有源状态向续流状态2换流时，VI_3导通，VI_2关断，VI_2承担关断损耗，在续流状态2下，电流通过VI_3、VI_6续流；从续流状态2向有源状态换流时，VI_2导通、VI_3关断，VI_2承担开通损耗；最后，从有源状态向续流状态1换流，VI_5导通，VI_1、VI_6关断，VI_1承担关断损耗，在续流状态1下，电流通过VI_2、VI_5续流。由上述一个开关周期的换流过程可以看出，内管和外管各自承担了一半的开关损耗。不过ANPC下三电平拓扑比Ⅰ型NPC三电平拓扑多出2个全控开关管，增加了系统的体积和成本；另外，ANPC三电平拓扑的开关状态比较多，控制较为复杂。

2.6.3 T型NPC三电平拓扑

T型NPC三电平拓扑是一种改进型的NPC结构，使用2个串联的背靠背IGBT来实现双向开关，从而将输出钳位至直流侧中性点，其基本工作原理为：当处于正半周期时，在有源状态下开关管VI_1导通，在续流状态下开关管VI_2和VI_3同时导通；当处于负半周期时，在有源状态下开关管VI_4导通，在续流状态下开关管VI_2和VI_3同时导通。T型NPC三电平拓扑的优势在于：

(1)仅采用4个IGBT和4个二极管，不仅少于ANPC三电平拓扑(采用了6个ICBT和6个二极管)，而且少于Ⅰ型NPC三电平拓扑(采用了4个ICBT和6个二极管)。

(2)续流状态的通态损耗由开关管VI_2和VI_3承担，而同时开关损耗全部由开关管VI_1和VI_4承担，上、下桥臂的功率损耗相对均衡。

(3)开关状态与Ⅰ型NPC三电平拓扑类似，适用于Ⅰ型NPC三电平拓扑的调制策略，均可应用到T型NPC三电平拓扑中。

综上所述，可以看出，T型NPC三电平拓扑的能量转换效率最高，硬件成本最低，而且功率损耗比较均匀，调制策略简单易行；不过T型NPC三电平拓扑的耐压等级只有Ⅰ型NPC和ANPC三电平拓扑的1/2，不适合电压等级高的并网场合。由于光伏并网逆变器系统一般属于低用系统，因此T型NPC三电平拓扑在中小功率等级的光伏逆变器中已成为主要的拓扑结构。

参考文献

陈兴峰,2005.多支路并网型光伏发电最大功率阻踪器的研究[D].北京:中国科学院电工研究所.
段峻,2003.电压型高频链逆变电源的研究[D].西安:西安交通大学.
郭小强,邬伟扬,2008.并网逆变器直流注入控制策略研究[C].//中国电工技术学会电力电子学会第十一届学术年会论文集,中国杭州.
黄敏超,徐德鸿,1999.全桥双向电流源高频链逆变器[J].电力电子技术 33(1):5-7.
李磊,2006.两种移相控制全桥式高频环节逆变器比较研究[J].中国电机工程学报 26(6):100-104.
李剑,康勇,陈坚,2002.DSP控制SPWM全桥逆变器q偏磁的研究[J].电源技术应用(5):219-222.
苗赛,2006.可并网正弦波PWM高效光伏逆变器的研究(DC-AC)[D].济南:山东大学.
孙向东,钟彦儒,2002.高频链逆变技术发展综述[J].电源技术应用(11):9-12.
舒杰,傅诚,陈德明,2008.高频光伏并网逆变器的主电路拓扑技术[J].电力电子技术(7):79-81.
田新全,2007.基于DSP的Z源逆变器控制与设计[D].合肥:合肥工业大学.
叶智俊,严辉强,余运江,2007.一种简单的逆变器输出直流分量消除方法[J].机电工程,(9):24.
孙龙林,2009.单相非隔离型光伏并网逆变器的研究[D].合肥:合肥工业大学.
朱朝霞,徐德鸿,2005.基于DSP单相SPWM逆变电源调制方式研究及实现[J]. 浙江理工大学学报,22(2):149-153.

第3章　光伏发电配电升压监测系统的雷电安全设计

3.1　直流汇流箱与直流配电柜

3.1.1　直流汇流箱

小型光伏发电系统一般不用直流汇流箱，电池组件的输出线直接接到了控制器或者逆变器的输入端子上。直流汇流箱主要用在中、大型光伏发电系统中，用于把电池组件方阵的多路输出电缆集中输入、分组连接，不仅使连线井然有序，而且便于分组检查、维护。当电池组件方阵局部发生故障时，可以局部分离检修，不影响整体发电系统的连续工作。大型的光伏发电系统，除了采用许多个直流汇流箱外，还要用若干个直流配电柜作为光伏发电系统中二、三级汇流之用。直流配电柜一般安装在配电室内，主要是将各个直流汇流箱输出的直流电缆接入后再次进行汇流，然后再与控制器或并网逆变器连接，方便安装、操作和维护。

图3.1所示为直流汇流箱的电路原理图，它由光伏直流熔断器、直流断路器、直流防雷器件、接线端子等构成，有些直流汇流箱还把防反充二极管、智能监测模块、数据无线传输扩展模块等也放在其中，形成各种配置的系列产品供用户选择。

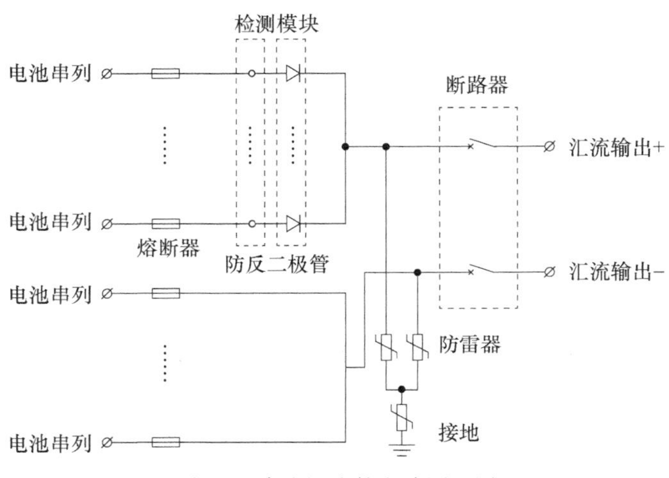

图3.1　直流汇流箱电路原理图

3.1.2 直流配电柜

直流配电柜与直流汇流箱一样,也配备分路断路器、主断路器、避雷防雷器件、接线端子、直流熔断器等,面板上还有显示各直流回路电压、电流的指示表、显示屏等,其电路原理如图3.2所示。

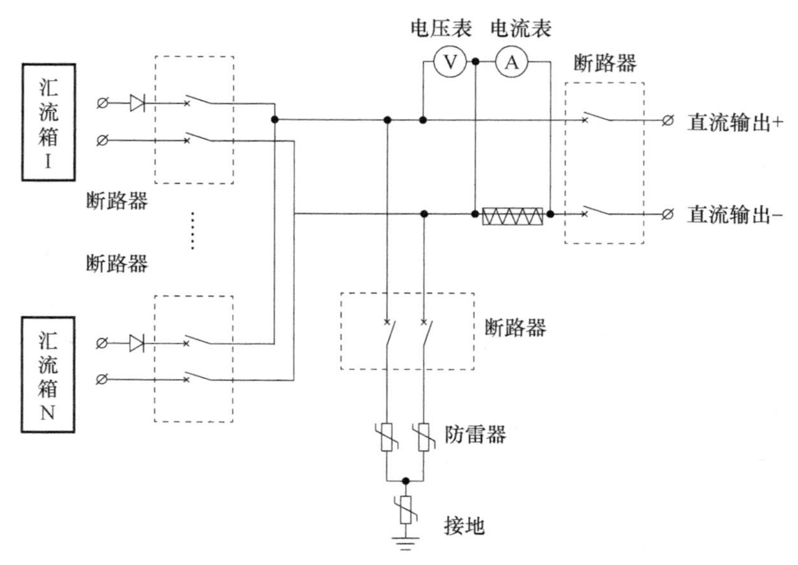

图3.2 直流配电柜电路原理图

直流配电柜可根据需要在每个输入端或输出端配置直流电流传感器,用于监视和测量输入输出端电流:汇流输出端配置电压变送器,可监测光伏输出电压,还能监视输入输出断路器的工作状况。可配置绝缘监视模块,监测输入输出回路的绝缘情况,确保系统安全稳定运行。上述所有监视和测量的数据可通过RS485通信接口传至后台监控系统。

3.1.3 直流汇流箱和直流配电柜的选型

直流汇流箱和直流配电柜一般由逆变器生产厂家或专业厂家生产并提供成型产品。选用时主要根据光伏方阵的输出路数、最大工作电流和最大输出功率等参数以及系统需要配置,当没有成型产品或成品不符合系统要求时,还可以根据实际需要自己设计制作。无论是选择成品还是自己设计制作,对直流汇流箱的主要技术参数和性能要求如下:

(1)机箱的防护等级达到IP65,要具有防水、防灰、防锈、防晒、防盐雾等性能,满足室外安装使用的要求。

(2)可同时接入4～24路的电池组串，每路电池组串的最大允许输入电流不小于20 A。

(3)接入的每路电池组串的最大开路电压可达到1000 V。

(4)每路电池组串的正负极都配有专用的光伏熔断器，出现故障时对组件串进行保护，熔断器配有配套的底座，方便维修人员检修，有效保护维修人员的人身安全。

(5)直流输入端要配置输入直流断路器、直流输出端要配置直流输出断路器。

(6)采用专用光伏高压防雷器对汇流后的母线正极、负极进行对地保护，持续工作电压要达到DC1000 V。

(7)对于智能型直流汇流箱，内部装有汇流检测模块，能监测每路电池组串输入的电流、汇总输出的电压、箱体内的温度、防雷器状态、断路器状态等。

(8)智能型直流汇流箱还具备RS485/MODBUS-RTU等数据通信串口。

(9)组件串列回路数、各种功能单元模块可根据客户需要灵活配置。

直流配电柜的设计制作也可以参考上述要求进行。表3.1和表3.2分别是某品牌直流汇流箱和直流配电柜的规格参数，供选型时参考。

表3.1　直流汇流箱规格参数表

<table>
<tr><th>规格型号</th><th>输入电压范围(V)</th><th>输入路数(回路)</th><th>单路最大电流(A)</th><th>最大输出电流(A)</th><th>标准配置</th><th>可选配置</th><th>防护等级</th><th>环境条件</th></tr>
<tr><td>KBT-PVX4</td><td rowspan="9">DC 24~1000</td><td>4</td><td rowspan="9">1~20</td><td>63</td><td rowspan="9">正极熔断器、负极熔断器、输出断路器、防雷模块、电缆防水锁头</td><td rowspan="9">防反二极管电流检测、电压检测断路器状态检测、防雷器状态检测、无线路由扩展</td><td rowspan="9">IP65</td><td rowspan="9">温度-5~70 ℃
湿度0~99%</td></tr>
<tr><td>KBT-PVX6</td><td>6</td><td>80</td></tr>
<tr><td>KBT-PVX8</td><td>8</td><td>100</td></tr>
<tr><td>KBT-PVX10</td><td>10</td><td>125</td></tr>
<tr><td>KBT-PVX12</td><td>12</td><td>160</td></tr>
<tr><td>KBT-PVX16</td><td>16</td><td>200</td></tr>
<tr><td>KBT-PVX18</td><td>18</td><td>250</td></tr>
<tr><td>KBT-PVX20</td><td>20</td><td>250</td></tr>
<tr><td>KBT-PVX24</td><td>24</td><td>250</td></tr>
</table>

表 3.2 直流配电柜规格参数表

型号	规格	额定电压(V)	额定电流(A)	防护等级	环境温度	空气湿度(%)	防反装置	智能监控	绝缘监测
KBT-PVG	Z63	DC250/50/100/750	DC63	IP30	-25~45 ℃	<50%	选配	选配	选配
	Z100		DC100						
	Z250		DC250						
	Z400		DC400						
	Z630		DC630						
	Z1000		DC1000						
	Z1250		DC1250						
	Z1600		DC1600						
	Z2000		DC2000						

3.1.4 直流汇流箱的设计

直流汇流箱由箱体、分路断路器、总断路器、防雷器件、防逆流二极管、端子板、直流熔断器等构成。下面以图 3.3 所示电路为例,介绍直流汇流箱的设计及部件选用。

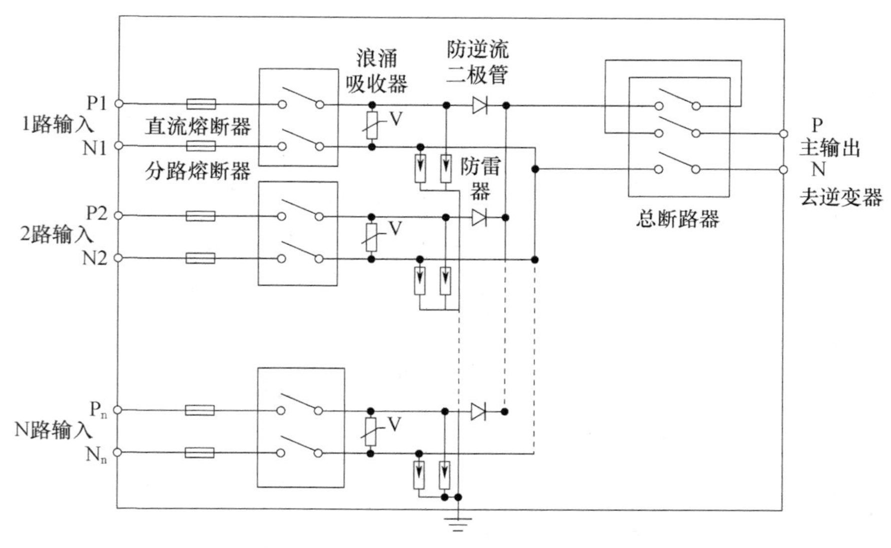

图 3.3 直流汇流箱内部电路示意图

1.机箱箱体

机箱箱体的大小根据所有内部器件数量及排列所占用的空间来确定，还要考虑布线排列整齐规范、开关操作方便、不宜太拥挤等因素。根据使用场合的不同，箱体分为室内型和室外型，根据材料的不同分为铁制、不锈钢制和工程塑料制作。金属制机箱使用板材厚度一般为1.0～1.6 mm。机箱可以根据需要定制，也可以直接购买尺寸合适的机箱产品。

2.分路断路器和总断路器

设置在光伏方阵输入端的各分路断路器是为了在光伏方阵组件局部发生异常或维护检修时，从回路中把该路方阵组件切断，实现与方阵分离。

总断路器安装在直流汇流箱的输出端与交流逆变器输入端之间。对于输入路数较少的系统或功率较小的系统，分路断路器和总断路器可以合二为一，只设置一种断路器，但必要的熔断器等依然需要保留。当汇流箱要安装到有些不容易靠近的场合时，可以考虑把总断路器与汇流箱分离另行安装。

无论是分路断路器还是总断路器，都要采用能满足各自光伏方阵最大直流工作电压和通过电流的断路器。所选断路器的额定工作电流要大于等于回路的最大工作电流，额定工作电压要大于等于回路的最高工作电压。

市场上常见的各种断路器件多是为交流电路设计的，当把这些断路器用在直流电路中时，断路器触点所能承受的工作电流为在交流电路中的1/2～1/3。也就是说，在同样工作电流状态下，断路器能承受的直流电压是交流电压的1/2～1/3。例如，某断路器的技术参数里标明额定工作电流为5 A，额定工作电压为AC220 V/DC110 V。因此，当系统直流工作电压较高时，应选用直流工作电压满足电路要求的断路器，如没有参数合适的断路器，也可以多用1～2组断路器，将其按照如图3.4所示方法串联连接，这样连接后的断路器将可以分别承受450 V和800 V的直流工作电压。

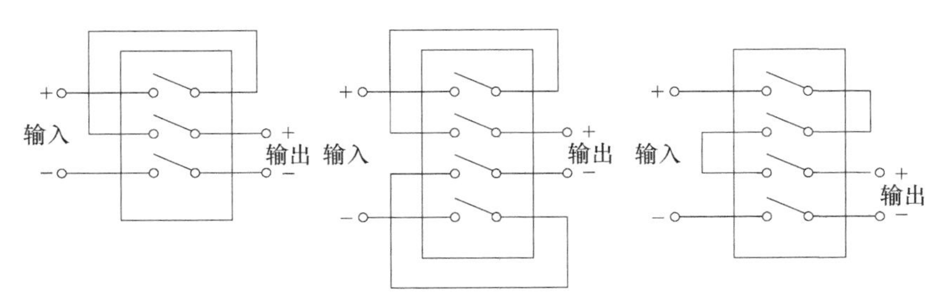

图3.4　交流断路器直流应用串联接法示意图

目前已经有部分电气元件生产厂家开始生产光伏系统专用的各种直流电气开关产品。如光伏专用小型直流断路器、塑壳直流断路器、直流隔离开关、直流转换开关等，这些光伏专用直流断路器的额定工作电压可达到DC500 V、DC750 V、DC1000 V、

DC1200 V等,具有直流逆电流保护、交流反馈电流保护、直流负荷隔离开关、远程脱扣和报警等功能。这类直流断路器采用特殊的灭弧、限流系统,可以迅速断开直流配电系统的故障电流,保护光伏组件免受高直流反向电流和因逆变器故障导致的交流反馈电流的危害,保证光伏发电系统的可靠运行。图3.5所示为直流断路器在不同额定直流电压下应用的接线示意图,从图中可以看出,其接线方式与图3.4中交流断路器直流应用的串联接法很相似。

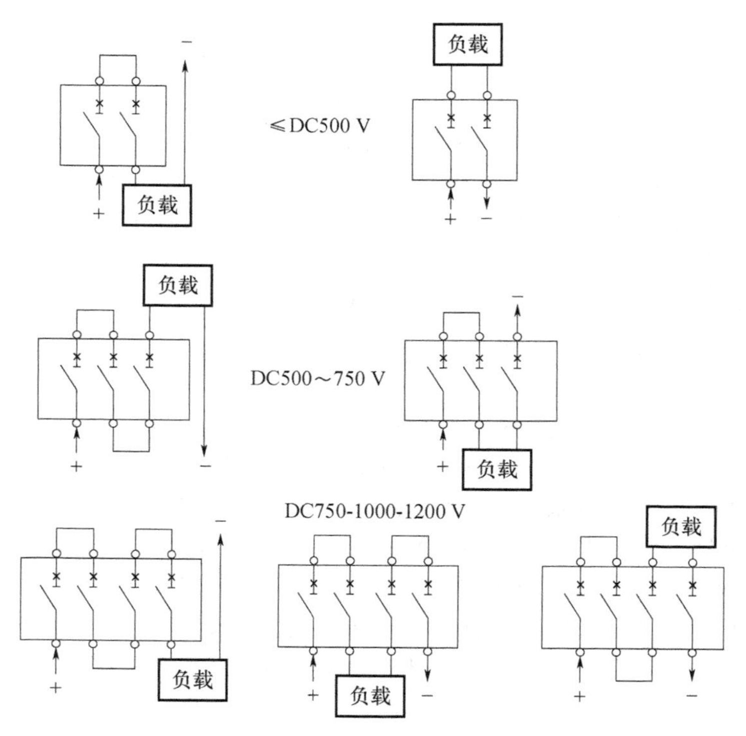

图3.5　直流断路器接线示意图

3.浪涌保护器件

浪涌保护器件是防止雷电浪涌侵入到光伏方阵或交流逆变器及交流负载或电网的保护装置。在直流汇流箱内,为了保护光伏方阵,每一个组件串中都要安装浪涌保护器件。对于输入路数较少的系统或功率较小的系统,也可以在光伏方阵的总输出电路中安装。浪涌保护器件接地侧的接线可以一并接到汇流箱的主接地端子上。

4.端子板和防反充二极管器件

端子板可根据需要选用,输入路数较多时考虑使用,输入路数较少时,则可将引线直接接入开关器件的接线端子上。端子板要选用符合国标要求的产品。

防反充二极管有时会装在电池组件的接线盒中，当组件接线盒中没有安装时，可以考虑在直流汇流箱中加装。防反充二极管的性能参数已经在前面介绍过，可根据实际需要选用。为方便二极管与电路的正常连接，建议安装前在二极管两端的引线上焊接两个铜焊片或小线鼻子，也可以直接使用一些厂家生产的用于直流汇流箱的防反充二极管模块。

5. 直流熔断器

直流熔断器主要用于汇流箱中，对可能产生的光伏组中及逆变器电流反馈所产生的线路过载或短路电流起分断保护。直流熔断器的规格参数：额定电压为DC1000 V和DC1500 V，额定电流为1～630A。选用直流熔断器时，不能简单地照搬交流熔断器的电气规格和结构尺寸，因为两者之间有许多不同的技术规范要求和设计理念，这些都关乎能否安全可靠分断故障电流和保证不发生意外事故，具体原因如下：

(1)由于直流电流没有过零点，因此在开断故障电流时，只能依靠石英砂填料强迫冷却的作用，使电弧自行迅速熄灭进行关断，比关断交流电弧要困难许多。熔片的合理设计与焊接方式、石英砂的纯度与粒度配比、熔点高低、固化方式等因素，都决定着强迫熄灭直流电弧的效能和作用。

(2)在相同的额定电压下，直流电弧产生的燃弧能量是交流电燃弧能量的2倍以上，为了保证每一段电弧都能够被限制在可控制的距离之内并同时迅速熄火，直流熔断器的管体一般要比交流熔断器长。根据国际熔断器技术组织的推荐数据，直流电压每增加150 V，熔断器的管体长度即应增加10 mm，依此类推，直流电压为1000 V的熔断器，管体长度至少应为70 mm。

3.2 交流汇流箱、配电柜与并网配电箱

3.2.1 交流汇流箱

交流汇流箱一般用于使用组串式逆变器的光伏发电系统中，它是承接组串逆变器与交流配电柜或升压变压器的重要组成部分，可以把多路逆变器输出的交流电汇集后再输出，大大简化组串式逆变器与交流配电柜或升压变压器之间的连接线，其电路原理结构如图3.6所示。交流汇流箱一般为4～8路输入，每路输入都通过断路器控制，经母线汇流和二级防雷保护后，通过断路器或隔离开关输出。系统额定电压最高为AC690 V，防护等级为IP65，可满足防水、防尘、防紫外线、防盐雾腐蚀等室外安装要求。

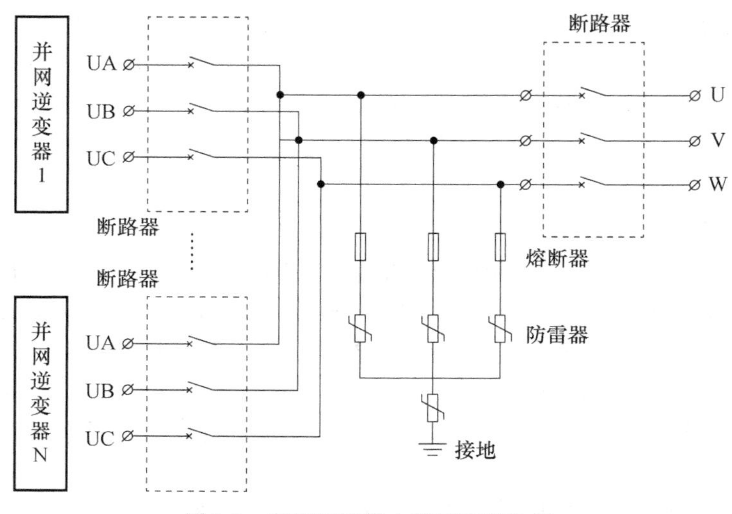

图 3.6　交流汇流箱电路原理结构图

3.2.2　交流配电柜

交流配电柜是光伏发电系统中连接在逆变器与交流负载或升压变压器之间的接受、调度和分配电能的电力设备,它的主要功能如下:

(1)电能调度　在离网光伏发电系统中,往往还要采用光伏/市电互补、光伏/风力互补和光伏/柴油机互补等形式作为光伏发电系统发电量不足的补充或者应急使用,因此交流配电柜需要有适时根据需要对各种电力资源进行调度的功能。

(2)电能分配　在离网光伏发电系统中,配电柜要对不同的负载线路设置专用开关进行切换,以控制不同负载和用户的用电量及用电时间。例如,当日照很充足、蓄电池组充满电时,可以向全部用户供电;当阴雨天或蓄电池未充满电时,可以切断部分次要负载和用户,仅向重要负载和用户供电。

(3)保证供电安全　配电柜内设有防止线路短路和过载、防止线路漏电和过电压的保护开关及器件,如断路器、熔断器、漏电保护器、过电压继电器等,线路一旦发生故障,能立即切断供电,保证供电线路及人身安全。

(4)显示参数和监测故障　配电柜要具有三相或单相交流电压、电流、功率和频率及电能消耗等参数的显示功能,以及故障指示信号灯、声光报警器等装置。交流配电柜主要由开关类电器(如断路器、切换开关、交流接触器等)、保护类电器(如熔断器、防雷器、漏电保护器等)、测量类电器(如电压表、电流表、电度表、交流互感器等)以及指示灯、母线排等组成。

交流配电柜按照负载功率大小,分为大型配电柜和小型配电柜;按照使用场所的不同,分为户内型配电柜和户外型配电柜;按照电压等级不同,分为低压配电柜和高压配电柜。

中小型光伏发电系统一般采用低压供电和输送方式,选用低压配电柜就可以满足电力输送和分配的需要。大型光伏发电系统大都采用高压配供电装置和设施输送电力,并入电网,因此要选用符合大型发电系统需要的高压配电柜和升、降压变压器等配电设施。

交流配电柜一般由专业生产厂家设计生产并提供成型产品。当没有成型产品或成品不符合系统要求时,还可以根据实际需要自己设计制作。图3.7所示为光伏交流配电柜的电路原理图。

3.2.3 交流配电柜的设计

光伏发电系统的交流配电柜与普通交流配电柜大同小异,也要配置总电源开关,并根据交流负载设置分路开关,面板上要配置电压表、电流表,用于检测逆变器输出的单相或三相交流电的工作电压和工作电流等,电路结构可参看图3.7。对于相同部分完全可以按照普通配电柜的模式进行设计,无论是选购或者设计生产光伏发电系统用交流配电柜,都要符合下列各项要求。

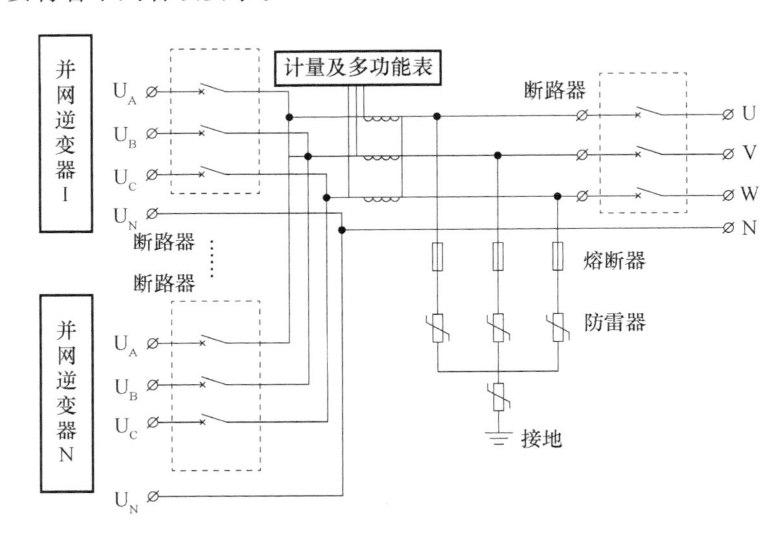

图3.7 光伏交流配电柜电路原理图

(1)选型和制造都要符合国家标准要求,配电和控制回路要采用成熟可靠的电子线路和电力电子器件。

(2)要求操作方便、运行可靠、双路输入时切换动作准确。

(3)发生故障时能够准确、迅速切断事故电流,防止故障扩大。

(4)在满足需要、保证安全性能的前提下,尽量做到体积小、重量轻、工艺好、制造成本低。

(5)当在高海拔地区或较恶劣的环境条件下使用时,要注意加强机箱的散热性能,并在设计时对低压电气元器件的选用留有一定余量,以确保系统的可靠性。

(6)交流配电柜的结构应为单面或双面门开启结构,以方便维护、检修及更换电气元器件。

(7)配电柜要有良好的保护接地系统。主接地点一般焊接在机柜下方的箱体骨架上,前后柜门和仪表盘等都应有接地点与柜体相连,以构成完整的接地保护,保证操作及维护检修人员的安全。

(8)交流配电柜还要具有过载或短路的保护功能。当电路有短路或过载等故障发生时,相应的断路器应能自动跳闸或熔断器熔断,断开输出。

在此主要介绍光伏发电系统交流配电柜与普通配电柜不同部分的设计,供设计时参考。

1.接有浪涌保护器装置

光伏交流配电柜中一般都接有浪涌保护器装置,用来保护交流负载或交流电网免遭雷电破坏。浪涌保护器一般接在总开关之后,具体接法如图3.8所示。

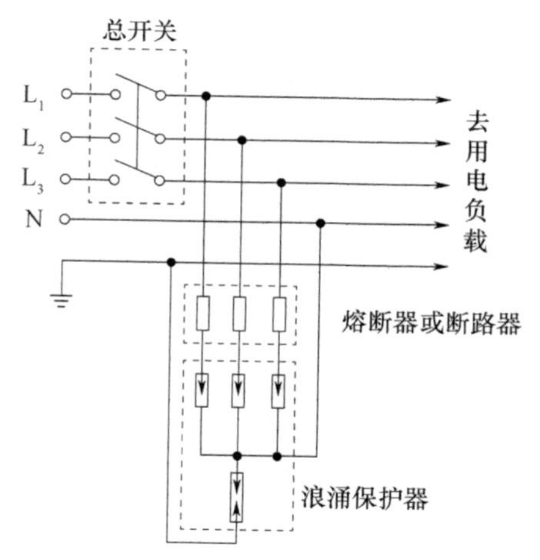

图3.8 交流配电柜中浪涌保护器接法示意图

2.接有发电和用电双向计量的电度表

在可逆流的并网光伏发电系统中,除了正常用电计量的电度表之外,为了准确地计量发电系统并入电网的电量(卖出的电量)和电网向系统内补充的电量(买入的电量),需要在交流配电柜内另外安装两块电度表进行用电量和发电量的计量,其连接方法如图3.9所示。目前,在并网光伏发电系统中已经逐步使用具有双向计量功能的智能电度表来替代两块电度表分别计量的方式,这种电度表可以通过显示屏分别读出正向电量和反向电量并将电量数据存储起来。具有双向有功和四象限无功计量功能、事件记录功能,配有标准通信协议接口,具备本地通信和远程通信的功能。其具体接入要求如下:

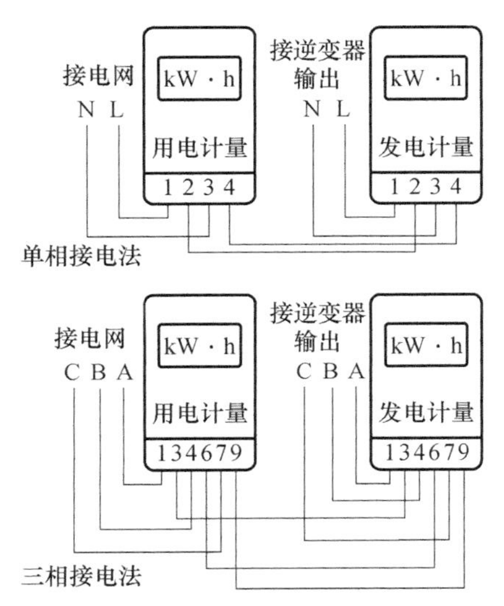

图 3.9 用电和发电计量电度表接法示意图

(1)对于低压供电,负荷电流为 50 A 及以下时,宜采用直接接入式电能表;负荷电流为 50 A 以上时,宜采用经电流互感器接入的接线方式。

(2)对三相三线制接线的电能计量装置,其两台电流互感器二次绕组与电能表之间宜采用四线连接。对三相四线制连接的电能计量装置,其三台电流互感器二次绕组与电能表之间宜采用六线连接。

3.接有防逆流检测保护装置

对于有些用户侧并网的光伏发电系统,原则上不允许逆流向电网送电,因此在交流配电柜中还要接入一个叫"防逆流检测保护装置"的设备。其作用是当检测到光伏发电系统有多余的电能送向电网时,立即切断给电网的供电。当光伏发电系统发电量不够负载使用时,电网的电能可以向负载补充供电。其电路原理如图 3.10 所示。其工作原理如下:

(1)逆流检测装置检测交流电网(AC380 V、50 Hz)供电回路的三相电压、电流,判断功率流向和功率大小。如果电网供电回路出现逆功率现象,逆流检测装置输出信号驱动三相复合开关断开。

(2)当逆功率现象消失,并且检测到负荷功率大于某一设定值时,逆流检测装置将输出信号,驱动三相复合开关闭合。

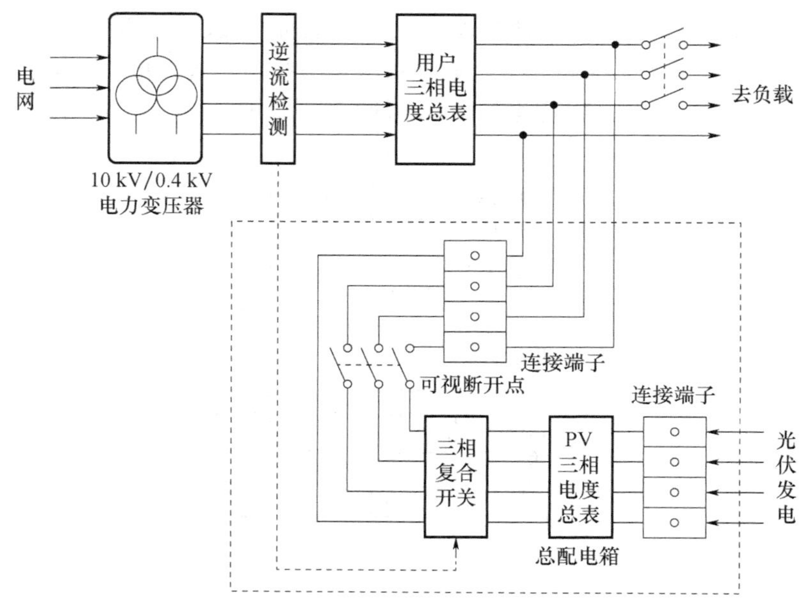

图 3.10　防逆流检测保护装置连接示意图

(3)当检测点出现电压过高、电压过低、电流过大等情况时,逆流检测装置液晶屏将显示报警信息,并可以通过通信系统将报警信息上传。

在AC220 V、50 Hz交流供电电路中使用的防逆流检测装置工作原理与上述电路相同。

3.2.4　并网配电箱

并网配电箱也是一种小型的交流配电箱,主要用于100 kW以下的分布式光伏发电系统与交流电网的并网连接和控制,满足光伏发电系统对并网断路点的如下要求。

(1)分布式电源并网点应安装易操作、具有明显开断指示、具备开断故障电流能力的断路器。断路器可选用微型、塑壳型或万能断路器,要根据短路电流水平选择设备开断能力,并应留有一定余量。

(2)分布式电源以380 V/220 V电压等级接入电网时,并网点和公共连接点的断路器应具备短路速断、延时保护功能和分离脱扣、失压跳闸及低压闭锁合闸等功能,同时应配置剩余电流保护功能。

并网配电箱一般有2类,一类是带电能表位置的配电箱,电力公司只需要在并网时直接将电能表安装在已有的配电箱内,进行并网连接;另一类配电箱是没有电能计量表位置的。电力公司在并网时还要安装一个包含计量电能表及必要的互感器、断路器等装置的配电箱与现有配电箱连接并网。配电箱与计量表放在一起的好处是,接线距离短，线损比较少，还节省一个箱子，检查和维修方便，适合10 kW以下的系统。

1.并网配电箱的主要功能：

(1)计量功能　配电箱为系统并网所需要安装的电能计量表提供1个或2个标准安装位置，对光伏发电系统的发电量、上网量和用电量进行计量。

(2)分合闸功能　用于电网电源与光伏系统电源之间的连通与断开，并可根据并网要求配置过欠电压脱扣保护器以满足电力公司的并网要求。

(3)浪涌保护　在交流输出端口安装浪涌保护器，防止雷电及过电压对光伏系统和家用电器等家庭电器设备造成损害。

(4)接地保护　对交流配电箱提供有效接地位置，提高系统的可靠性和安全性。

2.并网配电箱的组成

并网配电箱主要由配电箱箱体、刀闸开关、自复式过欠压保护器、断路器、浪涌保护器后备断路器、浪涌保护器和接地端子等组成。

(1)配电箱箱体　尽量选用金属箱体。在金属箱体中，镀锌板喷塑箱体性价比较高，喷塑有二次防腐的功能，不锈钢箱体性能最好。光伏配电箱户外安装要达到IP65等级，室内安装要达到IP21等级，如果是在海边或者盐雾环境比较恶劣的地区，最好选用不锈钢箱体。

(2)刀闸开关　刀闸开关主要作为手动接通和分断交、直流电路或作隔离开关用，以形成一个明显的断开点，起到安全提示的作用。一般刀闸开关选型的额定电流大于回路主断路器额定电流，常见规格型号有16 A、32 A、63 A、100 A等。

根据并网相关要求，并网配电箱内必须要有一个物理隔离器件，使电路有明显断开点，以便在检修和维护的情况下，保证操作人员的安全。这个器件叫隔离开关，一般选用刀闸开关。断路器(空气开关)虽然也能起到隔离作用，但由于结构的原因有可能被击穿或失灵，因此不宜在此使用。只有刀闸开关，才能实现明显直观的彻底断开回路。

(3)自复式过欠压保护器　自复式过欠压保护器是常用的保护开关，主要应用于低压配电系统中，当线路中过电压和欠电压超过规定值时能自动断开，并能自动检测线路电压，当线路中电压恢复正常时能自动闭合。自复式过欠压保护器和逆变器自动过欠电压保护功能形成双层保护，常见型号规格有20 A、25 A、32 A、40 A、50 A、63 A等，选型时要求自复式过欠压保护器额定电流大于等于主断路器额定电流。

(4)断路器　断路器(俗称空开或微型断路器)，在线路中主要起到过载、短路保护作用，同时起到正常情况下不频繁开断线路的作用。主要技术参数是额定电流和额定电压，额定电流取逆变器交流侧最大输出电流的1.2～1.5倍，常见型号规格有16 A、25 A、32 A、40 A、50 A、63 A等。额定电压有单相230 V、三相400 V等。

(5)浪涌保护器　又称防雷器，当电气回路或者通信线路中因为外界的干扰突然产生尖峰电流或者电压时，浪涌保护器能在极短的时间内导通分流，从而避免浪涌对回路中其他设备的损害。选型规则是，最大运行电压 $U_c > 1.15U_0$，U_0 是低压系统相线对中性线的标称电压，即相电压 220 V，单相一般选择 275 V，三相一般选择 440 V，标称放电电流选 $I_n = 20\text{kA}$。

(6)浪涌保护断路器　当通过浪涌保护器的涌流大于其 I 时，浪涌保护器将被击穿失效，从而造成回路的短路故障，为切断短路故障，需要在浪涌保护器上端加装断路器或熔断器。断路器或熔断器的电流根据浪涌保护器的最大电流选择，一般 $I_{max} < 40$ kA 的宜选 20～32 A 的，$I_{max} > 40$ kA 的宜选 40～63 A 的。

浪涌保护器上端的保护器件可选用熔断器和断路器。熔断器的特点是有反时限特性的长延时和瞬时电流两段保护功能，分别作为过载和短路防护用，但是因雷击保护熔断后必须更换熔断体，用断路器的特点是有瞬时电流保护和过载热保护，因雷击保护断开后，可以手动复位，不必更换器件。

3.3 升压变压器与箱式变电站

小容量的并网光伏发电系统一般都是采用用户侧直接并网的方式，接入电压等级为 0.4 V 的低压电网，以自发自用为主，不向中高压电网馈电。容量几百千瓦以上的并网光伏发电系统(站)往往都需要并入中高压电网，光伏逆变器输出的电压必须升高到与所并电网的电压一致，才能实现并网和电能的远距离传输。实现这一功能的升压设备主要是升压变压器以及由升压变压器和高低压配电系统组合而成的箱式变电站。

3.3.1 升压变压器

光伏电站使用的升压变压器从相数上可分为单相和三相变压器；从结构上可分为双绕组、三绕组和多绕组变压器；从容量大小上可分为小型(630kVA 及以下)、中型(800～6300kVA)、大型(8000～63000kVA)和特大型(9000kVA 及以上)变压器；从冷却方式上可分为干式和油浸式变压器，也就是说两者的冷却介质不同，后者是以变压器油作为冷却及绝缘介质，前者是以空气作为冷却介质。油浸式变压器是把由铁芯及绕组组成的器身置于一个盛满变压器油的油箱中。干式变压器是把铁芯和绕组用环氧树脂浇注包封起来，也有一种现在用得多的是非包封式的，绕组用特殊的绝缘纸再浸渍专用绝缘漆等，起到防止绕组或铁芯受潮的作用。

干式变压器因为没有变压器油，大多应用在需要防火防爆的场所，如大型建筑、高层建筑等场所，可安装在负荷中心区，以减少电压损失和电能损耗。但干式变压器价格高、体积大，防潮防尘性能差，而且噪音大。而油浸式变压器造价低、维护方便，但是可燃、可爆，万一发生事故会造成变压器油泄露、着火等，大多应用在室外场合。干式变压器具有轻便、易搬运的特点，油浸式变压器具有容量大、负载能力强和输出稳定的优势。

油浸式升压变压器一般为整体密封结构，没有储油柜。变压器在封装时采用真空注油工艺，完全去除了变压器中的潮气，运行时变压器油不与大气接触，有效地防止空气和水分侵入变压器而使变压器绝缘性能下降或变压器油老化，变压器箱体具有良好的防腐能力，能有效地防止风沙和沿海盐雾的侵蚀。

变压器器身与冷却油箱紧密配合，并有固定装置。高低压引线全部采用软连接，分接引线与无载分接开关之间采用冷压焊接并用螺栓紧固，其他所有连接（线圈与后备熔断器、插入式熔断器、负荷开关等）都采用冷压焊接，紧固部分带有自锁防松措施，变压器能够承受长途运输的震动和颠簸，到用户安装现场后无须进行常规的吊芯检查。

升压变压器低压侧一般采用断路器自带保护，高压侧一般采用负荷开关加熔断器，作为过载及短路保护。在并网光伏发电工程中，往往采用低压侧双分裂或双绕组升压变压器来实现两台光伏变器的并联运行，如图3.11所示，这两个低压绕组具有相同容量、连接级别和电压等级，在电路上不相连而在磁路上有耦合关系，分裂绕组的每一支路可以单独运行，也可以在额定电压相同时并联运行，每个绕组可以接一台逆变器。双分裂变压器虽然成本较高，但由于结构优势，实现了2台逆变器之间的电气隔离，减小了两支路间的电磁干扰和环流影响，解决了2台并网逆变器直接并联升压而带来的寄生环流现象。逆变器的交流输出分别经变压器滤波输出电流谐波小，提高了输出的电能质量。

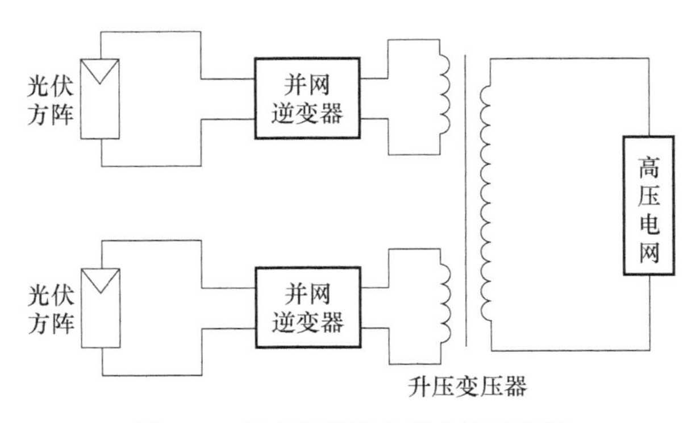

图3.11　逆变器并联升压应用示意图

3.3.2　高压配电系统与箱式变电站

高压配电系统是指在高压电网中，用来接受电力和分配电力的电气设备的总称，是变电站电气主线路中的开关电器、保护电器、测量电器、母线装置和辅助设备按主线路要求构成的配电总体。其作用一是在正常情况下用来交换功率和接受、分配电能，发生事故时迅速切除故障部分，恢复正常运行；二是在个别设备检修时隔离被检修设备，不影响其他设备的运行。其中开关电器包括断路器、负荷开关、隔离开关等；保护电器包括熔断器、继电器、避雷器等；测量电器包括互感器、电压表、电流表等。

箱式变电站也叫组合式变电站、预装式变电站和落地式变电站等，主要由高压配电室、升压变压器室和操作室（低压配电室）3部分组成，是一种把高压开关设备、配电变压器低压开关设备、电能计量设备、无功补偿装置等按一定的接线方案组合在一个或几个箱体内的紧凑型成套配电装置，结构如图3.12所示，具有低压配电、变压器升压、高压输出的功能，一般可安装2000 kA及以下容量的变压器。箱式变电站有无焊接拼装式、集装箱式、框架焊接式等结构，具有占地面积小、选址灵活、施工周期短、能深入场站中心等优点。

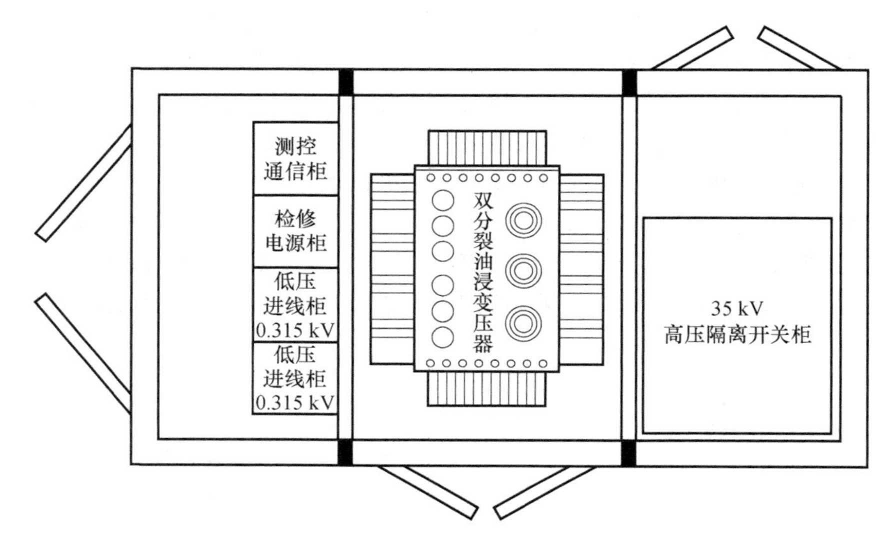

图3.12　箱式变电站结构示意图

3.4　光伏线缆

在太阳能光伏发电系统中，除主要设备如电池组件、逆变器、升压变压器等外，配套连接的光伏线缆材料对光伏发电系统运行的安全性、高效性及整体盈利的能力同样起着至关重要的作用。所以我们称光伏线缆为输送能量的管道。

3.4.1　光伏线缆的使用分类及电气连接要点

1.光伏线缆的分类

光伏线缆按照在光伏发电系统中的不同部位及用途可分为直流线缆和交流线缆。

直流线缆主要用于：组件与组件之间的串联连接；组串之间及组串至直流配电箱

(汇流箱)之间的并联连接;直流配电箱至逆变器之间的连接。直流线缆基本都在户外使用,需要具有防潮、防暴晒、耐热、耐寒、抗紫外线等功能,某些特殊的环境下还需要防酸碱等化学性质。

交流线缆主要用于:逆变器至升压变压器之间的连接;升压变压器至配电装置之间的连接;配电装置至电网或用户之间的连接。交流线缆与一般电力线缆的使用要求基本一致。

2.光伏线缆电气连接要点

在光伏发电系统的设计、施工中,光伏线缆的电气连接要根据光伏方阵中电池组件的并联要求,确定电池组件的连接方式,合理安排组件连接线路的走向,确定直流汇流箱各分箱和总箱的位置及连接方式,尽量采用最经济、最合理的连接途径。

在光伏线缆选型上,要根据光伏发电系统各部分的工作电压和工作电流,选择合适的连接电缆及附件。

对于比较重要的或大型的工程,要画出电气连接原理与结构示意图,以便在安装施工及以后的运行维护和故障检修时参考。

3.4.2　光伏线缆和连接器的选型

1.认识直流线缆

直流线缆是专为光伏发电直流配电系统设计的单芯多股软电缆。由于光伏发电系统的发电效率不是很高,在实际应用时又会有不少的电能损耗在输电线路上,不能使光伏发电得到最大化的利用,因此,光伏线缆的合理选用对提高光伏发电利用率、减少线路损耗至关重要。光伏线缆使用双层绝缘外皮,其绝缘层及保护套均使用辐照交联聚烯烃材料,要求能承载超强的机械负荷,具有良好的耐磨、耐候特征,具有超常的使用寿命。光伏线缆的基本特性有:①使用温度－40～90 ℃;②短路允许温度可达Ss－200 ℃;③绝缘及保护套交联材料高温下使用不熔化、不流动;④耐寒、耐磨、抗紫外线、耐臭氧、耐水解;⑤有较高的机械强度,防水、耐油、耐化学药品;⑥柔软易脱皮、高阻燃。此外,选用的光伏线缆还应通过TUV、UL等的产品质量认证。

2.光伏线缆的选型

光伏发电系统中使用的线缆,因为使用环境和技术要求的不同,对不同部件的连接有不同的要求,总体要考虑的因素有线缆的导电性能、绝缘性能、耐热阻燃性能、抗老化抗辐射性能、线径规格(截面积)、线路损耗等。同时在系统设计安装过程中,还应优化设计,采用合理的电路分布结构,使线缆走向尽量短且直,最大限度地降低线路损耗电压,实现光伏发电电能的最大利用率,具体要求如下:

(1)线缆的耐压值要大于系统的最高电压。如380 V输出的交流线缆,就要选择450/750 V耐压值的线缆。直流系统一般要选择耐压1000 V的线缆。

(2)组件与组件之间的连接线缆,一般使用组件接线盒附带的连接线缆直接连接,长度不够时还可以使用延长线缆连接,延长线缆的截面积一般与组件自带线缆的截面积相同即可。依据组件功率大小(最大短路电流)的不同,该类连接线缆截面积有2.5 mm^2、4.0 mm^2、6.0 mm^2三种规格。

(3)光伏组串或方阵与控制器或直流汇流箱之间的连接线缆,也要使用通过UL测试或TUV认证的光伏线缆,截面积将根据方阵输出的最大短路电流而定。

(4)在有二次汇流的光伏发电系统中,直流汇流箱到直流配电柜之间的光伏线缆,其截面积一般根据直流汇流箱的汇集路数和每一路的最大短路电流乘积的1.25倍确定。

(5)在有储能蓄电池的系统中,蓄电池与控制器或逆变器之间的连接线缆,要求使用通过UL测试或TUV认证的多股软线,尽量就近连接。选择短而粗的线缆可使系统减小损耗、提高效率、增强可靠性。

(6)交流线缆可按照一般交流电力线缆的选型要求选择。

选择光伏线缆既要考虑经济性,又要考虑安全性。线缆截面积偏大,线损就偏小,但会增加线路投资;线缆截面积偏小,线损就偏大,满足不了载流需要,而且安全系数也小。在光伏线缆的选型中,最好的办法就是按照线缆的经济电流密度来选择电缆的截面积。

各部位光伏线缆截面积依据下列原则和计算方法确定。

组件与组件之间的连接线缆、蓄电池与蓄电池之间的连接线缆、交流负载的连接线缆,一般选取的线缆额定电流为各线缆中最大连续工作电流的1.25倍;电池方阵与方阵之间的连接线缆、蓄电池(组)与逆变器之间的连接线缆,一般选取的线缆额定电流为各线缆中最大连续工作电流的1.5倍。另外,考虑温度对线缆性能的影响,线缆工作温度不宜超过30 ℃,线路的电压降不宜超过2%。线缆的截面积一般可用以下方法计算:

$$S=\rho LI/0.02U \tag{3.1}$$

式中,S为线缆截面积,单位是m^2;ρ为电阻率,铜的电阻率$=0.0176\times10^{-6}$ Ω•m(20 ℃);L为线缆的长度,单位是m,I为通过线缆的最大额定电流,单位是A;0.02为线缆的电压降,U为额定工作电压。

为方便线缆截面积的选取,表3.3列出了额定电压为12 V光伏发电系统线缆选取计算值,供选型计算时参考。

表3.3 12 V光伏发电系统线缆截面积选取计算表 单位:mm^2

线缆长度(m) / 电流(A)	1	2	5	10	20	50	100	200
0.1	0.1	0.1	0.1	0.1	0.1	0.24	0.49	0.98
0.2	0.1	0.1	0.1	0.1	0.2	0.49	0.98	1.96

续表

电流(A) \ 线缆长度(m)	1	2	5	10	20	50	100	200
0.5	0.25	0.25	0.25	0.25	0.49	1.22	2.44	4.89
1	0.25	0.25	0.25	0.49	0.98	1.22	4.89	
2	0.5	0.5	0.5	0.98	1.96	4.89		
5	1.25	1.25	1.25	2.44	4.89			
8	2.0	2.0	2.0	3.91				
10	2.5	2.5	2.5	4.89				
20	5.0	5.0	5.0					
50	5.0							

注:截面积超过5 mm^2的数据未列出。

通过表3.3可知,当额定电流为10 A、线缆长度为10 m时,导线的截面积为4.89 mm^2。如果线缆长度超过10 m,则要选用截面积为10 mm^2的线缆。

表3.4是符合TUV和UL认证要求的光伏线缆性能参数表。

表3.4 符合TUV和UL认证要求的光伏线缆性能参数表

性能参数	TUV	UL
额定电压	U_0/U=600/1000 VAC,1800 VDC	U=600、1000及2000 VAC
成品电压测试	6.5kVAC,15 kVDC,5 min	U=600 V 18~10 AWG U_0=3000 V,50Hz,1 min 8~2 AWG U_0=3000 V,50Hz,1 min 1~4/0 AWG U_0=3000 V,50Hz,1 min U=1000 V,2000 V 18~10 AWG U_0=6000 V,50Hz,1 min 8~2 AWG U_0=75000 V,50Hz,1 min 1~4/0 AWG U_0=9000 V,50Hz,1 min
环境温度	-40~90 ℃	-40~90 ℃
导体最高温度	120 ℃	—
使用寿命	≥25 a(-40~90 ℃)	—
参考短路允许温度	200 ℃,5 s	—
耐酸碱测试	EN60811-2-1	UL854
冷弯测试	EN60811-1-4	UL854
耐日光测试	HD605/A1	UL2556

续表

性能参数	TUV	UL
成品耐臭氧测试	EN50396	—
阻燃测试	EN60332-1-2	UL1581 VW-1

表3.5是某品牌光伏线缆产品的技术参数与规格尺寸，供线缆选型时参考。

表 3.5 光伏线缆产品技术参数与规格尺寸

TUV认证产品

产品编号	导线截面积（mm^2）	导体结构（n/mm）	导体绞合外径（mm）	成品外径（mm）	导体直流电阻 A20 ℃（Ω/km）	载流量 AT60 ℃/A
TUV150	1.5	30/0.25	1.58	4.90	13.07	30
TUV250	2.5	49/0.25	2.02	5.45	8.21	41
TUV400	4.0	56/0.30	2.60	6.10	5.09	55
TUA400	4.0	52/0.30	2.50	4.60	5.09	55
TV600	6.0	84/0.3	3.20	7.20	3.39	70
TUVA10	10	84/0.40	4.60	9.00	1.95	98
TVA16	16	128/0.40	5.60	10.20	1.24	132
TUVA25	25	192/0.40	6.95	12.00	0.795	176
TUVA35	35	276/0.40	8.30	13.80	0.565	218

UL认证

线缆 AWG	标称截面（mm^2）	导体结构（n/mm）	600 V成品线缆外径（mm）	1000 V及2000 V线缆外径（mm）	导体直流电阻 A20 ℃（Ω/km）
18	0.823	16/0.254	4.25	5.00	23.2
16	1.31	26/0.254	4.55	5.30	14.6
14	2.08	41/0.254	4.95	5.70	8.96
12	3.31	65/0.254	5.40	6.20	5.64
10	5.261	105/0.254	6.20	6.90	3.546
8	8.367	168/0.254	7.90	8.40	2.23
6	13.3	266/0.254	9.80	10.30	1.403
4	21.15	420/0.254	11.70	11.70	0.882
2	33.62	665/0.254	13.30	13.40	0.5548
1	42.41	836/0.254	15.20	16.10	0.4398
1/0	53.49	1045/0.254	17.00	17.10	0.3487
2/0	67.43	1330/0.254	18.30	18.80	0.2766
3/0	85.01	1672/0.254	19.80	20.40	0.2194
4/0	107.20	2190/0.254	21.50	22.10	0.1722

3.光伏连接器

光伏连接器是光伏方阵线路连接的一个很重要的部件,这种连接器不仅应用到接线盒上,在光伏电站中很多需要接口的地方都会大量使用到连接器,如组件接线盒输出引线接口、延长电缆接口、汇流箱输入输出接口、逆变器直流输入接口等。每个接线盒用一对连接器,每个汇流箱根据设计一般用8～16对连接器,而逆变器也会用到2～4对或者更多,组件方阵线合用延长电缆也会用到一定数量的连接器。

光伏连接器的主要特性有:①简单、安全的安装方式;②良好的抗机械冲击性能;③大电流、高电压承载能力;④较低的接触电阻;⑤卓越的高低温、防火、防紫外线等性能:⑥强力的自锁功能,满足拔脱力的要求;⑦优异的密封设计,防尘防水等级达到IP67;⑧选用优良树脂材料,能满足UL94－V0阻燃等级。

在光伏组件生产过程中,连接器是一个很小的部件,成本占比也很小,特别是在整个光伏站建设中,连接器更是一个不引人关注的小细节,甚至大家都认为,连接器就是一对插头插上能通电就行。但在近几年的电站建设中却因为连接器引发了很多问题,如:接触电阻变大、连接器发热、寿命缩短、接头起火、连接器烧断、组件串断电、接线盒失效、组件漏电等,轻则发电效率低、增加维护工作量,重则造成工程返工、组件更换,甚至酿成火灾。

为此,在光伏组件的制造过程中和光伏电站的设计施工过程中,要重视接线盒及连接器的选择,优先选用国内外知名品牌和有各种检测认证的产品,并要考虑和其他设备连接器的兼容问题,最好都统一使用同一品牌型号的连接器产品,以免造成隐患。

劣质的连接器一是缺乏抗紫外线能力,使用寿命不能和光伏组件相辅相成;二是接触电阻大,会降低发电效率,消耗电能。过高的接触电阻可能导致连接器过热而熔化、燃烧,甚至引发火灾。

3.5　光伏发电系统的监测装置(李钟实,2019)

光伏发电系统的监控测量系统是各相关企业针对光伏发电系统开发的管理平台。小型并网光伏发电系统可配合逆变器对系统进行实时持续的监视记录和控制、系统故障记录与报警以及各种参数的设置,还可通过网络进行远程监控和数据传输。中大型并网光伏发电系统的管理平台则要通过现代化物联网技术、人工智能及云端大数据分析技术等实现光伏发电系统的智能化数据监测和运维管理。

这类管理平台一般都配备光伏电站环境检测系统,用于检测电站环境温度、环境湿度、超声波风向风速、组件温度、太阳辐射等参数,并可通过局域网、光纤、GPRS通信等多种数据传输方式传递数据,实时采集、实时监测。

监控测量系统运行界面一般可以显示当前发电功率、日发电量累计、月发电量累计、年发电量累计、总发电量累计、累计减少CO_2排放量等相关参数,还可以显示日照辐射强度、组件温度、环境温度等气象数据。逆变器各种运行数据通过RS485接口及RS485－232转换器与监控测量系统主机中的数据采集器连接。

目前,光伏发电系统的并网逆变器也都自带了监控测量系统等多种通信方式进行数据传输,其中WF及GPRS监控软件可通过电脑下载软件,也可在手机App中下载,通过电脑或手机就可以随时随地查看光伏发电系统的发电状况,进行实时监控。

家庭分布式光伏电站的以太网监控方式就是通过网线将逆变器和路由器连接起来,逆变器通过路由器所连接的互联网络数据上传到服务器,然后通过电脑或者手机查看逆变器的运行状态,读取发电数据。WiFi监控方式是通过无线网络将逆变器和无线路由器连接起来,逆变器通过路由器所连接的互联网将数据上传到服务器,GPRS监控方式就是通过GPRS模块内置的GSM卡,连接移动或联通的通信基站,通过基站网络将数据上传到服务器,实现实时地监控逆变器运行状态。

在这几种监控方式中,以太网方式需要铺设网线,增加施工内容;WiFi方式虽然采用无线连接,但距离较远或者隔墙时网络信号会不稳定,甚至短时间中断,不仅影响监测,还会造成一些虚假故障,给经销商的售后运维带来麻烦。GPRS方式是在只要有2G以上手机信号覆盖的地方,GPRS模块就能通过手机信号上传逆变器数据。GPRS通信仅仅依靠2G网络就可以实现,应用场合基本不受限制,但GPRS每个月会产生少量的流量费用。在实际使用中,究竟采用哪一种监控方式,要根据现场实际环境和设施,因地制宜,合理选择。

参考文献

李钟实,2019.太阳能光伏发电系统设计施工与应用[M].北京:人民邮电出版社.

第4章　光伏发电站防雷技术要求

4.1　术语和定义

光伏发电单元

光伏发电站中,以一定数量的光伏组件串,通过直流汇流箱汇集,经逆变器逆变与隔离升压变压器升压成符合电网频率和电压要求的电源系统。又称单元发电模块。

光伏方阵

将若干个光伏组件在机械和电气上按一定方式组装在一起并且有固定的支撑结构而构成的直流发电单元。又称光伏阵列。

闪电电涌侵入

由于雷电对架空线路、电缆线路或金属管道的作用,雷电波,即闪电电涌,可能沿着这些管线侵入屋内,危及人身安全或损坏设备。

电涌保护器

用于限制瞬态过电压和分泄电涌电流的器件。它至少含有一个非线性元件。

接闪器

由拦截闪击的接闪杆、接闪带、接闪线、接闪网以及金属屋面、金属构件等组成。

引下线

用于将雷电流从接闪器传导至接地装置的导体。

接地装置

接地体和接地线的总和,用于传导雷电流并将其流散入大地的装置。

接地体

将金属装置、外来导电物、电力线路、电信线路及其他线路连于其上以能与防雷装置做等电位连接的金属带。

接地线

从引下线断接卡或换线处至接地体的连接导体,或从接地端子、等电位连接带至接地体的连接导体。

等电位连接

直接用连接导体或通过电涌保护器将分离的金属部件、外来导电物、电力线路、通信线路及其他电缆连接起来以减小雷电流在它们之间产生电位差的措施。

雷电感应

雷电放电时，在附近导体上产生的雷电静电感应和雷电电磁感应，它可能使金属部件之间产生火花放电。

4.2 技术要求

4.2.1 一般规定

(1)光伏发电站的光伏方阵、光伏发电单元其他设备以及站区升压站、综合楼等建(构)筑物应采取防雷措施，防雷设施不应遮挡光伏组件。

(2)光伏组件金属框架或夹件应接地良好。

(3)光伏方阵的接地网应根据不同的发电站类型采取相应的接地网形式，工作接地与保护接地应统一规划。共用地网电阻应满足设备对最小工频接地电阻值的要求。

(4)光伏发电站交流电气装置的接地要求应满足GB/T50065的要求。

4.2.2 光伏发电单元

(1)光伏方阵电气线路应采取防雷击电磁脉冲和闪电电涌侵入的措施。

(2)光伏方阵金属部件应与防雷装置进行等电位连接并接地。

(3)独立接闪器和泄流引下线应与地面光伏方阵电气装置、线路保持足够的安全距离，应符合GB/T50065的要求。

(4)光伏方阵外围独立接闪器宜设置独立接地装置，其他防雷接地宜与站内设施共用接地网。

(5)地面光伏发电站光伏方阵接地装置的工频接地电阻不宜大于10Ω，高电阻地区(电阻率大于2000Ω·m)最大值应不高于30Ω。

(6)屋面光伏发电站应根据光伏方阵所在建筑物的雷电防护等级进行防雷设计。

(7)屋面光伏发电站光伏方阵各组件之间的金属支架应相互连接形成网格状，其边缘应就近与屋面接闪带连接。

4.2.3 其他设备

(1)汇流箱、逆变器、就地升压变压器等设备应采取等电位连接和接地措施。

(2)光伏发电单元其他设备的金属信号线路宜采取屏蔽措施。

(3)在光伏方阵的汇流箱的正极与保护地间、负极与保护地间、正极与负极间应安装直流电涌保护器；在逆变器直流输入端侧的正极与保护地间、负极与保护地间、正极与负极间应安装电涌保护器。

(4)在逆变器的交流输出端应安装电涌保护器。

4.2.4 防雷装置要求

1.接闪器

光伏发电站可增加专设接闪器。专设接闪器可采用下列的一种或多种方式。

(1)独立接闪针、接闪线(带)。

(2)直接装设在光伏方阵框架、支架上的接闪针、接闪带。

(3)直接装设在建筑物上的接闪针、接闪带。

屋面光伏发电站可利用屋面永久性金属物作为接闪器,但其各部件之间均应电气连接。

接闪针可采用热镀锌圆钢或钢管制成的普通接闪针,也可采用其他类型接闪针。接闪针采用热镀锌圆钢或钢管制成时,应符合下列规定:

(1)针长1 m以下时,圆钢直径不应小于12 mm,钢管外径不应小于20 mm,厚度不应小于2.5 mm。

(2)针长1～2 m时,圆钢直径不应小于16 mm,钢管外径不应小于25 mm,厚度不应小于2.5 mm。

架空接闪线宜采用截面不小于50 mm^2热镀锌钢绞线或铜绞线。

除利用混凝土构件钢筋或在混凝土内专设钢材作接闪器外,钢质接闪器应热镀锌。在腐蚀性较强的场所,应加大其截面或采取其他防腐措施。

接闪器保护范围应按照滚球法计算。

专设接闪针最大抗风强度应满足当地最大风速。

2.引下线

地面光伏发电站光伏方阵金属支架、建筑物屋面光伏发电站所在建筑物的钢梁、钢柱、消防梯等金属构件以及幕墙的金属立柱可作为引下线,但各部件之间均应电气连接。

利用光伏方阵金属支架、建筑物金属部件作引下线时,其材料及尺寸应能承受泄放预期雷电流时所产生的机械效应和热效应。

明敷引下线的固定支架间距不宜大于表4.1的规定。

表4.1 明敷接闪导体和引下线的固定支架间距

布置方式	扁形导体和绞线固定支架的间距(mm)	单根圆形导体固定支架的间距(mm)
安装于水平面上的水平导体	500	1000
安装于垂直面上的水平导体	500	1000
安装于从地面至高20 m垂直面上的垂直导体	1000	1000

续表

布置方式	扁形导体和绞线固定支架的间距(mm)	单根圆形导体固定支架的间距(mm)
安装在高于20 m垂直面上的垂直导体	500	1000

专设引下线宜采用热镀锌圆钢或扁钢。

在易受机械损伤处，地面上1.7 m至地面下0.3 m的一段接地线宜暗敷或采取保护措施。

3.接地装置

埋于土壤中的人工垂直接地体可采用热镀锌角钢、钢管、圆钢、复合材料等接地材料；埋于土壤中的人工水平接地体宜采用热镀锌扁钢或圆钢。光伏方阵的接地网外缘应闭合。光伏方阵每排支架应至少在两端接地。

埋于腐蚀性土壤中的接地体应采用防腐蚀能力强的接地体。

在高土壤电阻率地区宜采用降低接地电阻措施。

人工垂直接地体的埋设间距宜不小于垂直接地体长度的2倍，受场地限制时可适当减小。

人工接地体在土壤中的埋设深度应不小于0.5 m，并宜敷设在当地冻土层以下。

埋在土壤中的铜质接地体之间以及铜质与钢质接地体之间的连接宜采用放热焊接；钢质接地体的连接宜采用焊接，并应在焊接处做防腐处理。

4.过电压保护装置

低压电源系统电涌保护器的选用应符合下列原则：

(1)各级电涌保护器的有效电压保护水平应低于本级保护范围内被保护设备的耐冲击电压额定值。

(2)交流电源电涌保护器的最大持续工作电压应大于系统工作电压的1.15倍。

(3)安装在汇流箱、逆变器处的直流电源电涌保护器的最大持续工作电压应大于或等于光伏组件的最高开路电压。

(4)各级电涌保护器应能承受安装位置处预期的雷电流。

信号系统电涌保护器的选用应符合下列规定：

(1)应根据线路的工作频率、传输速率、传输带宽、工作电压、接口形式和特性阻抗等参数，选择插入损耗小、分布电容小，并与纵向平衡、近端串扰指标适配的电涌保护器。

(2)电涌保护器的最大持续工作电压应大于线路上最大工作电压的1.2倍。

(3)电涌保护器的有效电压保护水平应低于被保护设备的耐冲击电压额定值。

(4)各级电涌保护器应能承受安装位置处预期的雷电流。

电涌保护器连接导体应采用铜导线,最小截面应符合表4.2要求。

表4.2　电涌保护器连接导体最小截面

等电位连接部件			材料	截面(mm²)
连接电涌保护器的导体	电源系统	Ⅰ级试验的电涌保护器	Cu(铜)	6
		Ⅱ级试验的电涌保护器		2.5
		Ⅲ级试验的电涌保护器		1.5
	信号系统	D1类电涌保护器		1.2
		其他类的电涌保护器(连接导体截面可小于1.2 mm²)		根据具体情况确定

4.3　检测

4.3.1　验收检测项目

1.接闪器检测应包括下列项目

(1)接闪器的材质、结构、安装位置和防腐处理。

(2)接闪器的架设高度、间距、安装方法。

(3)接闪器的保护范围及保护对象。

(4)接闪器基础的随工检测及隐蔽工程。

2.引下线检测应包括下列项目

(1)引下线的材质、结构、安装位置和防腐处理。

(2)引下线的间距和安装方法。

(3)引下线的随工检测及隐蔽工程。

3.接地装置检测应包括下列项目

(1)接地装置的材质、结构、安装位置、连接方法和防腐处理。

(2)接地体的埋设间距、深度、安装方法。

(3)接地装置的接地电阻。

(4)接地装置的随工检测及隐蔽工程。

4.等电位连接检测应包括下列项目

(1)接地装置与等电位接地端子板连接导体规格和连接方法。

(2)接地干线的规格、敷设方式。

(3)接地线与接地体、金属管道之间的连接方法。

(4)等电位接地端子板、等电位连接带的安装位置、材料规格和连接方法。

(5)等电位连接网络的安装位置、材料规格和连接方法。

(6)信号与控制系统的外露导电物体、各种线路、金属管道以及信息设备的等电位连接。

5.屏蔽及布线检测应包括下列项目

(1)进出建筑物线缆的路由布置、屏蔽方式。

(2)进出建筑物线缆屏蔽设施的等电位连接。

(3)电源线缆、信号线缆的敷设间距。

(4)信号与控制系统线缆与电气装置的间距。

(5)信号与控制系统机房和设备屏蔽设施的安装。

6.电涌保护器检测应包括下列项目

(1)电涌保护器的安装位置、连接方法、工作状态指示。

(2)电涌保护器连接导线的长度、截面积。

(3)电源线路各级电涌保护器的参数选择及能量配合。

4.3.2　日常检测周期

1.对下列项目应定期检测

(1)接闪器、引下线的腐蚀及断裂。

(2)接地装置的接地电阻。

(3)等电位连接设施的腐蚀及断裂。

(4)屏蔽及布线设施的腐蚀及断裂。

(5)电涌保护器的运行状态。

2.防雷装置的检测周期应符合下列规定

(1)第一类防雷建筑物上的屋面光伏发电站检测周期为6个月。

(2)第二类、第三类防雷建筑物上的屋面光伏发电站和地面光伏发电站检测周期为12个月。

(3)检测宜于每年春季前进行。

(4)电涌保护器的检测宜于雷雨季节前和雷雨季节后进行。

(5)接地装置的腐蚀情况,宜综合考虑当地气候、地质等条件每6～10年进行开挖检查。

参考文献

中国电力企业联合会,2016.光伏发电防雷技术要求:GB/T32512—2016[S].北京:中国标准出版社.

第2篇　风能发电系统雷电安全

第5章　风电机组发电机

发电机是风电机组中将机械能转化为电能的主要装置，它不仅直接影响到输出电能的品质和效率，而且也影响到整个风能转换系统的性能和结构（张宝全，2016）。风能具有波动性，而电网要求稳定的并网电压和频率，风电机组通过机械和电气控制可以有效解决这一问题，实现能量转换，向电网输出满足要求的电能。因此，选用适合风能转换、运行可靠、效率高、供电性能良好和便于控制的发电机是风力发电的重要组成部分，不同的控制方式，使用不同形式的发电机。

根据风电机组并网后的风轮转速，可以分为定速恒频发电机组和变速恒频发电机组两大类。目前，并网型风电机组常用的发电机有鼠笼式异步发电机、绕线式异步发电机及永磁同步发电机等。

虽然发电机种类繁多，但其基本结构则是相似的。简单地说，发电机的工作原理是基于电磁感应定律和电磁力定律。处于变化磁场中的导体产生感应电动势，进而产生感应电流。

下面简单介绍几种风电机组常用的发电机的结构及其基本工作原理。

5.1　异步发电机

异步发电机主要由定子、转子、端盖、轴承等组成。定子由定子铁芯、定子三相绕组和机座组成，其中定子铁芯是发电机的磁路部分，由经过冲制的硅钢片叠成；定子三相绕组是发电机的电路部分，嵌放在定子铁芯槽内；机座用于支撑定子铁芯，承受运行时产生的反作用力，也是内部损耗热量的散发器件。转子由转子铁芯、转子绕组及转轴组成，其中转子铁芯和转子绕组分别作为发电机磁路和发电机电路的组成部分参与工作。

异步发电机的定子绕组为一套三相对称的绕组，所谓三相对称指的是：各相绕组在串联匝数上彼此相等，在发电机定子内表面空间位置上，彼此错开120°电角度。在该绕组内通以三相对称的交流电后，发电机定子将产生一个沿一定方向旋转的磁场，并且产生旋转磁场的转向与通入绕组三相交流电的相序有关，该旋转磁场的转速我们称为同步转速。

异步发电机根据转子的形式可分有鼠笼式异步发电机和绕线式异步发电机。鼠笼式异步发电机主要用于定桨距风电机组，早期有300 kW、500 kW、600 kW、750 kW机组等。1 MW以下的机型应用较多。绕线式异步发电机主要用于Vestas风电机组转子电流受控的风电机组(简称VRCC)和双馈风电机组，转子回路可引入外加电阻来改善启动和调速性能，作为双馈风电机组发电机，必须在变频器控制下通过电刷、集电环给转子供电。

假设发电机的转子仅为由具有两根导体的一个线圈组成，发电机定子的旋转磁场方向为逆时针，那么根据右手定则可知，该旋转磁场将在转子导体中产生感应电流。同理，根据左手定则可知，转子导体在旋转磁场中将受到一个电磁力的作用。由于该电磁力的作用使转子产生一个电磁转矩，转子在该电磁转矩的作用下开始旋转，转向与定子旋转磁场方向相同。由于感应电动势的产生必须具有相对运动，因此转子的转速永远也不可能与定子旋转磁场的转速相同，而是滞后旋转磁场转速一个值。这种转子转速与定子旋转磁场转速的不同，就叫作异步。这里介绍的是转子开始不动而定子通电的情况，在这种情况下运行的电机叫作异步电动机。

如果在外力的作用下，使异步电动机转子的转速超过定子磁场的旋转速度(即同步转速)，那么将会出现什么情况?此时定子绕组相对于转子向相反方向旋转，根据右手定则可知：由于转子磁场的存在将在定子绕组中产生一个与原来方向相反的感应电动势，从而使电机由电网向其供电变为由电机向电网供电，电动机变为发电机，如图5.1所示。

为了保证发电机的运行，其转子必须由外界提供一个机械转矩以克服转子绕组在定子磁场中受到的电磁转矩，使转子的旋转速度永远高于定子磁场的旋转速度(同步转速)。这种发电机叫作异步发电机。

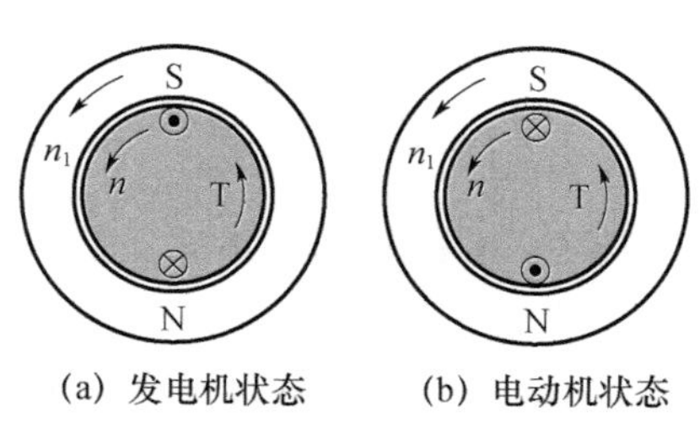

(a) 发电机状态　　(b) 电动机状态

图5.1　异步电机运行状态图

当异步电机作为电动机运行时，为了克服负载的阻力转矩，三相异步电动机的转速n总是略低于同步转速n_1，以便气隙中的旋转磁场能够切割转子导体而在其中产生感应电动势和感应电流，从而能够产生足够的电磁转矩来拖动转子旋转。同步转速n_1和转子转速n的差值称为转差，转差与同步转速n_1的比值称为转差率，用s表示，即

$$s=\frac{n_1-n}{n_1} \tag{5.1}$$

式中：n为转子转速，单位为r/min；n_1为同步转速，单位为r/min。

当负载发生变化时，转子的转差率随着变化，使得转子导体的感应电动势、电流和电磁转矩发生相应变化，因此异步电动机的转速随着负载的变化而变化。按照转差率的正负、大小，异步电机可分为电动机、发电机、电磁制动3种运行状态。电动机状态电磁转矩克服负载转矩做功，从电网吸收电能，转化成机械能，此时$0\leqslant s\leqslant 1$；发电机状态，原动机拖动电机转子旋转，使其转速高于同步转速n，电磁转矩的方向与转子转向相反，此时电磁转矩为制动性质，通过气隙磁场的耦合作用，将转子的机械能转换为电能，$s<0$；电磁制动状态，由于机械负载或其他原因，转子逆着旋转磁场转动，转轴从原动机吸收机械功率的同时，定子又从电网吸收电功率，二者都变成了转子内部的损耗，此时$s>1$。

5.1.1　鼠笼式异步发电机

鼠笼式异步发电机采用的是鼠笼式转子。鼠笼式转子的铁芯外圆均匀分布着槽，每个槽中有一根导条，伸出铁芯两端，用两个端环分别把所有导条的两端都连接起来，起到导通电流的作用。假设去掉铁芯，整个绕组的外形好像一个“鼠笼”。

5.1.2　绕线式异步发电机

绕线式异步发电机采用的是绕线式转子。绕线式转子的绕组与定子绕组相似，也需要绕制线圈和嵌入线圈，用绝缘的导线连接成三相对称绕组，然后接到转子轴上的3个集电环上，再通过电刷把电流引出来。

随着变桨距风力发电技术的不断成熟，人们在不断提高机组运行稳定性的同时，也在不断追求输出功率的优化，然而对于大功率风电机组而言，仅仅调节桨距并不能达到理想的效果。

为了优化输出功率，Vestas设计的一种变桨距风电机组采用了转子电流控制技术，这种转子电流受控的风电机组采用的发电机是绕线式异步发电机，绕线式转子通过集电环和电刷在转子回路中接入适当的附加电阻，转子电流控制器通过一系列电力电子装置，在一定的控制策略下，根据外界风速的变化改变异步发电机的外接电阻值，风速变化引起风轮转矩脉动的低频分量由变桨调速机构调节，其高频分量由RCC调节，可明显减轻桨叶应力，平滑输出电功率，利用风轮作为惯性储能元件，吞吐伴随转子转速变化形成的动能，可提高风能利用率。

5.1.3　异步发电机并网运行

鼠笼式异步发电机主要应用于定速恒频风力发电系统。图5.2所示为鼠笼式异步发电机在定速恒频风电机组中的应用。

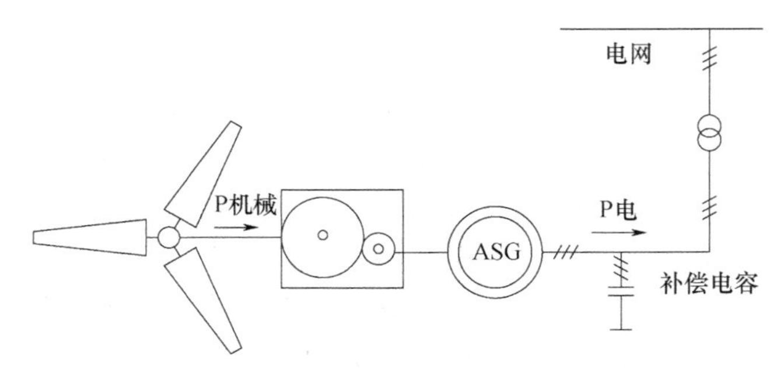

图 5.2 鼠笼式异步发电机在定速恒频风电机组的应用

异步发电机具有结构简单、尺寸较小、重量较轻、维护简单等特点。并网不需要同步装置,无失步现象,运行时只须适当限制负荷,并网时需要采取限流措施,其控制方式简单。由于风能的随机性,风力机通常运行在额定风速以下,为了提高低风速段的风能转换效率,通常采用双速异步发电机,即双绕组异步发电机,如国内曾安装运行的600/125 kW风电机组和660/200 kW风电机组,这两种形式的风电机组所用的鼠笼式异步发电机分别为4极和6极,当风电机组运行在低风速段时,发电机切换至6极状态运行,减小风轮转速,使风轮的转速比向最佳点靠拢,提高风轮效率,增加发电量。

异步发电机在并网瞬间存在很大的冲击电流,常规使用中有降压启动、转子加电阻启动和加装软启动限流装置。风力发电机通常采用软启动装置,并在接近同步转速时并网。

软启动并网过程如下:当发电机接近到同步转速附近时,发电机经一组双向晶闸管与电网相连,在计算机的控制下,双向晶闸管的触发延迟角由180°向0°逐渐打开;双向晶闸管的导通角则由0°向180°逐渐增大,通过电流反馈对双向晶闸管的导通角实现闭环控制,将并网时的冲击电流限制在允许的范围内,使得异步发电机通过晶闸管平稳地并入电网。并网瞬态过程后,当发电机的转速与同步转速相同时,控制器发出信号,利用一组断路器将晶闸管短接,异步发电机的输出电流将不经过双向晶闸管,而是通过已闭合的断路器并入电网。发电机并入电网后,立即在发电机端并入功率因数补偿装置,将发电机的功率因数提高到0.95以上。

采用鼠笼式异步发电机的风电机组,在运行状态下当风速增加时风轮将吸收更多的风能,转速增大,经过传动系统传至发电机后的转差率增大。根据等值电路图可知,此时的转子侧等值阻抗变小,转子电流和定子电流都将增加,同时增大了电磁转矩,将限制转速进一步增加,回到稳定状态。当风速减小,转差率变小,转子侧等值阻抗增加,定子和转子电流减小,电磁转矩减小,此时发电机将回到稳定发电状态。当风速进一步减小，将无法维持转差，发电机将脱网，风电机进入待机状态。鼠笼式异步发电机的转矩自动调节特性是早期选择其用于风力发电的原因。但是由于其可转差范围较小，在风速不稳定时，会造成输出功率不稳定；在风速变化较快的情况下，会出现功率跃变或超额定功率运行情况。

5.1.4　无功补偿

鼠笼式异步发电机由定子励磁建立磁场时，需要从电网中吸收滞后的无功功率来建立磁场和满足漏磁的需要，一般大中型异步发电机的励磁电流约为其额定电流的20%～30%，如不采取措施，直接从电网吸收无功电流，将加重电网无功功率的负担，降低电网的功率因数，同时引起电网电压下降和线路损耗增大，影响电网的稳定性。

因此，并网运行的异步发电机必须进行无功功率的补偿，以提高功率因数及设备利用率，改善电网电能的质量和输电效率。一般大型风电机组在控制柜内加装并联电容，减少从电网吸收的无功功率，改善风力发电机出口的功率因素。并联电容器的结构简单、经济、易控制和维护方便、运行可靠。并网运行的异步发电机并联电容器后，它所需要的无功电流由电容器提供，从而可减轻电网的负担。

在无功功率的补偿过程中，发电机的有功功率和无功功率随时在变化，风电机组的无功功率补偿装置难以根据发电机无功电流的变化随时调整电容器的数量，通常将电容器分为几组，根据有功功率的范围投入或切出，补偿效果会受到一定的影响。

5.2　双馈异步发电机

5.2.1　双馈异步发电机基本结构

双馈异步发电机在结构上是一个有励磁系统的绕线式异步发电机。绕线式转子绕组三相引出线从轴孔引出，连接在同轴安装的集电环上，电流通过电刷引出或引入。因转子绕组由变流器供电，转子绕组绝缘和轴承与一般绕线式异步发电机不同，采用耐电晕绝缘材料和绝缘轴承。

双馈异步发电机定子三相绕组由外接电缆引出固定于定子接线盒内，直接与电网相连；转子三相绕组输出电缆通过集电环室的接线盒接至1台双向功率变流器，变流器与电网相连，向转子绕组提供交流励磁。变流器将频率、幅值、相位可调的三相交流电通过电刷和集电环向发电机转子提供三相励磁电流，变流器以近1/3发电机额定功率，就可以实现发电机全功率恒频输出，通过改变励磁电流的频率、幅值和相位就可实现发电机有功功率、无功功率的独立调节，并可实现双向功率控制，如图5.3所示。

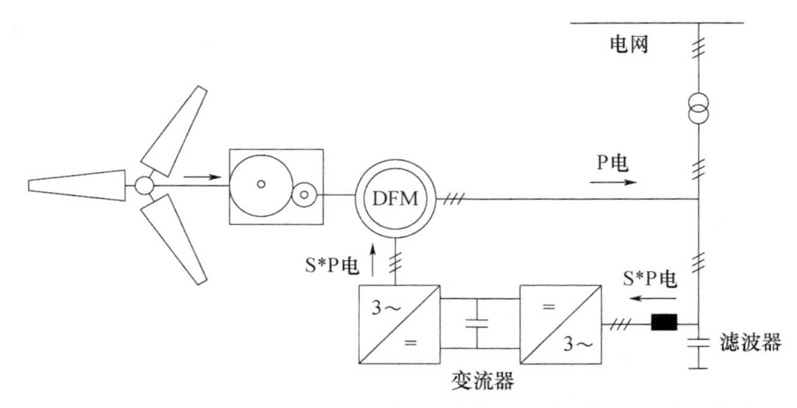

图 5.3 双馈异步发电机在变速恒频风电机组的应用

5.2.2 双馈异步发电机工作原理

双馈异步发电机是将定子、转子三相绕组分别接入两个独立的三相对称电源，定子绕组接入工频电源，转子绕组接入频率、幅值、相位都可以按照要求进行调节的交流电源，即采用交—直—交或交—交变频器给转子绕组供电的结构。

双馈异步发电机的定子是直接连接到电网。定子旋转场恰好匹配电网频率(50 Hz)。发电机的转子与电网的耦合是通过变频器实现的。如果在转子三相对称绕组中通入三相对称交流电，则将在发电机气隙内产生旋转磁场。此旋转磁场的转速与所通入的交流电频率f_2及电机的极对数p有关，即

$$n_2 = 60f_2/p \tag{5.2}$$

式中，n_2为绕线转子三相对称绕组通入频率为f_2的三相对称电流后所产生的旋转磁场相对于转子本身的旋转速度。从式(5.2)可知，改变频率f_2，即可改变n_2，若改变通入转子三相电流的相序，还可以改变转子旋转磁场的方向。

因此，若设n_1为对应于电网频率为50 Hz(f_1=50 Hz)时异步发电机的同步转速(磁场的转速)，而n为异步发电机转子本身的旋转速度，则只要维持$n \pm n_2 = n_1$为常数，则异步发电机定子绕组的感应电动势的频率始终维持为f_1不变。

$$f_2 = p(n_1 - n)/60 = pn_1 60 \times (n_1 - n)/n_1 = sf_1 \tag{5.3}$$

可见，在异步发电机转子以变化的转速转动时，只要在转子绕组中通入转差频率的电流，则在异步发电机的定子绕组中就能产生50 Hz的恒频电动势。

双馈异步发电机有以下3种运行状态：

(1)亚同步运行状态　在此种状态下转子转速$n < n_1$同步转速，由滑差频率为f_2的电流产生的旋转磁场转速n_2与转子的转速方向相同，因此$n + n_2 = n_1$。

(2)超同步运行状态 在此种状态下转子转速$n>n_1$同步转速,改变通入转子绕组的频率为f_2的电流相序,则其所产生的旋转磁场转速n_2的转向与转子的转向相反,因此有$n-n_2=n_1$。

为了实现n_2转向反向,在亚同步转速超同步运行时,转子三相绕组能自动改变其相序;反之,也是一样。

(3)同步运行状态 此种状态下$n=n_1$,滑差频率$f_2=0$,这表明此时通入转子绕组的电流的频率为0,也即是直流电流,因此与普通同步发电机一样。

双馈异步发电机根据风速的大小及发电机的转速,及时调整转子绕组三相电流的频率、幅值、相位,调节风电机组的转速、有功功率和无功功率的输出。定子侧可感应出恒定频率的三相交流电,还可以灵活控制双馈异步发电机输出超前或滞后的无功功率,调节发电机功率因数。

双馈异步发电机通过变频器的控制调节可以实现大滑差运行,转子机械转速与定子同步转速的转差一般可达到±30%,远高于普通的笼式异步发电机,利用这个特性,双馈异步发电机可以有效地提高风能利用率。

双馈发电机因为采用了双馈变频器给转子提供励磁,其运行特性与普通绕线转子有很大区别,双馈发电机转速运行范围大大提高,普通笼式异步发电机只能在同步转速范围以上发电,并且运行范围很窄,只有1%左右,超过后发电机即进入失速区;只要双馈变频器容量不受经济限制,双馈发电机转速运行范围可以是0~2倍同步转速。

双馈变频器采用矢量控制,有功、无功分量完全解耦,可以使双馈发电机灵活输出输入、滞后无功功率,可以改善电网功率因数,稳定电网电压。

与失速型风力发电机相比,通过双馈变频器的四象限运行,可使双馈风力发电机运行转速范围大大提高,转速范围增大±30%。发电机转子旋转速度在低于同步转速时,变频器向发电机转子输出有功功率;转子旋转速度高于同步转速时,转子向变频器输出有功功率。

5.2.3 双馈异步发电机冷却

双馈异步发电机的冷却一般采取空—空冷或机壳水冷2种方式。发电机中所产生的热量通过闭回路的内部空气回路被输送到热交换器,在热交换器中被冷却。

机壳水冷方式是由冷却系统的水泵驱动冷却水在发电机机壳内循环,将机壳通过传导和对流吸收的热量带出,外部冷却器将热水冷却之后再循环使用。

双馈发电机具有电刷和集电环系统,需要定期维护和更换,为了减少维护,设计出一种无刷双馈发电机,取消了电刷和集电环系统。该类型发电机定子侧具有两套极对数不同的绕组,分别是功率绕组和控制绕组。控制绕组接双向能量流动变频器,既作交流励磁绕组,也可通过双向能量流动变频器向电网输出功率。功率绕组用于向电网输出功率。转子采用自行闭合的环路结构，两套定子绕组在电路和磁路方面是解耦的，取消了集电环、电刷，弥补了双馈发电机的不足，这在一定程度上为发电机维护检修提供了极大的方便，还可以调节功率因数和运行速度，但是效率较普通的双馈发电机低，目前处于理论研究阶段。

5.3 同步发电机

同步发电机与其他交流发电机一样，也是由定子和转子两大部分组成的，定子、转子之间为空气隙。其中定子是一个圆筒形铁芯，在靠近铁芯的内表面的槽里嵌放了导体。把这些导体按照一定的规律连接起来，就形成了定子绕组。圆筒形铁芯的内部是可以旋转的转子，转子上装了主磁极。主磁极可以是永久磁铁，也可以是电磁铁。所谓电磁铁，是在主磁极的铁芯上都套上一个线圈，把这些线圈按照一定的规律连接起来，就叫作励磁绕组。给励磁绕组里通入直流电流，各个磁极就表现出一定的极性。

同步发电机按照励磁方式的不同，有电励磁同步发电机和永磁同步发电机2种，永磁同步发电机主要用于直驱型和半直驱型风电机组，由于不用齿轮箱，简化了传动链，是目前风电机组的主流技术之一，有较好的应用前景。

5.3.1 电励磁同步发电机

电励磁同步发电机的特点是转子采用凸极或隐极结构，定子与异步发电机的定子三相绕组相似。转子侧通过励磁控制器调节发电机的励磁电流。电励磁同步发电机工作在起动力矩大、频繁起动及换向的场合，与全功率变流器连接后实现变速运行，适合应用于风力发电系统。当应用于大型风电机组中时，系统要求在较低转速时，发电机要能够产生足够大的力矩，因此一般发电机极对数较多，发电机具有较大的尺寸和质量。

电励磁同步发电机主要应用于变速恒频风电机组。该类发电机的主要优点是通过调节励磁电流来调节磁场，从而实现变速运行时发电机电压恒定，并可满足电网低电压穿越的要求，但应用该类型的发电机要全功率整流，功率大、成本高。

以一个简化的模型来说明同步风力发电机的基本工作原理：假定发电机的转子为具有一对极的磁铁（所谓一对极指的是只有一个N、S极），发电机的定子绕组只有一个线圈的两个边，并且这两个边呈180°对称分布，如图5.4所示。当外力拖着发电机的转子以恒定转速n_1相对于定子沿逆时针方向旋转时，安放于定子铁芯槽内的导体与转子上的主磁极之间发生相对运动，根据电磁感应定律可知，相对于磁极运动（即切割磁力线）的导体中将感应出电动势。

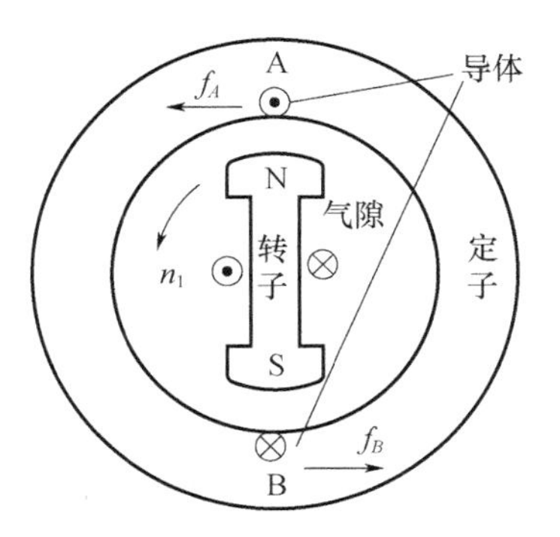

图5.4　同步发电机结构原理图

如果发电机的转速为n_1,单位为r/min,即发电机转子为60 r/min,则定子导体中感应电动势的频率(Hz)为

$$f=\frac{pn_1}{60} \tag{5.4}$$

从上式中可以看出,当发电机的极对数与转速n_1一定时,发电机内感应电动势的频率就是一个固定值。相反,由于电网频率f一定为50 Hz,那么当一台发电机的极对数一定时,它的同步转速即一定。

5.3.2　永磁同步发电机

永磁同步发电机的定子结构与电励磁同步发电机的定子结构相同,励磁磁场由永磁体产生,发电机效率较一般发电机略高。

直驱或半直驱变速恒频风电机组采用永磁同步发电机,永磁发电机的定子与普通交流发电机相同,转子侧则为永磁结构,无须励磁绕组,转子上没有集电环。直驱型风电机组的发电机转子与风轮直接相连,省去了传动机构,因转速低,所以发电机具有较大的尺寸和质量。同功率的用于半直驱的发电机尺寸和质量较其直驱型的发电机小。

永磁同步发电机的磁场不可调,需要全功率整流,成本较高。永磁同步发电机在风电机组的使用有外转子和内转子2种结构。

用于风力发电的永磁同步发电机都采用多级设计,可降低风电机组的额定转速,有效利用风能。运行中随着转速的变化,永磁同步发电机定子侧感应出的交流电频率也是不断变化的,所以还必须使用1台全功率的变流器,利用整流和逆变模块将电能变换为恒频恒压的交流电,才能输入电网。

当永磁同步发电机的定子通入三相交流电时,三相电流在定子绕组的电阻上产生电压降。由三相交流电产生的旋转电驱磁动势及建立的电允磁场,一方面切割定子绕组,并在定子绕组中产生感应电动势;另一方面以电磁力拖动转子以同步转速旋转。电驱电流还会产生仅与定子绕组相交连的定子绕组漏磁通，并在定子绕组中产生感应漏电动势。此外，转子永磁体产生的磁场也以同步转速切割定子绕组，从而产生空载电动势。发电机控制系统除了控制发电机"获取最大能量"外，还要使发电机向电网提供高品质的电能。因此要求发电机控制系统尽可能产生较低的谐波电流，能够控制功率因数，使发电机输出电压适应电网电压的变化，向电网提供稳定的功率。

在永磁同步发电机中，永磁体既是磁源，又是磁路的组成部分，较多采用钕铁硼磁永磁材料，具有高剩磁密度、高磁能积和线性退磁等优点，不足之处是磁性受温度影响较大，磁性会随温度的升高有所下降。另外，表面要加防锈涂层保护，防止生锈，日常工作中应加强检查和维护。磁钢的拆卸和安装要由专业厂家进行，日常维护要严格执行生产厂家提供的用户手册中的规定。

参考文献

张宝全，2016. 风力发电基础理论[M]. 北京：中国电力出版社.

第6章　风力发电机组并网

随着风力发电机组单机容量的增大，在并网时对电网的冲击也越大。这种冲击严重时不仅引起电力系统电压的大幅度下降，而且可能对发电机和机械部件（塔架、浆叶、增速器等）造成损坏。如果并网冲击时间持续过长，还可能使系统瓦解或威胁其他挂网机组的正常运行。因此，采用合理的并网技术是一个不可忽视的问题（霍志红 等，2014）。

6.1　风力发电机组并网概述

在风力发电机组的启动阶段，需要对发电机进行并网前调节以满足并网条件（发电机定子电压和电网电压的幅值、频率、相位均相同），使之能安全地切入电网，进入正常的并网发电运行模式。发电机并网是风力发电系统正常运行的“起点”，其主要的要求是限制发电机在并网时的瞬变电流，避免对电网造成过大的冲击。当电网的容量比发电机的容量大得很多时（大于25倍），发电机并网时的冲击电流可以不予考虑。但风力发电机组的单机容量越来越大，目前已经发展到兆瓦级水平，机组并网对电网的冲击已不能忽视。后果比较严重的不但会引起电网电压的大幅下降，而且还会对发电机组各部件造成损坏。更为严重的是，长时间的并网冲击，还会造成电力系统的解列以及威胁其他发电机组的正常运行。因此，必须通过合理的发电机并网技术来抑制并网冲击电流，并网技术已成为风力发电技术中的一个不可忽视的环节。根据采用的发电机的类型，风力发电机组有多种并网方式。

6.2　风电并网对电网的影响

随着风能在能源消耗总量中所占的比重越来越大，风电的接入规模同样将急剧扩大。然而由于风能和常规能源之间存在差异性，因此大规模接入将会对目前的电网产生消极影响，下面主要从电能质量、电网稳定性及电网规划调度3方面进行介绍。

风电场属于不稳定能源，受风力、风机控制系统影响很大，特别是存在高峰负荷时期风电场可能出力很小，而非高峰负荷时期风电场可能出力很大的问题。

6.2.1 电能质量

电力系统的电能质量指标主要包括电压及频率偏差、电压波动、电压闪变及谐波问题。从目前来看,风电系统对电能质量的影响比较大的是电压波动与电压闪变及谐波问题。

由于风能本身存在随机性、间歇性与不稳定性的特点,导致风速与风向经常发生变化,这就直接影响到了整个风力发电系统的运行工况,使得风电机组的输出功率呈波动性变化。在一些极端工况下,整个风场将会出现风机集体从电网解列的情况,这样对电网的冲击会非常大。以上这些因素都容易引起电网电压波动与闪变。目前几乎所有的风电系统均采用了电力电子变流器来实现风机的功率变换与控制功能,但由此带来的问题就是电力电子设备对电网的谐波污染以及可能发生谐振。过量的谐波注入将会影响用电负载的稳定运行,可能导致设备发热,甚至烧毁。

6.2.2 电网稳定性

在稳态稳定性方面,对于传统的恒速风电机组而言,由于其在向电网发出有功的同时也将吸收无功,风电场运行过度依赖系统无功补偿,限制了电网运行的灵活性,因此可能导致电网电压的不稳定。现在成为国内主流的变速恒频双馈机组由于采用了有功无功的解控制技术,应具有一定的输出功率因数调节能力,但是就目前来看,此项功能在国内尚未在风场监控系统中得到有效利用,加之风电机组本身的无功调节能力有限,所以仍然对电压稳定性造成一定影响。

在暂态稳定性方面,随着风电容量占电网总容量的比重越来越大,电网故障期间或故障解除后风电场的动态特性将可能会影响电网的暂态稳定性。变速恒频双馈机组相比传统的恒速机组在电网故障恢复特性上较好,但在电网故障时可能存在为保护自身设备而大量从电网解列的问题,这将带来更大的负面影响。风电的间歇性、随机性增加了电网稳定运行的潜在风险,主要体现在:①风电引发的潮流多变,增加了有稳定限制的送电断面的运行控制难度;②风电发电成分增加,导致在相同的负荷水平下,系统的惯量下降,影响电网动态稳定;③风电机组在系统故障后可能无法重新建立机端电压,失去稳定,从而对地区电网的电压稳定造成破坏。

6.2.3 电网规划与调度

中国风能资源最为丰富的地区主要分布在“三北一南”地区,即东北、西北、华北和东南沿海,其中绝大部分地区处于电网末梢,距离负荷中心比较远。大规模接入后,风电大发期大量上网,电网输送潮流加大,重载运行线路增多,热稳定问题逐渐突出。随着风电开发的规模扩大,其发出电能的消纳问题将日益凸显。鉴于目前国内大多数风场都是在原有电网基础上规划的,风能的间隙性势必将导致电能供需平衡出现问题,进而产生不必要的机会成本。为了平衡发电和用电之间的偏差就需要平衡功率。对平衡功率的需求随着风电场容量的增加而同步增长。根据不同国家制定的规则,或者风电场业主或者电网企业负责提供平衡功率。一旦输电系统调度员与其签约,它将成为整个电网税费的一部分,由所有的消费者承担。

风电并网增大调峰、调频难度,风电的间歇性、随机性增加了电网调频的负担。风电场属于不稳定能源,受风力、风机控制系统影响很大,特别是存在高峰负荷时期风电场可能出力很小,而非高峰负荷时期风电场可能出力很大的问题,风电的反调峰特性增加了电网调峰的难度。由于风能具有不可控性,因此需要一定的电网调峰容量为其调峰。一旦电网可用调峰容量不足,那么风场将不得不限制出力。风电容量越大,这种情况就会越发严峻。

由于风电场一般分布在偏远地区,呈现多个风电场集中分布的特点,每个风电场都类似于一个小型的发电厂,风电场可以模拟成等值机,这些等值机对电网的影响因机组本身性能的差别而不同,为了实现这些分散风电场的接入,欧洲提出了建立区域风电场调度中心的要求,国内目前只是对单个的风电场进行运行监控,随着风电场布点的增多和发电容量的提高,与火力发电类似的风电监控中心将不断建成,或者建立独立的风电运行监控中心。风电场运行监控中心与电网调度中心的协调和职责划分也是未来需要明确的问题。并网风电容量的不断增加,使无条件全额收购风电的政策与电网调峰和安全稳定运行的矛盾逐渐凸显。为此,有关电网积极采取各种措施,尽最大努力接纳风电,同时积极与政府有关部门和发电企业进行沟通,在必要时段采取限制风电出力的措施来保证电网安全稳定运行。但随着风电接入规模的进一步扩大,矛盾会愈加突出。

6.3 异步发电机并网

目前在国内和国外大量采用的是交流异步发电机,其并网方法也根据电机的容量不同和控制方式不同而变化。异步发电机投入运行时,由于靠转差率来调整负荷,因此对机组的调速精度要求不高,不需要同步设备和整步操作,只要转速接近同步转速时就可并网。显然,风力发电机组配用异步发电机不仅控制装置简单,而且并网后也不会产生振荡和失步,运行非常稳定。然而,异步发电机并网也存在一些特殊问题:如直接并网时产生的过大冲击电流造成电压大幅度下降会对系统安全运行构成威胁;本身不发无功功率,需要无功补偿;当输出功率超过其最大转矩所对应的功率时会引起网上飞车,过高的系统电压会使其磁路饱和,无功激磁电流大量增加,定子电流过载,功率因数大大下降;不稳定系统的频率过于上升,会因同步转速上升而引起异步发电机从发电状态变成电动状态;不稳定系统频率的过大下降,又会使异步发电机电流剧增而过载等。

所以运行时必须严格监视并采取相应的有效措施才能保障风力发电机组的安全运行。

6.3.1　异步发电机的风力发电机组并网方式

1.直接并网方式

这种方式只要求发电机转速接近同步转速(即达到99%～100%同步转速)时,即可并网,使风力发电机组运行控制变得简单,并网容易。但在并网瞬间存在三相短路现象。供电系统将受到4～5倍发电机额定电流的冲击,系统电压瞬时严重下降,以至引起低电压保护动作,使并网失败。所以这种并网方式只有在与大电网并网时才有可能。

2.准同期并网方式

与同步发电机准同步并网方式相同,在转速接近同步转速时,先用电容励磁,建立额定电压,然后对已励磁建立的发电机电压和频率进行调节和校正,使其与系统同步。当发电机的电压、频率、相位与系统一致时,将发电机投入电网运行。采用这种方式,若按传统的步骤经整步到同步并网,则仍须要高精度的调速器和整步、同期设备,不仅要增加机组的造价,而且从整步达到准同步并网所花费的时间很长,这是我们所不希望的。该并网方式合闸瞬间尽管冲击电流很小,但必须控制在最大允许的转矩范围内运行,以免造成网上飞车。由于它对系统电压影响极小,所以适合于电网容量比风力发电机组大不了几倍的情况使用。

3.降压并网方式

这种并网方式就是在发电机与系统之间串接电抗器,以减少合闸瞬间冲击电流的幅值与电网电压下降的幅度。如比利时200 kW风力发电机组并网时各相串接有大功率电阻,由于电抗器、电阻等串联组件要消耗功率,并网后进入稳定运行时,应将电抗器、电阻退出运行。这种要增加大功率电阻或电抗器的并网方式,其投资随着机组容量的增大而增大,经济性较差。它适用于小容量风力发电机组(采用异步发电机)的并网。

4.捕捉式准同步快速并网技术

捕捉式准同步快速并网技术的工作原理是将常规的整步并网方式改为在频率变化中捕捉同步点的方法进行准同步快速并网。据说该技术可不丢失同期机,准同步并网工作准确、快速可靠,既能实现几乎无冲击准同步并网,对机组的调速精度要求不高,又能很好地解决并网过程与降低造价的矛盾,非常适合于风力发电机组的准同步并网操作。

5.软并网(SOFTCUT-IN)技术

采用双向晶闸管的软切入法,使异步发电机并网。它有2种连接方式。

(1)发电机与电网之间通过双向晶闸管直接连接　这种连接方式的工作过程为,当风轮带动的异步发电机转速接近同步转速时,与电网直接相连的每一相双向晶闸管的控制在180°与0°之间逐渐同步打开;作为每相为无触点开关的双向晶闸管的导通角也同时由0°与180°之间逐渐同步增大。在双向晶闸管导通阶段开始(即异步发电机转速小于同步阶段转速),异步发电机作为电动机运行,随着转速的升高,其转差率逐渐趋于0。当转差率为0时,双向晶闸管已全部导通,并网过程到此结束。由于并网电流受晶闸管导通角的限制,并网较平稳,不会出现冲击电流。但软切入装置必须采用能承受高反压大电流的双向晶闸管,价格较贵,其功率不能做得太大,因此适用于中型风力发电机组。

(2)发电机与系统之间软并网过渡,零转差自动并网开关切换连接　这种连接方式工作过程如下:当风轮带动的异步发电机起动或转速接近同步转速时,与电网相连的每一相双向晶闸管(晶闸管的两端与自动并网常开触点相并联)的控制角在180°与0°之间逐渐同步打开;作为每相为无触点开关的双向晶闸管的导通角也同时由0°与180°之间逐渐同步增大。此时自动并网开关尚未动作,发电机通过双向晶闸管平稳地进入电网。在双向晶闸管导通阶段开始(即异步发电机转速小于同步转速阶段),异步发电机作为电动机运行,随着转速的升高,其转差率逐渐趋于0。当转差率为0时,双向晶闸管已全部导通,这时自动并网开关动作,常开触点闭合,于是短接了已全部开通的双向晶闸管。发电机输出功率后,双向晶闸管的触发脉冲自动关闭,发电机输出电流不再经双向晶闸管而是通过已闭合的自动开关触点流向电网。

这2种方法是目前风力发电机组普遍采用的并网方法,其共同特点是:可以得到一个平稳的并网过渡过程而不会出现冲击电流。不过第一种方式所选用高反压双向晶闸管的电流允许值比第二种方式的要大得多。这是因为前者的工作电流要考虑能通过发电机的额定值;而后者只要通过略高于发电机空载时的电流就可满足要求,但须采用自动并网开关控制回路也略为复杂。本章将主要介绍采用第二种方式的软切入装置。这种软并网方法的特点是通过控制晶闸管的导通角,将发电机并网瞬间的冲击电流值限制在规定的范围内(一般为1.5倍额定电流以下),从而得到一个平滑的并网暂态过程。通过晶闸管软并网方法将风力驱动的异步发电机并入电网是目前国内外中型及大型风力发电机组中普遍采用的,我国引进和自行开发研制生产的250 kW、300 kW、600 kW的并网型全部风力发电机组,都是采用这种并网技术。

6.3.2　并网要求

1.电能质量

根据国家标准,对电能质量的要求有电网高次谐波、电压闪变与电压波动、三相电压及电流不平衡、电压偏差、频率偏差5个方面,从电机组对电网产生影响的主要有高次谐波和电压闪变与电压波动。

2.电压闪变

风力发电机组大多采用软并网方式,但是在启动时仍然会产生较大的冲击电流。

当风速超过切出风速时,风机会从额定出力状态自动退出运行。如果整个风电场所有风机几乎同时动作,那么这种冲击对配电网的影响将会十分明显。容易造成电压闪变与电压波动。

3.谐波污染

风电给系统带来谐波的途径主要有2种:一种是风机本身配备的电力电子装置可能带来谐波问题。对于直接和电网相连的恒速风机,软启动阶段要通过电力电子装置与电网相连,因此会产生一定的谐波,不过过程很短。对于变速风机是通过整流和逆变装置接入系统,如果电力电子装置的切换频率恰好在产生谐波的范围内,则会产生很严重的谐波问题,不过随着电力电子器件的不断改进,这个问题也在逐步得到解决。另一种是风机的并联补偿电容器可能和线路电抗发生谐振,在实际运行中,曾经观测到在风电场出口变压器的低压侧产生大量谐波的现象。当然,与闪变问题相比,风电并网带来的谐波问题并不是很严重。

4.电网稳定性

在风电领域,经常遇到的一个难题是薄弱的电网短路容量、电网电压的波动和风力发电机的频繁掉线等。尤其是越来越多的大型风电机组并网后,对电网的影响更大。在过去的20年间,风电场的主要特点是采用感应发电机、装机规模较小、与配电网直接相连,对系统的影响主要表现为电能质量。随着电力电子技术的发展,大量新型大容量风力发电机组开始投入运行,风电场装机达到可以和常规发电机组相比的规模,直接接入输电网。与此同时,与风电场并网有关的电压、无功控制、有功调度、静态稳定和动态稳定等问题越来越突出。这需要对电力系统的稳定性进行计算、评估。要根据电网结构、负荷情况,决定最大的发电量和判定系统在发生故障时的稳定性。国内外对电网稳定性都非常重视,开展了不少关于风电并网运行与控制技术方面的研究。

风电场大多采用感应发电机,需要系统提供无功支持,否则有可能导致小型电网的电压失稳。采用异步发电机,除非采取必要的预防措施,如动态无功补偿等,否则会造成线损增加,送电距离远的末端用户电压降低。电网稳定性降低,发生三相接地故障,都将导致全网的电压崩溃。由于大型电网具有足够的备用容量和调节能力,一般不必考虑风电进入引起的频率稳定性问题。但是对于孤立运行的小型电网,风电带来的频率偏移和稳定性问题是不容忽视的。

由于变频技术的发展,利用交—直—交的变频调节装置的控制功能很容易根据电网采集到的线路电压波动情况、功率因数状况和电网的要求,来调节和控制变频装置的频率、相位角和幅值,使之达到调节电网的功率因数,为弱电网提供无功能量的要求。

5.发电计划与调度

传统的发电计划基于电源的可靠性以及负荷的可预测性,以这两点为基础,发电计划的制订和实施有了可靠的保证。但是,如果系统内含有风电场,因为风电场出力的预测水平还达不到工程实用的程度,发电计划的制订变得困难起来。如果把风电场看作负的电荷,则不具有可预测性;如果把它看作电源,则可靠性没有保证。正因为如此,有必要对含风电场电力系统的运行计划进行研究。风力发电并网以后,如果电力系统的运行方式不相应地做出调整和优化,系统的动态响应能力将不足以跟踪风电功率的大幅度、高频率的动作,系统的电能质量和动态稳定性将受到严重影响,这些因素反过来会限制系统准入的风电功率水平,因此有必要对电力系统传统的运行方式和控制手段做出适当的改进和调整。研究随机的发电计划算法,以便正确考虑风电的随机性和间歇性特性。

6.4　双馈异步发电机并网

传统的恒速恒频发电机与电网之间为刚性连接,并网操作依赖于机组转速的调节,实现条件严格,因而比较困难。交流励磁变速恒频风力发电机与电网之间为柔性连接。采用转子交流励磁后,DFIG和电网之间构成了柔性连接。所谓柔性连接,是指可根据电网电压、电流和DFIG的转速,通过控制机侧变换器来调节DFIG转子励磁电流,从而精确地控制DFIG定子电压,使其满足并网条件。本节将从分析变速恒频风力发电机组的运行特点出发,把磁场定向矢量控制技术应用到DFIG的并网控制上。

双馈感应电机并网的优点是交流励磁、可以调节转速和无功功率、空气动力学效率相对较高,变流器容量小,噪声低。缺点是部分功率馈入转子、电气效率低、成本较高。

根据DFIG并网前的运行状态,DFIG并网方式有2种:①空载并网方式:并网前DFIG空载,调节DFIG的定子空载电压实现并网;②负载并网方式:并网前DFIG接独立负载(如电阻),调节其定子电压实现并网。2种并网方式都允许机组转速在较大的范围内变化,故适用于变速恒频风力发电系统。在2种并网方式控制下,DFIG定子电压均能迅速向电网电压收敛,实现较小冲击的并网。

6.4.1　空载并网方式

并网前DFIG空载,定子电流为0,提取电网的电压信息(包括频率、相位、幅值)作为依据,供DFIG控制系统实现励磁调节,使建立的DFIG定子空载电压与电网电压的频率、相位和幅值一致。空载并网方式控制结构如图6.1所示。

6.4.2　负载并网方式

负载并网方式的思路是:并网前DFIG负载运行(如电阻性负载),根据电网信息和定子电压、电流对DFIG进行控制,在满足并网条件时进行并网。负载并网方式的特点是并网前DFIG已带有独立负载,定子有电流,因此并网控制所需的信息不但取自于电网侧,同时还取自DFIG定子侧,负载并网控制结构图如图6.2所示。

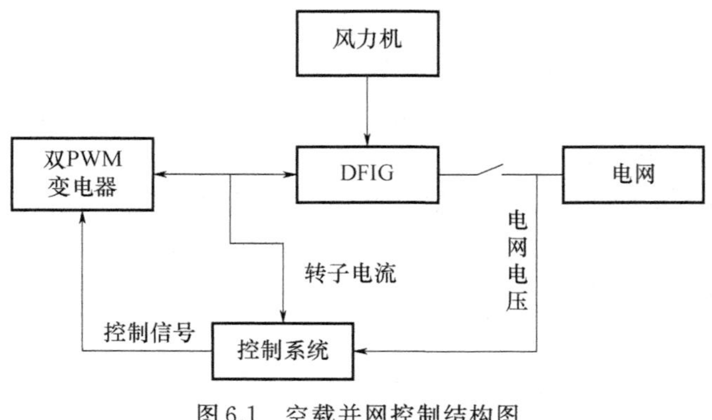

图6.1　空载并网控制结构图

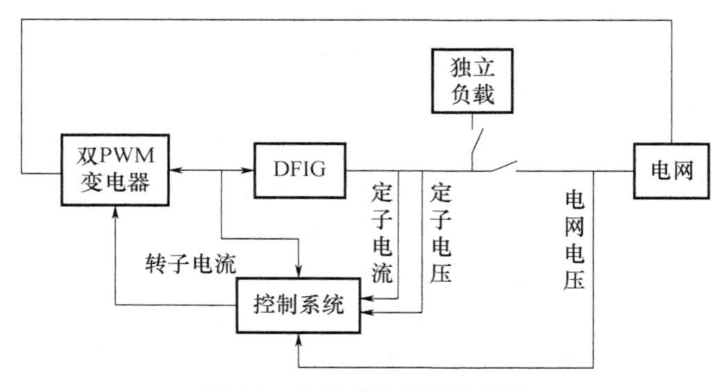

图6.2　负载并网控制结构图

6.4.3　两种并网方式的比较

交流励磁变速恒频风力发电机的2种并网控制方式作用是一致的:调节DFIG的定子电压使其与电网电压在幅值、相位、频率上达到高度吻合,使DFIG安全、顺利地并入电网,降低甚至消除并网冲击电流。

2种并网方式的差别在于并网前运行方式不同。空载并网方式由于并网前发电机不带负载,不参与能量和转速的调节,为了防止在并网前发电机的能量失衡而引起的转速失控,应由风力机来控制机组的转速。负载并网方式并网前接有负载,发电机可以参与风力机的能量控制,主要表现在一方面改变发电机的负载能调节发电机的能量输出;另一方面在负载一定的情况下,发电机转速的改变能改变能量在发电机内部的分配关系。前一作用实现了发电机能量的"粗调",后一个作用是发电机能量的"细调"。可以看出,空载并网方式需要风力机具有足够的速度调节能力,对风力机的要求比较高;负载并网方式发电机具有一定的能量调节作用,可与风力机配合实现转速的控制,降低了对风力机调速能力的要求,但控制较为复杂。

6.5　同步发电机并网

同步发电机在运行中,由于既能输出有功功率,又能提供无功功率,周波稳定,电能高,已被电力系统广泛采用。然而,把它移植到风力发电机组上,效果却不甚理想,这是由于风速时大时小,随机变化,作用在转子上的转矩极不稳定,并网时其调速性能很难达到同步发电机所要求的精度。并网后若不进行有效的控制,常会发生无功振荡与失步等问题,在重载下尤为严重。这就是在相当长的时间内国内外风力发电机组很少采用同步发电机的原因。但近年来随着电力电子技术的发展,通过在同步发电机与电网之间采用变换装置,从技术上解决了这些问题,采用同步发电机的方案又引起了人们的重视。

无齿轮箱直驱全功率变换并网优点是可以调节转速和无功功率,空气动力学效率相对较高,噪声低,无齿轮箱;缺点是变流器容量大,电气效率低,发电机大,成本高。同步发电机与电网并联前为了避免电流冲击和转轴受到突然扭矩,需要满足一定的并网条件,即风力发电机端电压的大小、频率、相位以及相序等于电网电压的大小、频率相位及相序,其具体过程为:当风速超过风力发电机起动风速时,风轮机启动,当发电机被风轮机带近至同步转速时,励磁调节器动作,向发电机供给励磁电流,并调节励磁电流使发电机的端电压接近于电网电压,在发电机加速几乎达到同步转速时,发电机端电压的幅值将大致与电网电压相同。它们频率之间很小的差别将使发电机端电压和电网电压之间的相位差在0～360°范围内缓慢变化,检测断路器两侧电位差,当其为0或非常小时,使断路器合闸并网。上述过程中使发电机端电压等于电网电压比较容易控制,只要调节励磁电流即可,最困难的是使风轮机调节器调节转速使得发电机频率与电网频率的偏差达到一个容许的很小的值,因为风轮机叶片是一个大惯性环节,这就对调节器要求很高,因此使用同步发电机并网难度较大。

6.6　双PWM变换器工作原理

在交流励磁变速恒频风力发电系统中,DFIG采用电力电子变换器作为转子的励磁电源。DFIG的运行控制是通过其转子变换器实现的:根据机组的转速调节转子电流的频率,实现变速恒频输出,通过控制转子电流的m、t轴分量,实现DFIG的P、Q解耦控制和最大风能追踪运行。由此可知,高质量的转子励磁变换器是保证DFIG乃至整个风力发电系统正常运行的关键。

6.6.1 DFIG对励磁变换器特有的要求

(1)根据DFIG的功率关系可知,转子侧的能量流向与DFIG运行状态有关:亚同步运行时,能量从电网流向转子;超同步运行时,能量从转子流向电网。因此,作为DFIG转子励磁电源的变换器,必须具有能量双向流动的能力。

(2)从DFIG的运行原理可知,由于采用了电力电子装置励磁,器件开关动作所形成的转子侧谐波可以通过定子、转子的耦合在定子侧被放大,影响DFIG输出电能的质量。为改善风力发电系统输出电能质量,主要途径就是优化变换器输出性能,消除励磁电压中的谐波成分。此外,由于励磁变换器连接于电网和DFIG转子之间,可以视为电网的一种非线性负载,还会对电网直接造成谐波污染。因此,必须从调制和控制角度优化变换器的输入、输出特性。

(3)风力发电系统在无功功率方面对变换器有一定的要求:①不希望变换器从电网吸收无功功率;②为了建立额定气隙磁通,DFIG转子需要吸收一定的无功功率,尤其当DFIG向负载输出感性无功功率时,转子需要的无功功率更大。这都需要变换器具备提供一定容量无功功率的能力。

综上所述,交流励磁变速恒频风力发电系统要求励磁变换器首先应是一种"绿色"变换器:谐波污染小,输入、输出特性好,其次应具有功率双向流动的功能,最后还要能在不吸收电网无功功率的情况下具备产生无功功率的能力。

6.6.2 适用于DFIG的励磁变换器

1.交—交变换器

这是一种由反并联的晶闸管相控整流电路构成交—交直接变换型式的变换器。改变两组整流器的切换频率,就可以改变输出频率;改变晶闸管的触发控制角,就可以改变输出交流电压的幅值。这种变换器的输出电压是由若干段电网电压拼接而成,因而含有大量的低次谐波,其输入、输出特性一般不理想,但功率可双向流动。

通常由36管6脉波三相桥式电路构成的交—交变换器输入功率因数低,输出电压中低次谐波含量大,不适合用作DFIG的励磁电源。72管结构的12脉波变换器虽然降低了谐波含量,但结构和控制复杂。交－交变换电路主要用于大功率的变速恒频水力发电中,并不适合于风力发电的应用。

2.矩阵式交—交变换器

这也是一种交—交直接变换电路,所用的开关器件为全控型,主电路结构简单。其优点是输出频率不受限制,可获得正弦波的输入、输出电流,可在接近于1的功率因数下运行,能量也可以双向流动,但目前因无商品化双向开关器件而使其电路结构较复杂,控制方法还不成熟。此外,无须电容等无源器件,用作风力发电系统励磁电源时,它通过开关件的动作向DFIG提供无功功率,这方面还缺乏深入的理论研究,尚未实用。

3.常规交—直—交变换器

通用变频器采用不控整流—PWM逆变的电路拓扑方案可以使输出电压正弦化,改善了输出特性,但不控整流加电容滤波的变换会造成输入电流畸变、谐波增大,输入功率因数低下,故输入特性较差。此外,这种变流方式不具备能量双向流动的能力,如不加改造不能用作风力发电系统中DFIG的励磁电源。

随着PWM(脉宽调制)技术和高速自关断型电力电子器件(GTO、IGBT、MOS-FET等)的成熟,PWM整流技术取得了很大的进展,利用此项技术可获得优良的输入特性。PWM整流器已不是一般传统意义上的AC/DC变换器:当PWM整流器从电网吸收电能时,它运行于整流工作状态;当PWM整流器向电网输出电能时,它运行于有源逆变工作状态,其网侧电流和功率因数都是可控的。因此,PWM整流器实际上是一个交、直流侧均可控的四象限运行变换器,既可工作于整流状态,又可工作于逆变状态。为了表明PWM整流器的这个特点,可将其更科学地称为PWM变换器。

背靠背(back-to-back)PWM变换器工作原理如图6.3所示。图中靠近DFIG转子的变换器称为机侧变换器,靠近电网的变换器称为网侧变换器。

双PWM型变换器的主电路结构如图6.3所示,其中u_a、u_b、u_c为网侧变换器交流侧三相电网相电压,i_a、i_b、i_c为网侧变换器交流侧三相流入电流;R、L是进线电抗器的等效电阻和电感;C为直流环节的储能电容;u_{dc}、i_{dc}分别是电容电压和电容电流;i_d、i_{load}分别是流经网侧变换器和机侧变换器直流母线的电流;L_2、R_2是DFIG转子绕组的漏感和等效电阻;e_{a2}、e_{b2}、e_{c2}是DFIG转子三相绕组感应电动势。

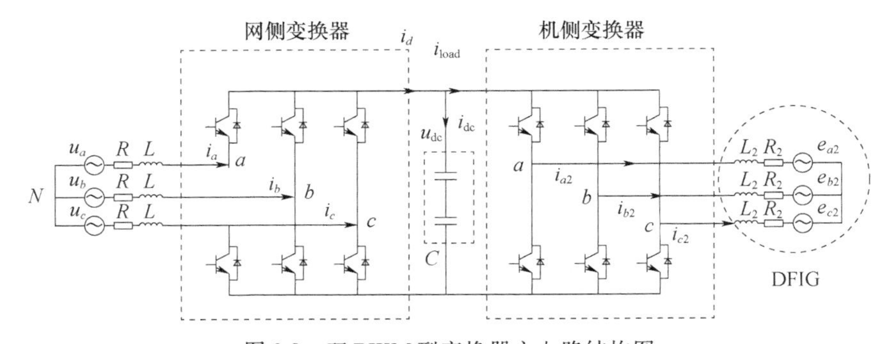

图6.3　双PWM型变换器主电路结构图

6.6.3　双PWM型变换器的特点

(1)双PWM型变换器由网侧和机侧2个PWM变换器组成,各自功能相对独立。网侧变换器的主要功能是实现交流侧输入单位功率因数控制和在各种状态下保持直流环节电压稳定,确保机侧变换器乃至整个DFIG励磁系统可靠工作。机侧变换器的主要功能是在转子侧实现DFTG的矢量变换控制,确保DFIG输出解耦的有功功率和无功功率。两个变换器通过相对独立的控制系统完成各自的功能,如图6.4所示。值得指出的是,机侧变换器是通过DFIG定子磁链定向进行控制的,网侧变换器则是通过电网电压定向进行控制的。

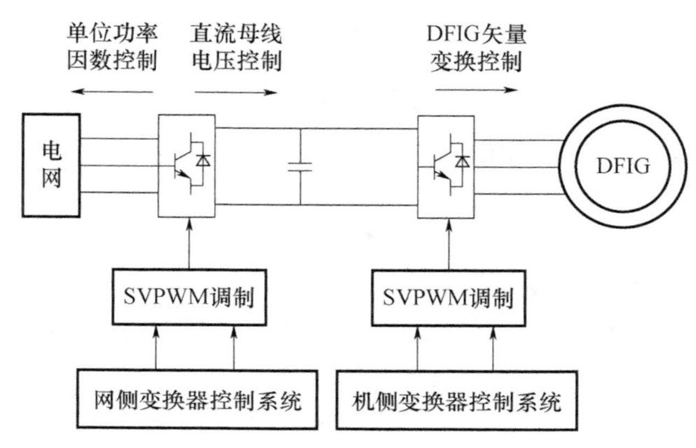

图6.4 双PWM型变换器中2个变换器的功能图

(2)双PWM型变换器的两个变换器的运行状态可控,均可以在整流/逆变(或逆变/整流)状态间实现可逆运行,以此实现变换器能量的双向流动。图6.5表示了双PWM型变换器的运行状态与能量流向的关系:当DFIG亚同步运行时,网侧变换器运行在整流状态,机侧变换器运行在逆变状态,能量从电网流向DFIG转子;当DFIG超同步运行时,网侧变换器运行在逆变状态,机侧变换器运行在整流状态,能量从DFIG转子流向电网。

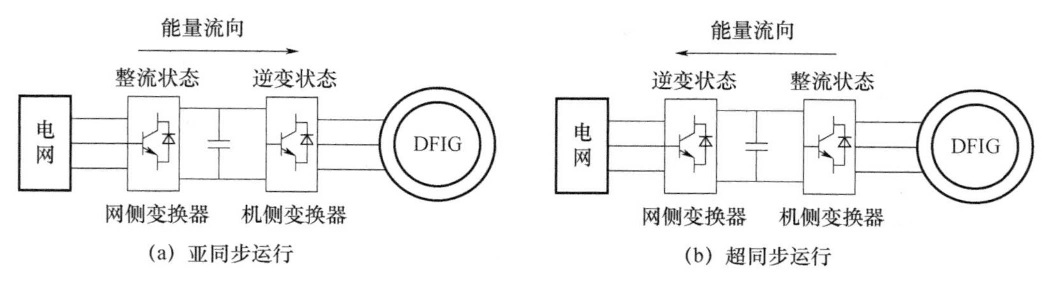

(a) 亚同步运行 (b) 超同步运行

图6.5 DFIG亚、超同步运行时双PWM型变换器的工作状态

2个变换器工作状态的切换是由DFIG运行区域决定的。DFIG亚同步运行时,转子需要从直流环节吸收能量,机侧变换器在磁场定向矢量控制下工作于逆变状态。直流环节的电容由于放电会导致其两端的直流电压有下降的趋势,为了保持直流电压稳

定，在电压定向矢量控制下，网侧变换器工作于整流状态。DFIG超同步运行时，转子需要向直流环节释放能量，机侧变换器在磁场定向矢量控制下转换成整流状态，将DFIG转子回馈的交流电能整流成直流后向电容充电，引起直流环节电压的泵升。

为了限制直流环节电压的泵升，网侧变换器需要将直流环节的电能返回电网，因此在电压定向矢量控制下转换成逆变状态。可以看出，在磁场定向矢量控制（机侧变换器）和电压定向矢量控制（网侧变换器）的共同作用下，2个变换器的工作状态随着DFIG工作区域的改变而自动切换。

（3）由于双PWM型变换器采用高频自关断器件和空间矢量PWM（SVPWM）调制方法，开关频率高达10～20 kHz，消除了低次谐波，输入、输出特性好，对电网和DFIG造成的影响比较小，在谐波特性上能满足DFIG的励磁要求。

（4）双PWM型变换器具有较强的无功功率控制能力。由于DFIG是异步发电机，空时转子需要吸收一部分无功功率进行励磁，而当定子输出感性无功功率时，转子需要吸收更多的无功功率，这就需要转子变换器具有产生一定无功功率的能力。双PWM型变换的直流环节配置有电容，可以发出一定大小的无功功率。

变流器元件散热是通过一套强制水冷系统和一套风冷系统实现的。水冷的优点是水的比热系数大，同样体积的水和空气，在同样温升下，水吸收的热量大；同时，柜体采用散热管道铺设方式散热，有利于集中把热量排出塔架，也解决了塔架内部噪声大的问题。缺点是柜体结构较复杂，制造成本高。风冷方式优点是结构简单，缺点是散热效率低。

6.7　低电压穿越技术

并网风力发电是近10年来国际上发展速度最快的可再生能源技术。并网风力发电机与传统的并网发电设备最大的区别在于，其在电网故障期间并不能维持电网的电压和频率，这对电力系统的稳定性非常不利。电网故障是电网的一种非正常运行形式，主要有输电线路短路或断路如三相对地、单相对地以及线间短路或断路等，它们会引起电网电压幅值的剧烈变化。

双馈式变速恒频风电机组是目前国内外风电机组的主流机型，其发电设备为双馈感应发电机，当出现电网故障时，现有的保护原则是将双馈感应发电机立即从电网中脱网以确保机组的安全。随着风电机组单机容量的不断增大和风电场规模的不断扩大，风电机组与电网间的相互影响已日趋严重。人们越来越担心，一旦电网发生故障迫使大面积风电机组因自身保护而脱网的话，将严重影响电力系统的运行稳定性。因此，随着接入电网的双馈感应发电机容量的不断增加，电网对其要求越来越高，通常情况下要求发电机组在电网故障出现电压跌落的情况下不脱网运行，并在故障切除后能尽快帮助电力系统恢复稳定运行,也就是说,要求风电机组具有一定低电压穿越能力。为此,国际上已有一些新的电网运行规则被提出。各国对风电场低电压穿越的要求如图6.6至图6.8所示。

为了保证电网故障时双馈感应发电机及其励磁变流器能安全不脱网运行,适应新电网运行规则的要求,国内外学术界和工程界对电网故障时双馈感应发电机的保护原理与控制策略进行了大量研究。有文献指出,当前的低电压穿越技术一般有3种方案:①采用了转子短路保护技术;②引入新型拓扑结构;③采用合理的励磁控制算法。

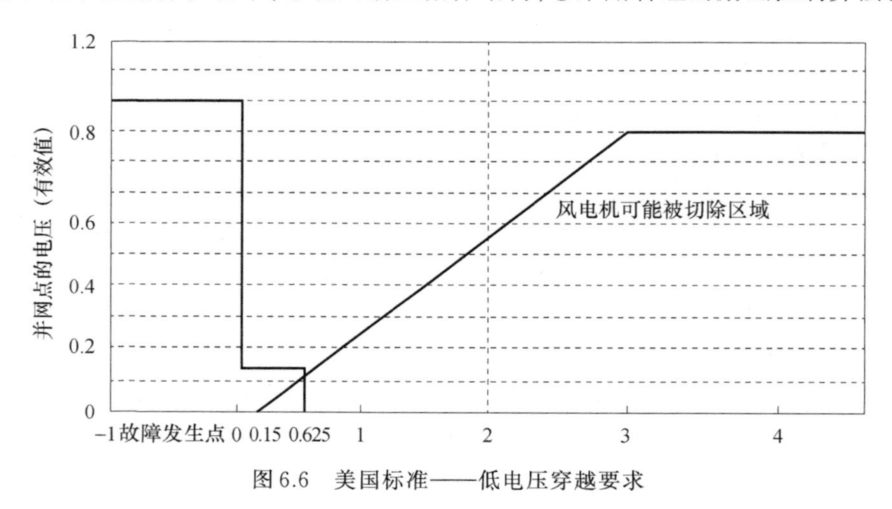

图6.6　美国标准——低电压穿越要求

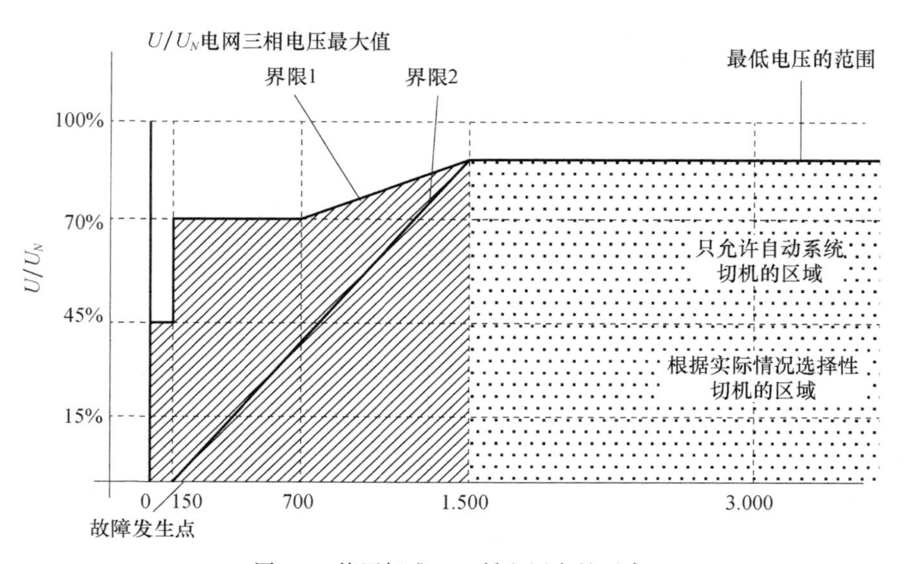

图6.7　德国标准——低电压穿越要求

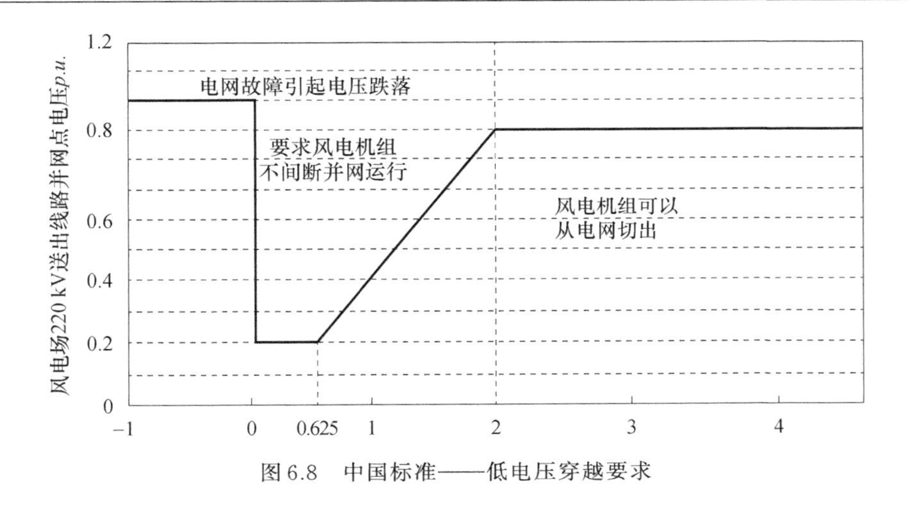

图6.8 中国标准——低电压穿越要求

6.7.1 转子短路保护技术

这是目前一些风电制造商采用较多的方法,其在发电机转子侧装有Crowbar电路为转子侧电路提供旁路,在检测到电网系统故障出现电压跌落时,闭锁双馈感应发电机励磁变流器,同时投入转子回路的旁路(释能电阻)保护装置,达到限制通过励磁变流器的电流和转子绕组过电压的作用,以此来维持发电机不脱网运行(此时双馈感应发电机按感应电动机方式运行)。

目前比较典型的Crowbar电路有如下几种:

(1)混合桥型Crowbar电路。如图6.9所示,每个桥臂由控制器件和二极管串联而成。

(2)IGBT型Crowbar电路。如图6.10所示,每个桥臂由两个二极管串联、直流侧串入一个IGBT器件和一个吸收电阻。

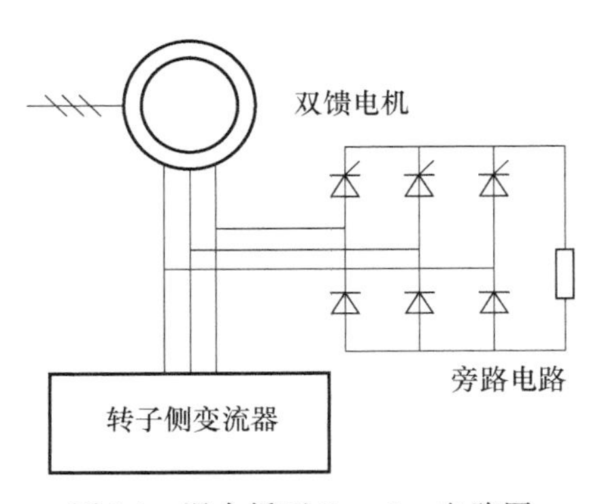

图6.9 混合桥型Crowbar电路图

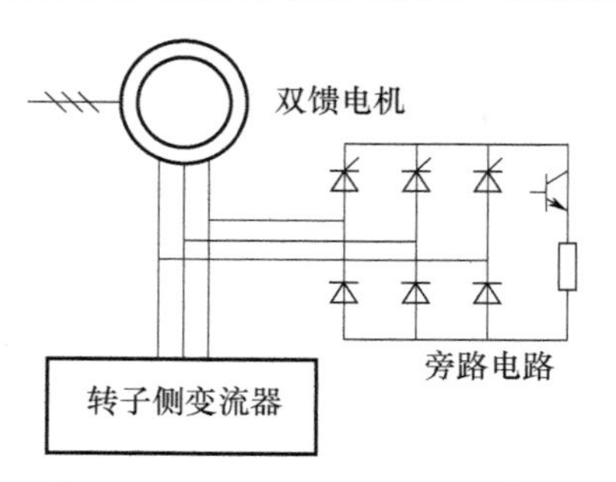

图 6.10　IGBT 型 Crowbar 电路图

(3)带有旁路电阻的 Crowbar 电路。如图 6.11 所示，出现电网电压跌落时，通过功率开关器件将旁路电阻连接到转子回路中，这就为电网故障期间所产生的大电流提供了一个旁路，从而达到限制大电流、保护励磁变流器的作用。

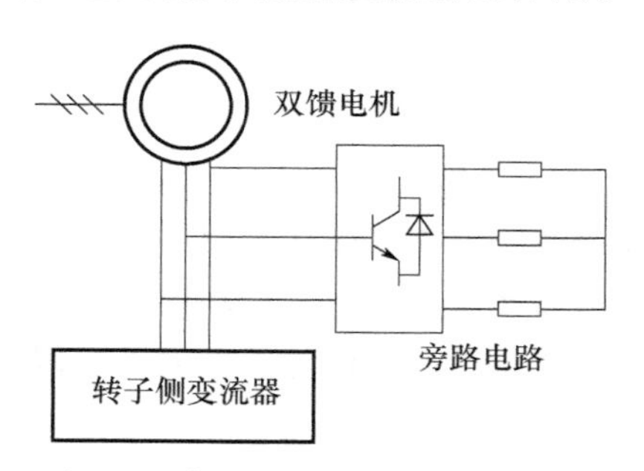

图 6.11　旁路电阻型 Crowbar 电路图

励磁变流器在电网故障期间与电网和转子绕组一直保持连接，因而在故障期间和故障切除期间，双馈感应发电机都能与电网一起同步运行。当电网故障消除时，关断功率开关，便可将旁路电阻切除，双馈感应发电机转入正常运行。

采用 Crowbar 电路的转子短路保护技术存在这样一些缺点：首先，需要增加新的保护装置从而增加了系统成本；另外，电网故障时，虽然励磁变流器和转子绕组得到了保护，但此时按感应电动机方式运行的机组将从系统中吸收大量的无功功率，这将导致电网和电机电压稳定性的进一步恶化，而且传统的 Crowbar 保护电路的投切操作会对系统产生暂态冲击。

6.7.2　引入新型拓扑结构

除了上述典型 Crowbar 技术的应用外，一些学者还提出了一些新型低压旁路系统，如图 6.12、图 6.13 所示。

新型旁路系统如图 6.12 所示，这种结构与传统的软启动装置类似，在双馈感应发电机定子侧与电网间串联反并可控硅电路。

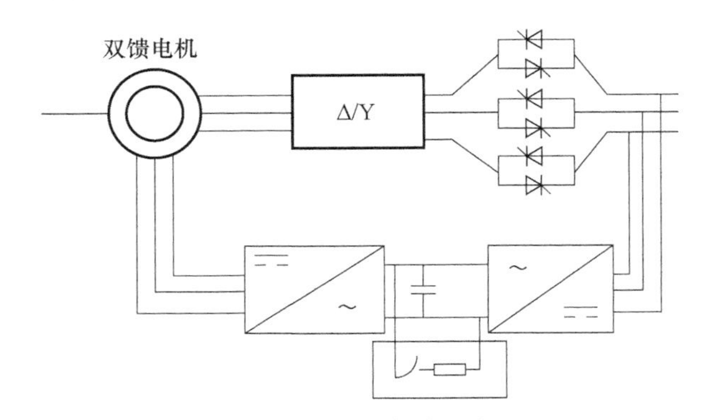

图6.12 新型旁路系统

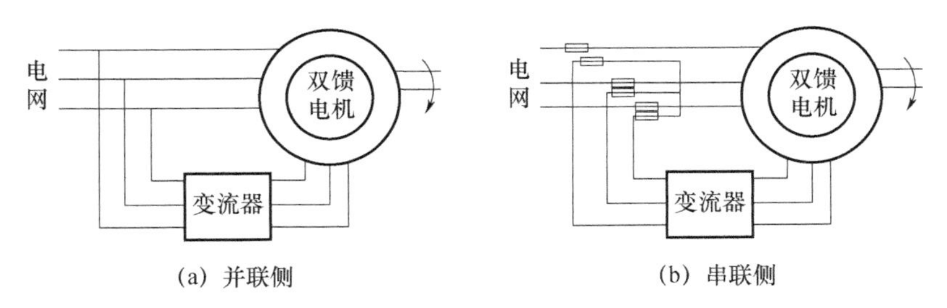

(a) 并联侧 (b) 串联侧

图6.13 连接网侧变流器

在正常运行时,这些可控硅全部导通,在电网电压跌落与恢复期间,转子侧可能出现的最大电流随电压跌落的幅度增大而增大,为了承受电网故障电压跌落所引起的转子侧大电流冲击,转子侧励磁变流器选用电流等级较高的大功率IGBT器件,以此来保证变流器在电网故障时不与转子绕组断开。电网电压跌落再恢复时,转子侧最大电流可能会达到电压跌落前的几倍。因此,当电网电压跌落严重时,为了避免电压回升时系统在转子侧所产生的大电流,在电压回升以前,将双馈感应发电机通过反并可控硅电路与电网脱网。脱网以后,转子励磁变流器重新励磁双馈感应发电机,电压一旦回升到允许的范围之内,双馈感应发电机便能迅速地与电网达到同步。再通过开通反并可控硅电路使定子与电网连接。这样可以减小对IGBT耐压、耐流的要求。对于短时间内能够接受大电流的IGBT模块可以减少双馈感应发电机的脱网运行时间。转子侧大功率馈入直流侧会导致直流侧电容电压的升高,而直流侧的耐压等级依赖于直流侧电容的大小,因此设计直流侧Crowbar电路时,在直流侧安装电阻来作吸收电路,将直流侧电压限制在允许范围内。

这种方式的不足之处是:该方案需要增加系统的成本和控制的复杂性。考虑到定子故障电流中的直流分量，需要可控硅器件能通过门极关断，这要求很大的门极负驱动电流，驱动电路过于复杂。这里的可控硅串联电路如果采用穿透型IGBT，IGBT必须串联二极管。若采用非穿透型IGBT，通态损耗会很大。理论上，如果利用接触器来代替可控硅开关，虽通态时无损耗，但断开动作时间过长。而且由于该方案在输电系统故障时发电机脱网运行，因此对电网恢复正常运行起不到积极的支持作用。

通常双馈感应发电机的背靠背式励磁变流器采用如图6.13(a)所示的与电网并联的方式，这意味着励磁变流器能向电网注入或吸收电流。为了提高系统的低电压穿越能力，有些文献提到了一种新的连接方式，即将变流器与电网进行串联连接，如图6.13(b)所示，变流器通过发电机定子端的串联变压器实现与电网串联连接，双馈感应发电机定子端的电压为网侧电压和变流器输出的电压之和。这样便可以通过控制变流器的电压来控制定子磁链，有效地抑制由于电网电压跌落所造成的磁链振荡，从而阻止转子侧大电流的产生，减小系统受电网扰动的影响，达到强化电网的目的。但这种方式将增加系统成本，控制也比较复杂。

参考文献

霍志红，郑源，左潞，等，2014. 风力发电机组控制[M]. 北京：中国水利水电出版社.

第7章　风电场防雷保护

风电场防雷是风电场运行维护中重要的一部分,随着装机容量的不断增长,因雷电导致的风电场雷击事件呈逐年增长趋势。雷击造成的叶片、机组电控设备损伤严重,给整机、叶片制造企业及业主单位造成了较大的经济损失,雷击已经成为影响风电机组安全运行、风电场安全生产的危险因素之一。本章将从风电场的组成来讲述风电场的防雷保护内容,包括风电机组防雷保护、箱式变电站防雷保护、集电线路防雷保护和升压站防雷保护,并探讨了海上风电场的防雷特点。

7.1　风电机组

7.1.1　风电机组防雷保护的必要性

风电机组是风电场最贵重的设备,价格占风电场工程投资的60%以上(陆上风电场),为了捕获风能,机组的轮毂高度通常在60 m以上,容易遭受雷击。一旦发生雷击,雷电释放的巨大能量可能导致风电机组的损坏,严重时会致使风电机组停运。除了受损部件的拆装和更新费用,还要损失修复期间的发电量,甚至对风电场运行人员的安全带来威胁。因此,风电机组的防雷保护设计是整个风电机组设计中至关重要的环节。

风电机组与水电机组和火电机组在防雷保护方面有很大的不同。风电机组的电气绝缘较低(发电机绝缘水平一般为690 V,并大量使用自动化及通信元件)。水电机组和火电机组的发电机与控制系统均在宽阔的厂房内,设备一般远离墙壁和接地引下线。风电机组呈高耸塔式结构,一般安装在山顶、山脊的风口或地形开阔地带,其环境远比水电机组和火电机组恶劣,因此更易遭受雷击。随着人们对可再生能源利用价值认识的提高,加之相关技术的不断发展,风电机组的单机容量和风电场的总装机容量不断增加。为了获取更多的风能,风电机组的风轮直径不断增大,机组高度不断增加,这就对风电机组的防雷保护提出了更高的要求。

风电机组内部结构紧凑,任何一个部件遭受雷击都可能使机舱内发电机及控制、信息系统等设备遭受高电位反击,并且由于雷击不可避免,风电机组防雷保护的重点在于在遭受雷击时如何快速地将巨大的雷电流泄入大地,尽可能减少设备承受雷电流的强度及时间,最大限度地保障设备与工作人员的安全,使损失降至可接受的范围内。

7.1.2 风力发电机组的防雷保护区

1.机组防雷区

根据风电机组和风电场各部分空间受雷击电磁脉冲的严重程度,可以将机组需要保护的空间从外部到内部划分为若干个防雷区,并对每个防雷区编以序号,各区以在其交界处的电磁环境有明显改变作为划分不同防雷区的特征。防雷区的序号越大,区内的电磁场越小,具体如图7.1所示。风电机组防雷区可以分为$LPZ0_A$、$LPZ0_B$、LPZ1、LPZ2四个区域(夏文光,2008)。

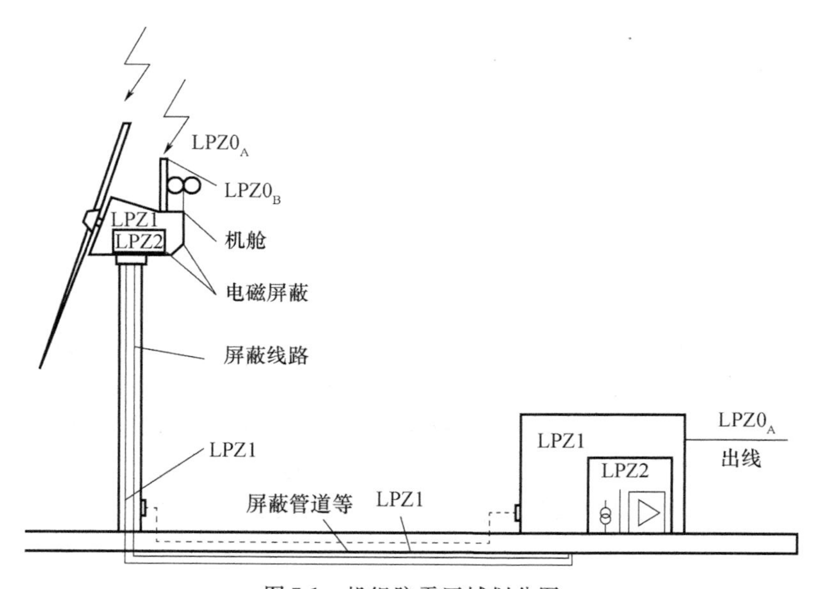

图7.1 机组防雷区域划分图

(1)$LPZ0_A$区(直接雷击非防护区) 本区内的各物体均可能遭受直击雷击或导走全部雷电流,但本区内的雷电脉冲电磁场强度没有受到任何衰减。在风电机组上,采用选定半径的滚球沿机组进行遍滚,由滚球与机组接触部位所界定的外空间属于直接雷击非防护区,即$LPZ0_A$区,如图7.2所示黑灰色区域以外的空间。$LPZ0_A$区域包括叶片、避雷针系统、塔架、架空电力线、风场通信线缆。

(2)$LPZ0_B$区(直接雷击防护区) 本区内的物体不会受到所选滚球半径对应雷电流闪电的直接雷击,但本区内的雷电脉冲电磁场强度也没有任何衰减,如图7.2中的黑灰色区域。

(3)LPZ1区(第一屏蔽防雷区) 本区内的各物体不会直接受到雷击,区内所有导电部件上雷电流和区内雷电脉冲电磁场强度均比LPZ2区内有进一步的减小和衰减。

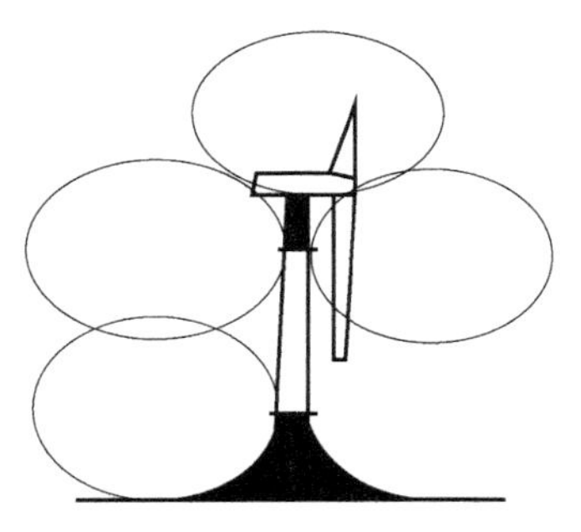

图7.2 滚球法模拟图

对于风力发电机组，其LPZ1区包括有金属覆盖层（网）的机舱弯头内部、塔筒内部、塔筒外箱式变压器的金属壳体内部。

（4）LPZ2区（第二屏蔽防雷区） 本区为进一步减小雷电流和衰减雷电脉冲电磁场强度，以保护高度敏感微电子设备而设置的后续防雷区。对于风力发电机组，安置在塔筒内和含有金属层（网）机舱内的各个金属箱、柜和外壳内部及变桨控制箱内部均属于LPZ2区，如机舱控制柜内部和塔底塔基柜、变频器柜内部等。

2.各防雷区的要求

防雷区的划分建立在对雷击的接闪、分流和电磁脉冲衰减的基础上。在风电机组的防雷设计中，针对不同防雷区域采取专项设计，主要对包括雷电接收器和接地系统、过电压保护和等电位连接等措施进行防护。

（1）$LPZ0_A$区 风电机组$LPZ0_A$区内的构件和设备完全暴露在雷电下行先导的直接雷击下，所以它们必须能够耐受防雷保护水平选定的直接雷击电流，能够全部将这一电流顺利传导，并能够耐受这一电流所产生的未经任何衰减的脉冲电磁场。

（2）$LPZ0_B$区 风电机组$LPZ0_B$区内的构件和设备的防护要求与$LPZ0_A$内基本相同，但不需要耐受直接雷击电流。

（3）LPZ1区 在风力发电机组的LPZ1区内，由雷电流产生的空间脉冲电磁场应被衰减25～50 dB。由$LPZ0_A$区交界面进入本防雷区导线上的雷电电涌电流和电涌过电压应通过设在交界面上的电涌保护器分别加以降低，如降到3 kA（8/20 μs）和6 kV（1.2/50 μs）以下。

（4）LPZ2区 风电机组LPZ2区内的空间脉冲电磁场应通过封装在LPZ1区交界面上的金属屏蔽体（如塔底电控柜的金属外壳）进一步衰减，使之能满足本区内设备的电磁兼容性要求。同时，从交界面进入本区导体上的雷电电涌电流和电涌过电压应通过设在交界面上的电涌保护器加以进一步的抑制，使之降低到本区设备耐受水平的规定指标。

7.1.3 叶片的防雷保护

叶片在风电机组中位置最高，是雷击的首要目标，并且叶片价格昂贵，因此叶片是整个风电机组防雷保护的重点。

1.叶片的材料

(1)金属叶片　若采用金属叶片，理论上只要金属的厚度达到相关标准的要求就可以使叶片的防护变得简单。但是金属的使用会影响叶片的性能，增加风电机组的负荷、降低风电转换效率等。因此，金属叶片目前还未有应用。

(2)碳纤维叶片　从目前的研究成果看，碳纤维叶片的制造技术尚未成熟，也未进入实际应用阶段。碳纤维间的黏合物普遍为非导电物质，单股碳纤维的通流容量较小，所以一旦遭遇中等强度的直接雷击将导致叶片的严重损坏。满足导电性能的黏合物成本太高，难以被市场接受，所以碳纤维叶片目前也未有应用。

(3)复合材料叶片　目前大型风电机组的叶片大多由复合材料制成，不能承受直击雷或传导直击雷电流。当叶片运行一段时间后，叶片外部被污染物覆着或者内部积攒水汽等，遭受雷击时则易发生故障损坏，因此应定期对叶片进行维护。

2.叶片损坏机理

雷击造成叶片损坏集中在2个方面:一方面是雷电击中叶尖后，释放的巨大能量使叶尖内部温度急剧上升，水分在极短时间内受热汽化膨胀，产生的巨大机械力致使叶尖结构爆裂，严重时甚至会造成整个叶片开裂破坏；另一方面是雷击叶尖产生的巨大声波也会对叶片的内部结构造成一定的破坏。

3.叶片的防雷系统(叶青，2006)

研究表明，当物体被雷电击中时，雷电流总会选择传导性最好(即电阻最低)的路径。针对这一特性，可以在叶片表面或内部构造一个相对阻抗较低的对地导电通道，使叶片免遭雷击破坏。在实际应用中，可以通过2种方法来实现，一是在叶片的尖部和中部各安装一个接闪器，接闪器通过不锈钢接头连接到叶片内部的引下线，将雷电流从叶尖引到叶根法兰处；二是在叶片表面涂上一层导电材料，使叶片有充足的导电性能，从而将雷电流安全地传导到叶片根部进行泄流。两种叶片防雷设计如图7.3所示。

接闪器是一个特殊设计的不锈钢螺杆，装在叶片尖部或中部，相当于一个避雷针，起引雷的作用，避免雷直击叶尖。工程上要求接闪器应该能承受多次雷电冲击，并且可以更换。

引下线是一段铜芯电缆，位于叶片的内部，从接闪器部位开始，到叶片根部结束。为了使引下线与接闪器有良好的接触，引下线不能够移动。由于雷电流幅值巨大，要求引下线的铜导体横截面积不小于50 mm^2。发生雷击时，巨大的雷电流也不会使叶片的温度有明显的升高，能够使叶片避免遭受雷电流的破坏。

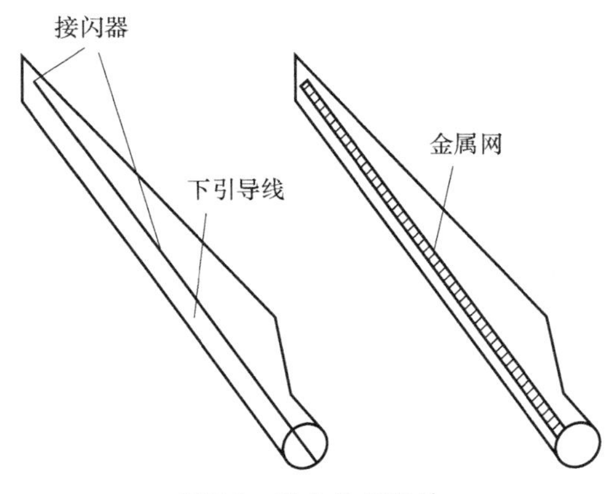

图7.3　叶片防雷设计

4.不同叶片类型的防雷结构

(1)无叶尖阻尼器的叶片　无叶尖阻尼器的叶片一般在叶尖部分的玻璃纤维聚酯层表面预置金属氧化物作为接闪器,并通过埋置于叶片内部的引下线与叶根处的金属法兰相连接,其结构如图7.4所示。外表面的金属氧化物可以是网状或者箔状。这样的表面即使在遭受雷击的情况下表面熔化或损伤,也不会影响到叶片内部的强度或结构。

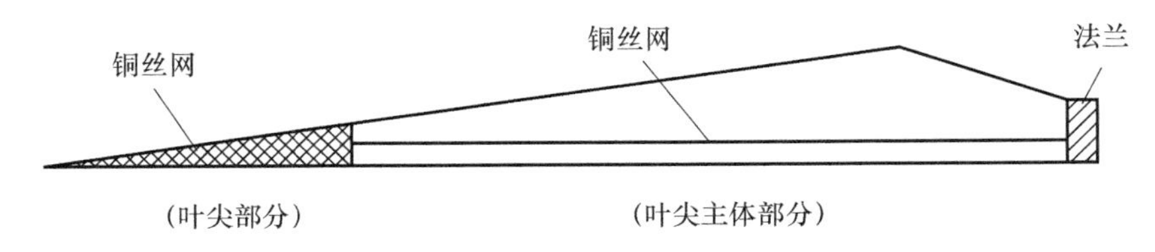

图7.4　无叶尖阻尼器叶片的防雷结构简图

(2)有叶尖阻尼器的叶片　对于有叶尖阻尼器的叶片,叶尖阻尼器将叶片分成了两段。叶尖部分玻璃纤维聚酯层中预置的金属导体作为接闪器,通过由碳纤维材料制成的阻尼器与用于启动叶尖阻尼器的启动钢丝相连接,其防雷结构如图7.5所示。实验表明,这样结构的叶片在经受200 kA的冲击电流实验后无任何损伤。但是,这样的叶片遭受雷击的概率将会比用绝缘材料制成的叶片高。

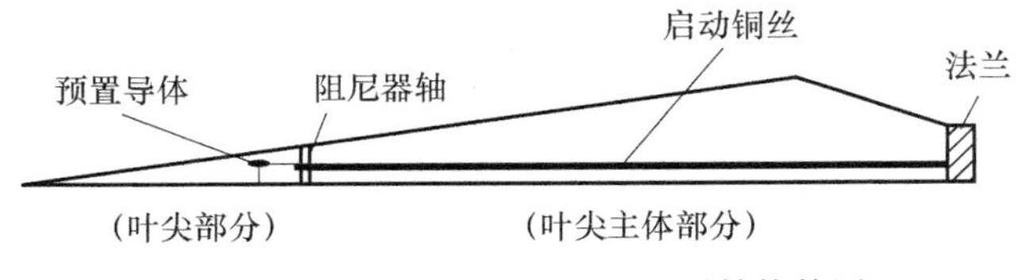

图7.5　有叶尖阻尼器叶片的防雷结构简图

7.1.4 机舱的防雷保护

如果对叶片采取了防雷保护措施,也就相当于对机舱进行了直击雷保护。尽管如此,机舱主机架除了与叶片相连接,在其上方还有风速计和风向仪,因此需要在机舱罩顶上后部设置一个或多个接闪杆,相当于避雷针,防止风速计和风向仪遭受雷击。接闪杆的引下线直接与机舱等电位系统连接。

现代风电机组的机舱罩大多用金属板制成,这相当于一个法拉第笼,对机舱内的部件起到了良好的防雷保护作用。由非导电材料制成的机舱罩可在机舱表面内布置金属带或金属网,同样能对机舱内部件起到防雷保护作用。

机舱内的部件与机舱罩均通过铜导体与机舱底板连接,轮毂通过炭刷经铜导线与机舱底板连接。机舱和塔架通过一条专门的引下线连接,该引下线跨越偏航环,使机舱和偏航刹车盘通过接地线连接起来,保证雷击时不受损害。这样,雷击时机舱的雷电流通过引下线能够顺利地流入塔架,保证了机舱以及工作人员的安全。

将机舱外壳围绕塔架的铜电缆环作为电压公共结点,机舱内所有部件均连接在此结点上,并由专门的引下线连接到塔架。为了使机舱罩上的避雷器与地保持等电位,根据法拉第笼原理可制造一个电缆笼,并将其连接于电压公共节点上。

7.1.5 塔筒的防雷保护

风电机组多安装在海上、近海、海滩、海岛、高山、草原等风能资源较丰富的空旷地带,但均为雷击多发地区。同时,风电机组的塔筒很高,达到六七十米甚至上百米(大容量机组),因此发电机组和相关控制驱动设备均处于高空位置,极易受到雷击。对于塔筒,无论是外壳充当天然接地件,提供从机舱到地面的传导,还是作为内设引下线的载体,都在风电机组的防雷接地保护中充当重要的角色。

风电机组内专设的引下线连接机舱和塔筒,且跨越机舱底部的偏航齿圈,即机舱和偏航制动盘通过接地线连接起来,从而雷击电流可以通过引下线顺利地导入大地,保证偏航系统不受到伤害,即使风机的机舱直接被雷击时雷电也会被导向塔筒而不会引起损坏(王艳,2010;刘永前,2013)。

需要注意的是,有些风电机组取消了塔筒内部铺设的引下线,希望利用塔筒自身的导电性能将雷击电流导入大地。其实这么做并不安全,首先每台风力发电机组的塔筒至少是由两段塔筒通过螺栓连接在一起的,两段塔筒连接的法兰面还涂有防水胶,增大了塔筒的导电性能;其次,雷击电流不是纯直流电流,此时塔筒相当于一个大的电感,当雷击电压作用于塔筒上时,根据电感特性,塔筒本身会产生反电动势,从而阻止雷击电流及时地导入大地。因此,仅仅将塔筒本身作为风力发电机组的避雷引下线并不安全(朱永强 等,2010;王宝归 等,2012)。

在实际生产运行中，大容量机组塔筒高度可达60～70 m，而每个塔筒部件20多米高，所以必须由若干段连接成整体，每两段间需要可靠的电气跨接(张修志，2013)。每一节塔筒法兰之间以及第一节塔筒法兰与基础环法兰之间分别采用3条横截面积为50 mm^2的接地电缆相连。这3条接地电缆在法兰处呈120°均匀分布连接，以保证塔筒之间以及塔筒与基础环之间的可靠电路连通而形成雷电流通道。

另外，由于塔筒实际生产加工技术能力的局限，目前行业中风电机组塔筒搭接面之间的导雷通道都采用电缆跨接形式。实际上，还有可能出现上下搭接面偏离的情况，使得导线很长。这样就导致了在较高电流且接地电阻控制不够低的情况下，泄流过程中会产生严重的拉弧现象，可以改善解决的途径有以下几个方面:

(1)改善加工工艺，尽可能缩短导线长度。

(2)选取更大横截面积的电缆。

(3)对拉弧处加装保护罩等。

(4)增加压接端子接触面积。

1.钢制塔筒

钢制塔筒包括若干个20多米高的钢制部件，其高度视具体情况而异。连接部分用一个不锈钢多孔板与法兰面上的孔一起用螺栓固定，从而使雷击不能沿紧固的螺栓进行传导。每一节塔筒法兰之间以及第一节塔筒法兰与基础环法兰之间的跨接。塔基处连接部分在3个彼此之间相差120°的位置上接到由95 mm^2的铜电缆组成的公共节点上，该节点则接到接地环或接地电极上，如图7.6所示。

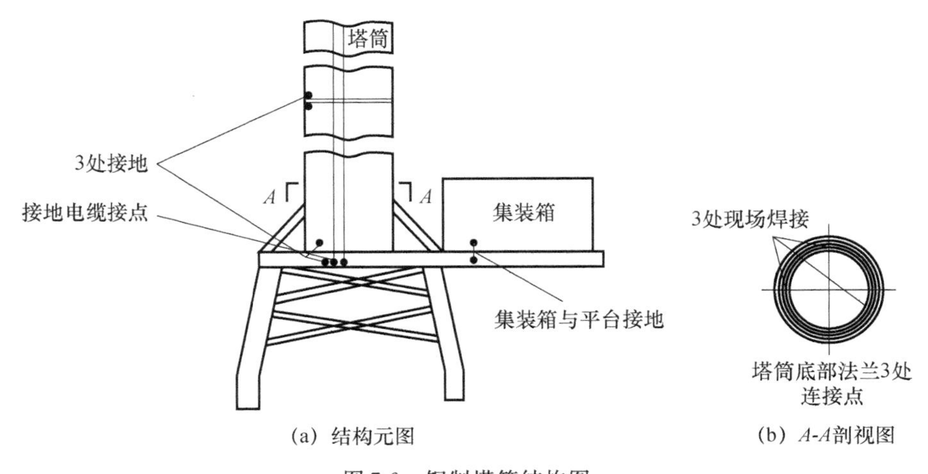

(a) 结构元图　　(b) A-A剖视图

图7.6　钢制塔筒结构图

2. 混凝土塔筒

混凝土塔筒与钢制塔筒不同，其外壳不能作为泄流的天然导体，只能在其内部铺设铜电缆(引下线),雷电通过塔筒内的铜电缆仍是在3个彼此之间相差120°的位置上(并行路径)被散流。

在塔基处,它们连接到与接地环和接地电极相连的电压公共节点上,从而不允许雷击电流沿着为加固塔筒而装设的钢拉线进行传导。

目前预应力混凝土塔筒已开始被广泛使用(王莹 等,2014)。如果采用预应力混凝土塔筒,或使用埋入混凝土的锚定螺栓安装塔筒,则不应将预应力元件用于接地或避雷。在配有预应力钢丝绳的混凝土塔筒中,要保证在上述防雷接地系统中引下线部分避开预应力钢丝绳的同时,将混凝土内部钢筋进行等电位连接,然后将其接入整个机组的引下线系统中。这样,既起到了导流的作用,也起到了屏蔽的作用。

混合塔筒的底部为混凝土结构,上面部分为钢结构。尤其注意的是,在钢制部分和混凝土部分的连接处,钢制连接适配法兰与钢制区法兰在附有不锈钢盘的法兰面上选择3个彼此之间相差120°的位置用螺栓进行固定,不允许雷击电流沿螺栓传导。

在混凝土区的钢制适配器依次接于3个彼此之间相差120°的接地电缆,后者则与混凝土塔筒中接法相同,接于塔基的与接地环和接地电极相连的电压公共节点。

7.1.6 风电机组各部件之间的连接

风电机组的一般外部雷击路线是:雷击叶片上接闪器→导引线(叶片内腔)→叶片根部→机舱主机架→专设(塔架)引下线→接地网引入大地。在机组遭受雷击时,巨大的雷电流通常由机组的桨叶叶尖注入,沿桨叶内置导体注入桨叶根部,再经滑环、电刷或放电器等流过主轴和机舱导流路径进入塔筒顶部,由塔筒将雷电流导入接地装置并最终散入大地,如图7.7所示。如果能维持这条较理想的路径顺畅地传导雷电流入大地,则雷击造成的危害程度可以显著降低。但是,在此过程中,接触部位会影响到雷电流的顺畅传导:一种是运动摩擦接触部位;一种是静止接触部位。静止接触部位主要是指如上述塔筒间的跨接,而运动摩擦接触部位是指电刷或滑环所在部位,包括叶片与轮毂、轮毂与机舱弯头、机舱弯头与塔筒过渡连接处。由电路原理可知,雷电流总是寻找电阻最低的路径传导入地,当所希望的路径上接触电阻较大时,就会阻碍雷电流从该路径传导入地,从而可能损害机组内的设备,危害机组的安全可靠运行。因此,必须采取措施疏通这条理想导流路径,以保证雷电流能够顺该路径顺畅入地。

1.叶片与轮毂过渡连接

雷击发生时,当叶片上的接闪器接闪后,始于接闪器的铜质引下线将雷电流引至叶片根部的环形防雷环,该环与叶片轴承和轮毂电气隔离。在叶片根部,防雷环与轮毂连接部位之间有滑动炭刷及火花放电间隙作为滑动过渡连接,将雷电流引至金属轮毂。由于轮毂为金属铸造壳体,该壳体不仅满足相应的机械保护强度,还是一个良好的法拉第笼,使轮毂内部的变桨控制系统不受外部的电磁干扰以及对雷电流冲击起到保护作用。

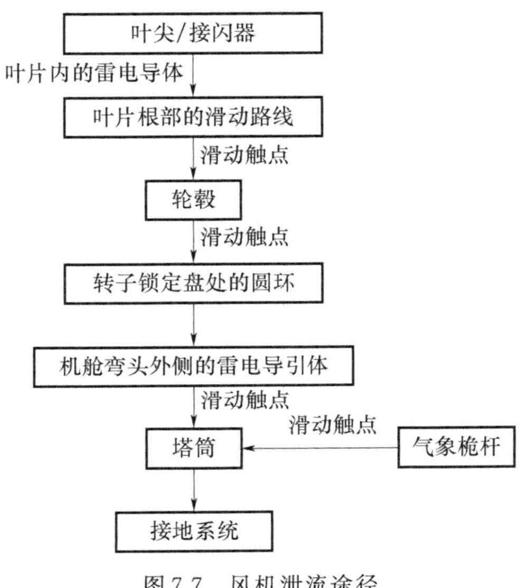

图7.7　风机泄流途径

2.轮毂与机舱弯头过渡连接

轮毂与机舱弯头这两个部件是处于相对运动的关系。为了将叶片接闪器处的雷电流沿理想路径泄流,在轮毂与机舱弯头的连接部位设置滑动炭刷及火花放电间隙。在此过渡段上,有3个并联的、彼此相差120°的电火花放电间隙。其设计原理与叶片轴承、轮毂间相同。每个电火花间隙还有一个电刷,用来补偿静态电位差。

3.机舱与塔筒过渡连接

以某厂家的风电机组为例,简述机舱与塔筒的过渡连接方案与目的。金属材质的机舱弯头接闪后,设置在机舱弯头的前端、后端两处的金属防雷炭刷及火花放电间隙,会使雷击电流跨越塔筒的偏航轴承部位,由机舱弯头直接引至钢制塔筒泄放雷电流。

偏航部位的滑动炭刷及火花间隙解决了运转部分雷电流的顺畅问题,同时也避免了雷击电流对偏航轴承的冲击造成偏航轴承的损害。

7.1.7　风电机组感应雷保护

感应雷击过电压的防护主要分为电源防雷和信号防雷。电源系统感应雷过电压保护措施采用三级防护,分别安装不同规格的电涌保护器。安装电涌保护器从本质上是一种等电位连接措施,在不同的防雷区内,按照不同雷击电磁脉冲的严重程度和等电位连接点的位置,决定位于该区域内和区域之间采用何种电涌保护器。另外,应有选择地在保护回路中单独或组合安装诸如放电间隙、气体保护管、压敏电阻和抑制二极管等元件。因为雷电电磁脉冲能够在信号线路及其回路中感应出暂态过电压，使信号电路中电子设备的绝缘强度降低，过电压耐受能力变差，更容易受到暂态过电压的损害，因此应设置信号防雷保护措施。

1. 电源防雷

风电机组内控制单元与伺服系统所用的交流电源一般是从三相电力线上抽取单相电压，再经过变压器降压获得的 220 V 交流电压。在风电场不同的保护区的交界处，应通过电涌保护器(SPD)对有源线路(包括电源线、数据线、测控线)等进行等电位连接，减少对电力电子系统的危害。因此，对于电源系统的防雷保护措施，需要在电源变压器输出端及用电设备单元的输入端均加装电源电涌保护器(孙大鹏 等，2008)，如图 7.8 所示。

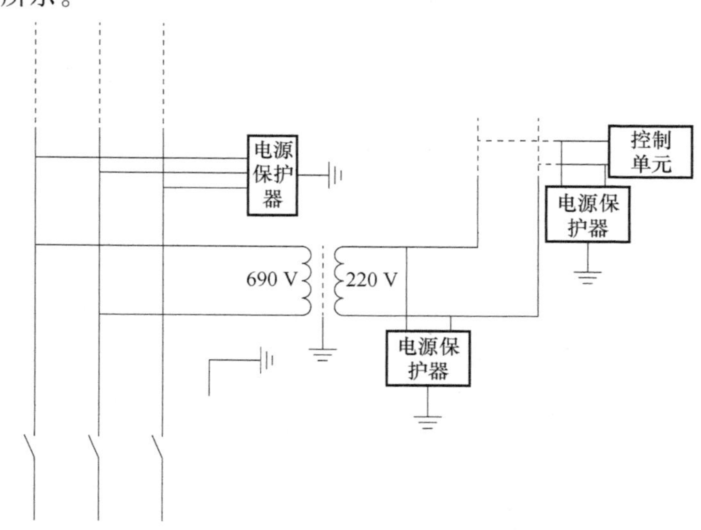

图 7.8　机组内交流电源的保护设置

从电路结构上划分，电涌保护器可以分为单级和多级 2 种类型。单级保护电路只对暂态过电压进行一次性的抑制，对于一些耐压水平低的脆弱微电子设备电源来说，则需要更为可靠的多级保护电路。

最简单也最常用的多级保护电路分为两级，包含泄流级和箝位级 2 个基本环节。图 7.9 所示为一典型的两级保护电路。第一级作为泄流环节，前 3 只压敏电阻 R_1、R_2、R_3 构成了第一级全模保护环节，主要用于旁路泄放暂态大电流，将大部分暂态能量释放掉；第二级作为箝位环节，后 3 只压敏电阻 R_4、R_5、R_6 构成了第二级全模保护环节，将暂态电涌过电压限制到被保护电子设备可以耐受的水平。每一级的 3 只压敏电阻的参数应选得一样，不能有太大分散性。

2.信号防雷

与电源电涌保护相仿,信号电涌保护回路也可分为信号电涌保护回路也可以分为单级和多级结构。对于较长的信号线路,出于抑制共模干扰的考虑,常采用平衡线路的模式进行信号传输,对于风电场内较长的信号线路,建议使用光纤传输代替电缆来降低干扰。在风电机组中,由于工作环境恶劣,增加了通信接口和传输线路设计的复杂性,通信接口是风电机组控制单元中易于受到雷电电涌过电压损坏的一个环节,原则上需要对电缆中的每根信号线均设置接口保护电路,在信号线两端距离过长时,可将两个信号保护环节分别设置在通信电缆两端,用于保护发送器和接收器免受沿通信电缆侵入的雷电暂态过电压的损害。

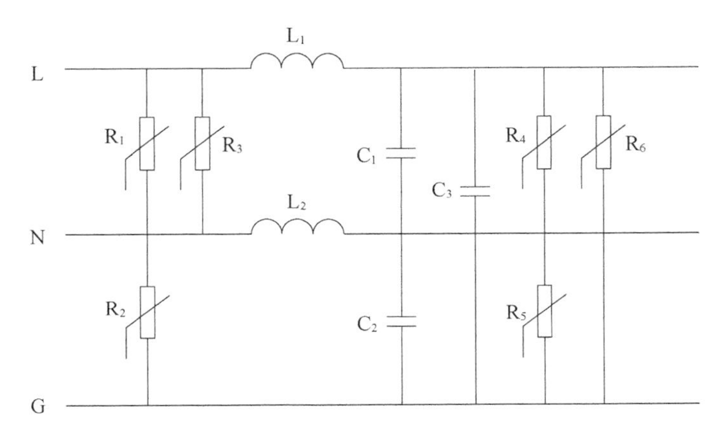

图7.9 由压敏电阻构成的两级保护电路

7.2 箱式变电站

风电场中风电机组分布较为分散,常分布在数千米范围内,很多情况下,距离集中的升压变电站较远。而目前市场上风电机组输出电压大多为690 V,须就地经箱式变电站升压后通过集电线路传送至风电场升压变电站。因此,箱式变电站在风力发电过程中占据重要的地位。

在风电场中,雷击于风电机组,架空线路的感应雷过电压和直击雷过电压形成的沿线路的侵入波是导致箱式变电站遭受破坏的主要原因。若不采取防护措施,势必造成箱式变电站内电力电子设备绝缘损坏,引发事故。

1.在与箱式变电站相连的电缆中进行防雷接地保护

例如,某地风电场的箱式变电站事故,其发生原因是由箱式变电站到机组之间的电缆产生了感应过电压,导致箱式变电站低压侧母排有尖端放电部分烧熔现象,箱式变电站中照明系统也遭到了一定损坏。

经过进一步的故障排查发现，箱式变电站与机组之间的低压电缆虽然带有铠装护套，但施工过程中并未将金属护套端部接地，导致箱式变电站低压回路在雷雨天气时相间放电。

有资料表明：假如有5 kA的雷电流流入地网，在其附近5～10 m的无屏蔽电缆上将感应出5.0～7.5 kV的高压，但当电缆带有金属铠装护套并两端接地时，其感应过电压将降为上述电压的5%～10%。

由于风电机组到箱式变电站之间的电缆铠装金属护套在电缆端部并未接地，线路上也没配置避雷器，雷击导致电缆上的感应过电压无处泄放，因此，电缆上的感应过电压在引起相间放电的同时，将690 V的低压端子排这一绝缘薄弱环节击穿，瞬间对地泄放的大电流通过而造成破坏。

解决措施为直埋电缆应采用带金属护套的铠装电缆，金属护套端部应良好接地。如果电缆采用非铠装电缆，则应穿钢管敷设，钢管的端部应可靠接地，钢管之间应可靠连接。

2.在低压进线侧安装电涌保护器

在箱式变电站低压进线端装设电涌保护器，当有雷电过电压时，会将过电压降低到箱式变电站安全工作电压范围内，从而保证箱式变电站的正常工作。

图7.10所示系统采用的电涌保护器为限压型不带故障热脱扣系统，所以需要在电涌保护器前设置熔断器，以免电涌保护器老化后泄漏电流增大。熔断器是一种过电流保护器，使用时将熔断器串联于被保护电路中，当被保护电路的电流超过规定值，并经过一定时间后，由熔体自身产生的热量熔断熔体，使电路断开，从而起到保护的作用。为防止该泄漏电流增大到短路电流值时而导致相间短路或对地短路，对箱式变电站内设备造成破坏，故需要熔断器切断电涌保护器与系统的并联关系。

电涌保护器的加热老化是在每次发生雷击都会引起的，如漏电流长时间存在，电涌保护器会加速老化，此时则可借助于熔断器的热保护功能在电涌保护器达到最大可承受热量前动作断开电涌保护器。熔断器除了短路防护作用外，还具有反时延特性功能，当过载电流小时，熔断时间长；过载电流大时，熔断时间短，因此，在一定过载电流范围内至电流恢复正常，熔断器不会熔断，可以继续使用。

3.在高压出线端安装避雷器

在箱式变电站高压出线端安装避雷器是为了防止接入电网的架空线路受雷击而产生的雷电波侵入箱式变电站，破坏变压器绝缘，甚至将箱式变电站直接损坏。在高压出线端安装避雷器有下列要求：

(1)避雷器越靠近变压器安装，保护效果越好，一般要求装设在熔断器内侧，对于美式箱式变电站结构，可安装在负荷开关出线端。

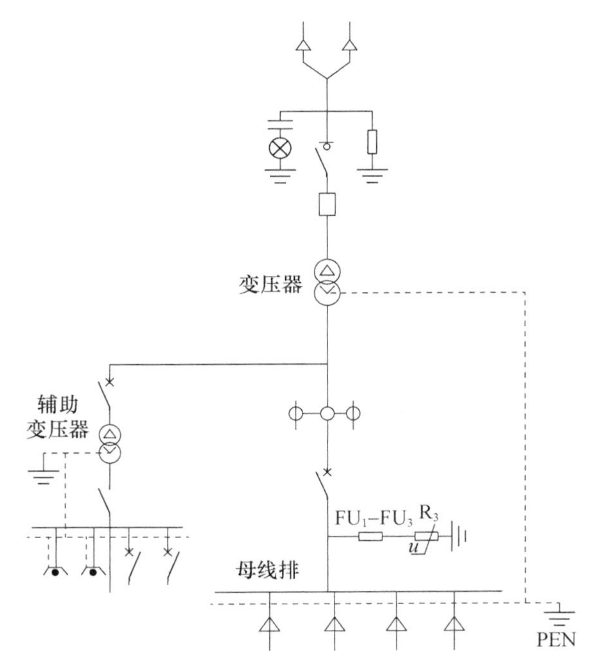

图7.10　风电场箱式变电站主接线简图

(2)避雷器选型必须使避雷器的残压小于升压变电站的耐压,才能有效地对升压变电站起到保护作用。

(3)避雷器的接地端点应直接接在箱式变电站的金属外壳上,这样可以保证其接地电阻小于4 Ω,也可以防止独立接地时接地电阻过大导致电位过高,也可以使外部的雷电流泄流途径与箱式变电站内部的感应雷电流泄流途径内外分隔开。

在这时,变压器金属外壳的电位亦将很高(等于IR),可能产生由变压器金属外壳向低压侧的高电位差,因此必须将低压侧的中性点也连接在变压器的金属外壳上,即采用三点联合接地。

4.箱式变电站与大地连接

风电设备的防雷接地保护取决引下线系统和接地网。尤其是陆上风电场常分布在旷野山地、草原、沙漠上,这些地方的土壤电阻率一般都很高,采用一般的接地系统很可能满足不了安全要求。因此,应考虑在箱式变电站内设置汇总接地排,再把箱式变电站内的设备元件如电涌保护器接地端等连接到箱式变电站汇总接地排上,汇总接地排与箱式变电站基础外的接地网系统连接,构建一个安全可靠的接地系统。

箱式变电站的接地网可与风电机组的接地网连为一体,以降低整个箱式变电站接地网的接地电阻。也可以在箱式变电站与风电机组接地网间敷设金属导体,采用导电率更好的铜绞线、铜包钢接地极或者铜管代替热镀锌扁钢、钢管、钢棒作为接地材料，采用新型降阻剂等方式，显著降低箱式变电站遭受雷击时的地电位升高，也可以减轻对电缆绝缘及箱式变电站高低压绕组绝缘的危害程度（黄耀志，2010）。

7.3 集电线路

风电场风电机组之间的连接线路称为集电线路，集电线路将风机产生的电能汇集到升压站，升压后通过高压送出线路送出。集电线路常采用架空线或者电缆方案，电压等级一般为10kV或35kV。集电线路发生雷击事故时，不但会影响电力系统的正常供电，增加风电场的维修工作量，还可能造成雷电波沿线侵入升压变电站，引起变电站设备的损坏。

在工程中，集电线路的防雷性能通常用耐雷水平和雷击跳闸率来衡量。耐雷水平指线路在遭受雷击时，线路绝缘所能耐受的不至于引起绝缘闪络的最大雷电流幅值，单位为kA。线路的耐雷水平越高，防雷性能就越好。雷击跳闸率是规定在每年40个雷电日和100km的线路长度下，因雷击而引起的线路跳闸次数，单位为次/(100km•40雷电日)。

集电线路的过电压类型主要为直击雷过电压和感应雷过电压，一般情况下直击雷过电压的危害更严重。电缆方案一般采用直埋敷设方式，因此不会有直击雷过电压情况，但是需考虑感应雷过电压的可能性，可在电缆进入箱式变压器及升压站中压母线处安装避雷器，以降低感应雷影响。在本节中只讨论架空线路的防雷。

7.3.1 集电线路的感应雷过电压

1.感应雷过电压的特点

(1)感应雷过电压的极性与雷云所带电荷极性相反。

(2)感应雷过电压同时存在于三相导线中，各相之间不存在电位差，因此一般情况下不能够发生相间闪络，只能引起对地闪络。

2.无避雷线时感应雷过电压的计算

根据理论分析和相关规程建议，当雷击点到输电线路的距离s大于65 m时，雷电往往不会击中线路，而是落在其附近地面或者周围其他物体上，但是会在导线上产生感应雷过电压。导线上产生的最大感应雷过电压为

$$U_{\max}=25\frac{Ih_d}{s} \tag{7.1}$$

式中，I为雷电流幅值，单位：kA；h_d为导线悬挂平均高度，单位：m；s为雷击点到导线之

间的距离,单位:m。

3.有避雷线时感应雷过电压的计算

若导线上方挂有避雷线,由于屏蔽作用,导线上的感应雷过电压将会下降。假设避雷线不接地,则避雷线上的感应过电压应与导线上的感应雷过电压相等。但实际上避雷线接地,其电位为0,相当于在上面叠加了一个极性相反、幅值相等的电压($-U$)。由于耦合作用,这个电压将在导线上产生耦合电压$K_c(-U)=-K_cU$。因此,导线上的实际感应雷过电压为导线上的感应雷过电压与耦合作用产生的过电压的叠加,即

$$U'=U-K_cU=(1-K_c)U \tag{7.2}$$

式中,K_c为避雷线与导线之间的耦合系数。

避雷线与导线距离越近,则耦合系数越大,导线上的感应雷过电压则越低。

4.近雷击点感应雷过电压的计算

上述两种感应雷过电压的计算只适用于$s>65$ m的情况,离导线更近的落雷常因为线路的吸引而击于线路本身。当雷直击于杆塔或线路附近的避雷线上时,周围迅速变化的电磁场将在导线上感应出相反极性的过电压。

无避雷线时,感应过电压最大值为

$$U_{\max}=\alpha h_d \tag{7.3}$$

式中,α为感应雷过电压系数,单位:kV/m,其值为雷电流的平均陡度,即为$I/2.6$。

有避雷线时,由于屏蔽作用,感应过电压为

$$U_{\max}=\alpha h_d(1-K_c) \tag{7.4}$$

7.3.2　集电线路的直击雷过电压

雷直击集电线路有3种情况:雷击塔顶或其附近的避雷线(统称雷击塔顶);雷击避雷线档距中央;雷绕过避雷线而击于导线,也称为绕击。3种情况如图7.11所示。

1.有避雷线时的直击雷过电压

(1)雷击塔顶　雷击塔顶时,大部分电流通过被击杆塔流入大地,巨大的雷电流会在杆塔和接地电阻上产生很高的电位,使电位原来为0的杆塔变为高电位,对线路放电,从而造成闪络,即反击。对于有避雷线的线路,其等效电路图如图7.12所示。

雷击时,绝大部分雷电流流经被击杆塔入地,小部分雷电流则通过避雷线从相邻的杆塔入地。流经被击杆塔入地的电流i_{gt}与总电流i的关系为

$$i_{gt}=\beta_g i \tag{7.5}$$

式中,β_g——分流系数,它的值小于1。

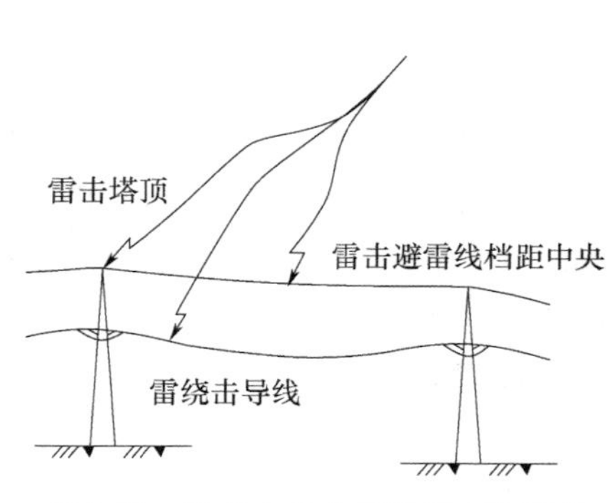

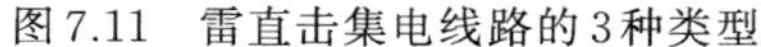
图7.11 雷直击集电线路的3种类型

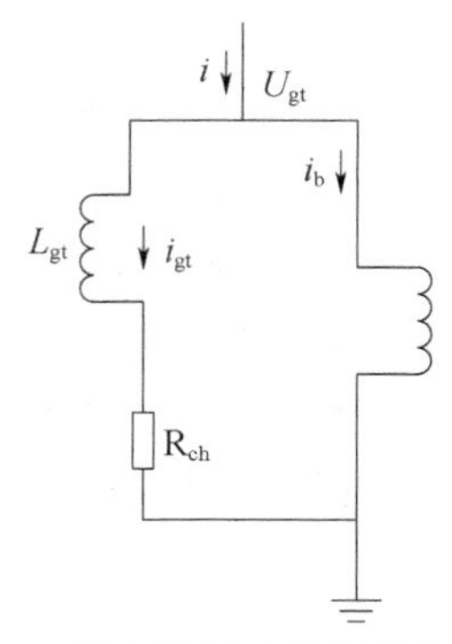

图7.12 雷击塔顶时的等效电路图

杆塔塔顶电位u_{gt}为

$$u_{\mathrm{gt}} = i_{\mathrm{gt}} R_{\mathrm{ch}} + L_{\mathrm{gt}} \frac{\mathrm{d}i_{\mathrm{gt}}}{\mathrm{d}t} \tag{7.6}$$

式中，R_{ch}为杆塔冲击接地电阻，单位：Ω；L_{gt}为杆塔总电感，单位：μH。

由式(7.5)和式(7.6)可得

$$u_{\mathrm{gt}} = \beta_g i R_{\mathrm{ch}} + L_{\mathrm{gt}} \beta_g \frac{\mathrm{d}i}{\mathrm{d}t} \tag{7.7}$$

以雷电流的波前陡度$\frac{\mathrm{d}i}{\mathrm{d}t}$为平均陡度，即$\frac{\mathrm{d}i}{\mathrm{d}t} = \frac{i}{2.6}$，并取雷电流幅值$I$为雷电流$i$，则可得到塔顶的电位$u_{\mathrm{gt}}$为

$$u_{\mathrm{gt}} = \beta_g i \left(R_{\mathrm{ch}} + \frac{L_{\mathrm{gt}}}{2.6} \right) \tag{7.8}$$

由于避雷线与塔顶相连，则避雷线也具有相同的电位u_{gt}，避雷线与导线之间存在耦合关系，并且极性与雷电流相同，则绝缘子串在这一部分的电压值为

$$u_{\mathrm{gt}} - K_c u_{\mathrm{gt}} = u_{\mathrm{gt}}(1 - K_c) = \beta_g I \left(R_{\mathrm{ch}} + \frac{L_{\mathrm{gt}}}{2.6} \right)(1 - K_c) \tag{7.9}$$

若计及导线上的感应雷过电压，可通过式子$U' = U - K_c U = (1 - K_c)$求得

$$U'_{\mathrm{gt}} = U_{\mathrm{gt}}(1 - K_c) = \alpha h_d (1 - K_c) = \frac{I}{2.6} h_d (1 - K_c) \tag{7.10}$$

将式(7.9)和式(7.10)叠加可得作用在绝缘子串上的电压U_j为

$$\begin{aligned} U_j &= \beta_g I \left(R_{\mathrm{ch}} + \frac{L_{\mathrm{gt}}}{2.6} \right)(1 - K_c) + \frac{I}{2.6} h_d (1 - K_c) \\ &= I \left(\beta_g R_{\mathrm{ch}} + \beta_g \frac{L_{\mathrm{gt}}}{2.6} + \frac{h_d}{2.6} \right)(1 - K_c) \end{aligned} \tag{7.11}$$

若U_j超过绝缘子串50%冲击放电电压，绝缘子串将会发生闪络，则雷击塔顶的耐

雷水平 I 为

$$I=\frac{U_{50\%}}{(1-K_c)\left[\beta_g\left(R_{\mathrm{ch}}+\frac{L_{\mathrm{gt}}}{2.6}\right)+\frac{h_d}{2.6}\right]} \tag{7.12}$$

因为从杆塔流入大地的雷电流多为负极性，此时导线相对于杆塔来说是正极性的，所以 $U_{50\%}$ 应取绝缘子串的正极性50％冲击放电电压。

(2)雷击避雷线档距中央的过电压及其空气间隙

1)雷击点的过电压。避雷线档距中央遭受雷击时如图7.13所示，根据彼得逊法则可以画出它的等值电路图，如图7.14所示，则雷击点的电压 u_A 为

$$\begin{aligned}u_A&=2\left(\frac{i}{2}Z_0\right)\left(\frac{Z_b/2}{Z_0+Z_b/2}\right)\\&=i\frac{Z_0Z_b}{2Z_0+Z_b}\end{aligned} \tag{7.13}$$

式中，i 为雷电流。

在计算中可以近似地取 $Z_0=\frac{Z_b}{2}$，代入式(7.13)可得

$$u_A=\frac{Z_b}{4}i \tag{7.14}$$

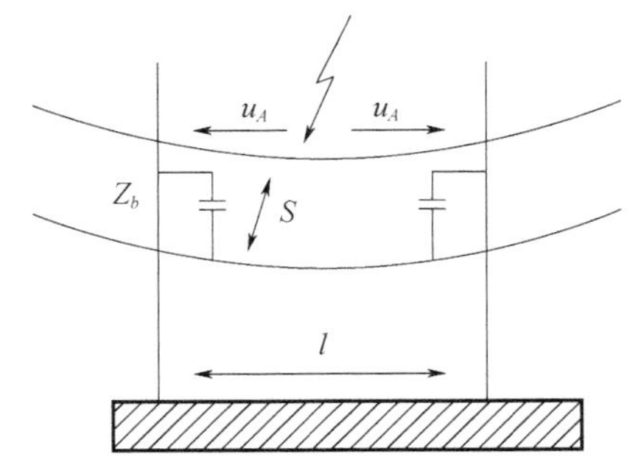

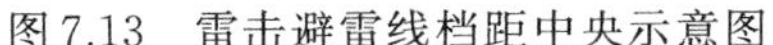
图7.13　雷击避雷线档距中央示意图

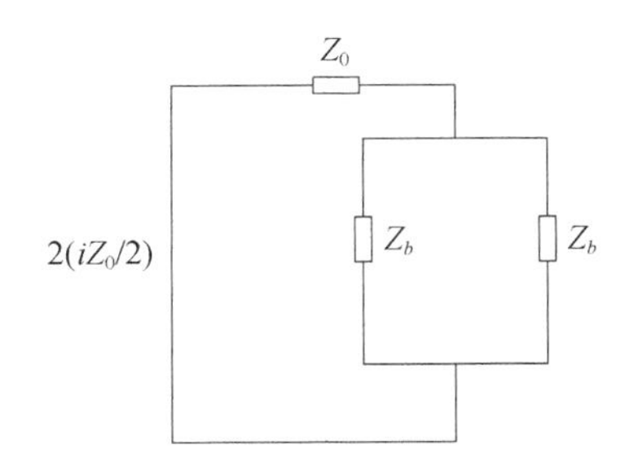

图7.14　雷击避雷线档距中央等效电路图

2)避雷线与导线之间的空气间隙 s 上所能承受的最大电压。若雷电流取斜角波，即 $i=\alpha t$，则有

$$u_A=\frac{Z_b}{4}\alpha t \tag{7.15}$$

由式(7.15)可以看出，雷击点处的电压将随着时间的增加而增大。同时，这一电压波沿着两侧避雷线向相邻杆塔传播，经过 $0.5l/v$(l 为档距长度，v 为波速)到达杆塔。根据行波传播规则，在杆塔处将发生负反射，负的电压波沿避雷线经过相同的时间传回雷

击点后，雷击点的电压 u_A 将不再升高，雷电压达到最大值，即

$$u_A = \frac{\alpha l Z_b}{4v} \tag{7.16}$$

由于避雷线与导线间存在耦合作用，在导线上将产生耦合电压 $K_c u_A$，因此雷击处避雷线与导线间的空气间隙上所能承受的最大电压 U_s 为

$$U_s = u_A(1-K_c) = \frac{\alpha l Z_b}{4v}(1-K_c) \tag{7.17}$$

由式(7.17)可知，雷击避雷线档距中央时，雷击处避雷线与空气间隙间的最大电压 U_s 与档距长度 l 成正比。因此，保证避雷线与导线之间有足够的距离可以防止该空气间隙被击穿。

根据理论分析和运行经验，我国相关规程规定档距中央导线、地线之间的空气间隙 s(m)的经验公式为

$$s = 0.012l + 1 \tag{7.18}$$

电力系统多年运行经验表明，按式(7.18)求得的 s 足以满足避雷线与导线之间不发生闪络的要求。

(3)绕击时导线的过电压及耐雷水平，绕击的情况相当于在导线上方未架设避雷线的情况下，雷电直击导线。此时雷电流沿着导线向两侧流动。假设 Z_0 为雷电通道的波阻抗，$Z/2$ 为雷击点两侧导线的并联波阻抗，可建立等效电路如图 7.15 所示。

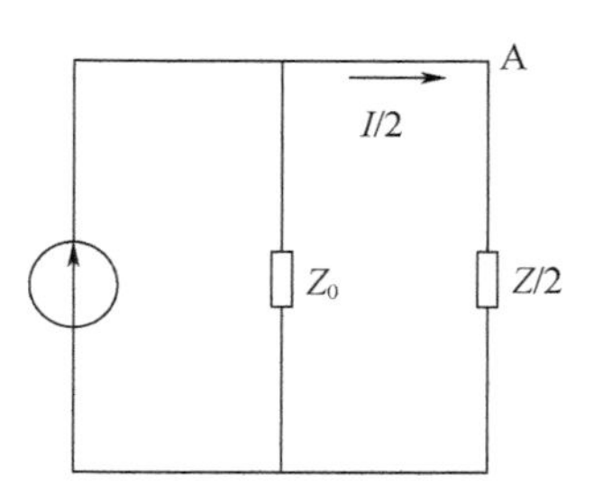

图 7.15　绕击时等效电路图

若计及在过电压情况下冲击电晕的影响，Z 可取值 400 Ω，则雷击点 A 的电压 U_A 为

$$U_A = \frac{I}{2}\frac{Z}{2} = \frac{IZ}{4} = 100I \tag{7.19}$$

当 U_A 超过绝缘子串的 50% 冲击闪络电压时将发生闪络，从而可得导线的绕击耐雷水平为

$$I = \frac{U_{50\%}}{100} \tag{7.20}$$

2.无避雷线时的直击雷过电压

集电线路未架设避雷线时,雷击线路有2种情况:一是雷直击导线;二是雷击塔顶。

(1)雷直击导线　由绕击情况可得,雷直击导线时雷击点的电压为 $U_A=100I$,则耐雷水平为

$$I=\frac{U_{50\%}}{100} \tag{7.21}$$

(2)雷击塔顶　雷直击塔顶时,无雷电流分流的影响,所有的雷电流 I 均通过接地电阻流入大地。设杆塔的电感为 L_{gt},雷电流波头为 2.6 μs,则 $\alpha=I/2.6$,可得等效电路如图7.16所示。

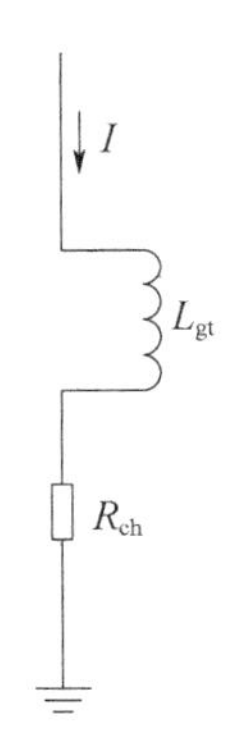

图7.16　无避雷线时雷击塔顶时的等效电路图

由于感应过电压极性与塔顶电位极性相反,则作用于绝缘子串上的电压为

$$\begin{aligned} U_j &= U-(-U')=I\left(R_{ch}+\frac{L_{gt}}{2.6}\right)+\frac{1}{2.6}h_d \\ &= I\left(R_{ch}+\frac{L_{gt}}{2.6}+\frac{h_d}{2.6}\right) \end{aligned} \tag{7.22}$$

线路的耐压水平为

$$I=\frac{U_{50\%}}{R_{ch}+\dfrac{L_{gt}}{2.6}+\dfrac{h_d}{2.6}} \tag{7.23}$$

雷击塔顶时,若雷电流幅值超过线路的耐雷水平,会致使塔顶对一相导线放电。由于工频电流较小,不能形成稳定的工频电弧,因此不会引起线路跳闸故障。若第一相闪络后,再向第二相反击,此时两相间绝缘子串闪络出现大的短路电流,会引起线路跳闸。

当第一相闪络后,可认为该导线具有与塔顶一样的电位。第一相与第二相导线之间有耦合作用,则两相间的电压差为

$$U_j' = (1-K_c)U_j = (1-K_c)\left(R_{ch} + \frac{L_{gt}}{2.6} + \frac{h_d}{2.6}\right) \tag{7.24}$$

线路的耐雷水平为

$$I = \frac{U_{50\%}}{\left(R_{ch} + \frac{L_{gt}}{2.6} + \frac{h_d}{2.6}\right)(1-K_c)} \tag{7.25}$$

7.3.3 集电线路雷击跳闸率的计算

雷电过电压引起集电线路雷击跳闸需要满足以下条件:①线路上的雷电流幅值超过耐雷水平,引起线路绝缘损坏发生冲击闪络。②雷电波过后,在工作电压下的冲击闪络有可能转变成稳定的工频电弧,一旦形成稳定的工频电弧,导线上将有持续的工频短路电流,导致线路跳闸。

1.建弧率的计算

当绝缘子串发生闪络后,应尽量使其不能转化为稳定的工频电弧,这样线路就不会跳闸。冲击闪络转变为稳定的工频电弧主要受电弧路径中的平均运行电压梯度影响。根据运行经验与相关试验数据可以得到冲击闪络转变为稳定工频电弧的概率(即建弧率)为

$$\eta = (4.5E^{0.75} - 14) \times 100\% \tag{7.26}$$

式中,E为绝缘子串的平均运行电压梯度,单位:kV/m。

中性点直接接地系统

$$E = \frac{U_e}{\sqrt{3}\,(l_j + 0.5l_m)} \tag{7.27}$$

中性点非直接接地系统

$$E = \frac{U_e}{2l_j + l_m} \tag{7.28}$$

式中,U_e为线路额定电压,单位:kV;l_j为绝缘子串闪络距离,单位:m;l_m为杆塔横担的线间距离,单位:m,若为铁横担或钢筋混凝土横担线路,则$l_m=0$。

若$E \leqslant 6$kV/m,则建弧率很小,可以近似认为$\eta=0$。

2.雷击跳闸率的计算

线路的雷击跳闸可能是由反击引起的,也可能是由绕击引起的,这两部分之和即是线路的雷击跳闸率。

(1)反击跳闸率n_1 反击主要有2种情况:一是雷击杆塔或杆塔附近避雷线时,巨大的雷电流入地时造成塔顶高电位对导线放电,引起绝缘子串闪络;二是雷击避雷线档

距中央引起绝缘闪络。从前面的分析可以得知，只要空间气隙s符合规程要求，则雷击档距中央避雷线一般不会引起绝缘闪络。因此，计算反击跳闸率时只需要考虑第一种情况即可。

根据相关规程可知，每100 km线路在40个雷暴日下，雷击杆塔的次数为

$$n_1 = 0.28(b + 4h_d)g \tag{7.29}$$

式中，b为两根避雷线间的距离，单位：m；h_d为避雷线的平均对地高度，单位：m；g为击杆率，取值见表7.1。

表7.1　击杆率g取值

避雷线根数	0	1	2
平原	1/2	1/4	1/6
山区	—	1/3	1/4

雷电流幅值大于雷击塔顶的耐雷水平的概率为p_1，则每100 km线路在40个雷暴日下因雷击塔顶造成的跳闸次数为

$$n_1 = 0.28(b + 4h_d)g\eta p_1 \tag{7.30}$$

(2)绕击跳闸率　设线路绕击率为p_a，则每100 km线路在40个雷暴日下的绕击次数为$0.28(b+4h_d)p_a$。雷电流幅值超过耐雷水平的概率为p_2，则每100 km线路在40个雷暴日下因绕击而跳闸的次数为

$$n_2 = 0.28(b + 4h_d)p_a\eta p_2 \tag{7.31}$$

综上所述，对于中性点直接接地，有避雷线的线路的雷击跳闸率为

$$n = n_1 + n_2 = 0.28(b + 4h_d)\eta(gp_1 + p_2 p_a) \tag{7.32}$$

对于中性点非直接接地系统，无避雷线的线路的雷击跳闸率为

$$n = 0.28(b + 4h_d)\eta p_1 \tag{7.33}$$

7.3.4　集电线路的防雷保护措施

(1)架设避雷线是防止雷电直击集电线路的最直接的保护措施。在集电线路上架设避雷线可以使雷电流流向各个杆塔从而分流，减小流入每个杆塔的电流，降低塔顶电位，增强耐雷水平；对导线有屏蔽作用，可以降低导线上的感应雷过电压，对导线有耦合作用，可以降低雷击杆塔时作用于绝缘子串上的电压。

(2)提高线路绝缘水平，主要通过使用绝缘导线来代替原来的裸导线、增加绝缘子串的片数、在绝缘子与导线之间增加绝缘皮、改用大爬距悬式绝缘子等。

(3)避雷器对线路的雷电过电压的防护具有很好的效果，但全线安装避雷器成本大，就经济性而言并不适合。因此，可以选择在土壤电阻率很高的线段以及线路绝缘薄

弱处安装避雷器。

(4)降低杆塔接地电阻有利于雷电流的泄放,能够有效降低雷击杆塔时杆塔的电位,防止反击事故的发生。在土壤电阻率较低的地区,应该充分利用杆塔的自然接地电阻;在土壤电阻率较高的地区,可以采用适当的措施降低接地电阻,比如采用降阻剂、采用多根放射形水平接地体等。

(5)采用中性点经消弧线圈接地补偿工频续流,能使残流控制在小于电弧熄灭临界值,有利于电弧的熄灭,能有效降低建弧率,提高线路的供电可靠性。

(6)通过在导线下方加装一条耦合地线,增大导线与地线之间的耦合系数,加强地线的分流作用,从而提高线路的耐雷水平。架设耦合地线常作为一种补救措施,对减少雷击跳闸率具有显著的效果。

7.4　升压站

升压站是风电场电力系统的中心环节,是整个风电场的电能汇集中心和控制中心。一旦受到雷击,可能会使升压站的电气设备受到损坏,造成大面积的停电事故,带来巨大的经济损失,因此,必须采取可靠的防护措施。

升压站的雷害事故一般来自两个方面:一是雷直击于升压站:二是雷击集电线路产生的雷电波沿线路侵入升压站。

对于直击雷,一般采用避雷针或避雷线保护。对于侵入波,主要采用在升压站内合理地配置避雷器,同时在升压站的进线段采取辅助的防雷措施,以限制流经避雷器的雷电流幅值和降低侵入波的陡度。

7.4.1　升压站的直击雷保护

升压站的直击雷防护一般采用避雷针或避雷线,原则上应使升压站所有的建筑物、设备均处在避雷针或避雷线的保护范围内。应该注意的是,避雷针或避雷线与设备之间应有足够大的电气距离,防止由于雷击造成的避雷针或避雷线电位的升高对设备发生放电(即反击)。

1.装设避雷针

如图7.17所示,雷击避雷针时,雷电流通过避雷针以及接地装置流入大地。在避雷针的A点(高度为h)与接地装置的B点将出现高电位u_A、u_B,即

$$u_A = L\frac{\mathrm{d}i}{\mathrm{d}t} + iR_{\mathrm{ch}} \tag{7.34}$$

$$u_B = iR_{\mathrm{ch}} \tag{7.35}$$

式中,L为AB段避雷针的电感,单位:μH;R_{ch}为接地装置的冲击电阻,单位:Ω;i为流

过避雷针的雷电流；$\frac{di}{dt}$为雷电流的陡度，单位：kA/μs。

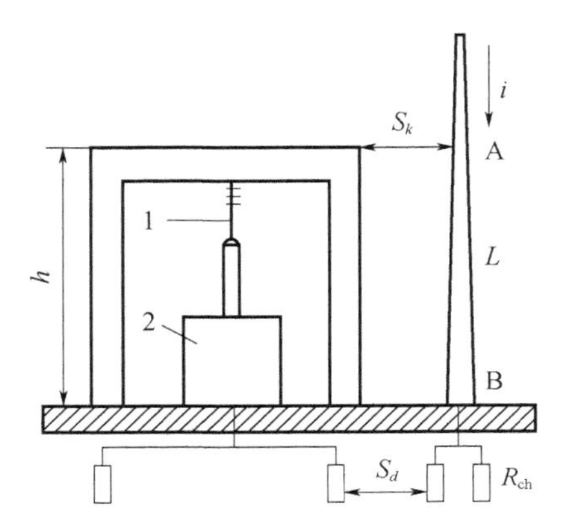

图7.17 雷击避雷针分析

1—母线；2—变压器

若避雷针与被保护装置之间的空气间隙不够大，则避雷针有可能对被保护装置反击。同样的道理，地下接地体之间也要有足够的电气距离S_d。

相关规程建议，取雷电流幅值140～150 kA，$L=1.7$ μH/m，空气击穿场强为500 kV/m，土壤击穿场强为300 kV/m，雷电流波头为2.6 μs。则S_k、S_d应满足

$$\begin{cases}S_k \geqslant 0.2R_{ch}+0.1h \\ S_d \geqslant 0.3R_{ch}\end{cases} \tag{7.36}$$

对于110kV及以上电压等级的变电站，由于绝缘水平比较高，不易发生反击。在安装避雷针构架时应铺设辅助接地装置，并且其与主变压器接地点间的电气距离应不小于15 m。目的是使避雷针遭受雷击时接地装置电位升高，雷电波沿接地网向主变压器接地点传播时逐渐衰减，到达接地点后电压幅值无法达到对变压器反击的要求。变压器是升压站中最重要的设备，不应在变压器的门形构架上装设避雷针。

对于35kV及以下电压等级的升压站，由于其绝缘水平较低，因此，避雷针应独立装设而不能装设在构架上。

2.架设避雷线

常见的避雷线保护有两种：一是避雷线一端经配电装置构架接地，另一端绝缘；二是避雷线两端均接地。

对于一端接地、一端绝缘的避雷线，有

$$\begin{cases}S_k \geqslant 0.2R_{ch}+0.16(h+\Delta l) \\ S_d \geqslant 0.3R_{ch}\end{cases} \tag{7.37}$$

式中，h为避雷线支柱的高度，单位：m；Δl为避雷器上校验的雷击点与接地支柱的距离，单位：m。

对于两端均接地的避雷线，有

$$\begin{cases} S_k \geqslant \beta'\left[0.2R_{\mathrm{ch}} + 0.16(h+\Delta l)\right] \\ S_d \geqslant 0.3\beta' R_{\mathrm{ch}} \\ \beta' \geqslant \dfrac{l_2 + h}{l_2 + 2h + \Delta l} \\ l_2 = l - \Delta l \end{cases} \tag{7.38}$$

式中，β'为避雷线的分流系数；l为避雷线两支柱间的距离，单位：m；l_2为避雷线上校验的雷击点与另一端支柱间的距离，单位：m。

对于110kV及以上电压等级的变电站，在土壤电阻率不高的地区，可将避雷线接到出线门形构架上；但在土壤电阻率大于1000Ω•m的地区，应加装3～5根接地极。

对于35～60kV的变电站，在土壤电阻率不大于500Ω•m的地区，可将避雷线接到出线门形构架上，但应加装3～5根接地极。对于土壤电阻率大于500Ω•m的地区，避雷线应终止于终端杆塔，不能与变电站相连，并且在进变电站档线路装设避雷针保护。

对于避雷针、避雷线，S_k一般不小于5 m，S_d一般不小于3 m，并且在可能的情况下应适当加大，以防止反击现象的发生。

7.4.2 升压站的侵入波保护

多年运行经验表明，雷击风电场输电线路的概率远大于雷击升压站，因此必须重视雷电侵入波沿线侵入升压站的防护。一般可以从两方面采取措施：一是使用避雷器限制雷电过电压的幅值；二是在距升压站适当的距离内装设可靠的进线保护段，利用导线自身的波阻抗限制流过避雷器的冲击电流幅值，利用侵入波在导线上产生的冲击电晕降低侵入波的陡度和幅值。

1.避雷器的保护

由于避雷器的伏秒特性较平缓，一般情况下其冲击放电电压不随入射波陡度的改变而改变，可视为定值。其残压虽然与流经避雷器的电流有关，但对于阀式避雷器而言，其阀片具有明显的非线性特性。因此，在流经阀式避雷器的雷电流的很大范围内，避雷器残压的变化并不明显，可认为与全波冲击放电电压相等。金属氧化物避雷器同样具有良好的非线性，避雷器的电压波形可以简化成斜角平顶波。

理想条件下避雷器应该是与被保护设备直接并联在一起的，这样加到被保护设备上的电压就是避雷器端部电压，只要该电压值不超过被保护设备的耐受水平，则设备就能够得到保护。但在实际工作中，避雷器与被保护设备之间还有其他开关设备存在，为了防止反击现象的发生，避雷器与被保护设备之间总是有一段电气距离 l。在这种情况下，当避雷器动作时，由于雷电波的折射与反射，会提高加在被保护设备上的电压，使其超过避雷器的冲击放电电压而降低避雷器的防护效果。

图7.18所示为阀式避雷器保护变压器的接线图，为了简化计算，忽略变压器的入口电容以及避雷器的泄漏电阻。假设避雷器与变压器的电气距离为 l，雷电波陡度为 α，速度为 v，则在雷电波传播到避雷器 R 时，电压为 $u_R=\alpha t$。经过 l/v 时间后，到达变压器 T 的底部时，将发生全反射，则变压器上的电压 $u_T=2\alpha(t-l/v)$，陡度为 2α；当 $t\geqslant 2l/v$ 时，$u_R=\alpha t+\alpha(t-2l/v)$。当变压器的电压与避雷器的冲击电压相等时，避雷器动作，u_R 将不再上升。由于避雷器与变压器之间存在电气距离 l，因此避雷器动作后的效果需经过时间 l/v 才能到达变压器，这段时间内雷电波的陡度为 2α。则可以得到变压器上的电压为

$$u_T=u_R+\frac{2\alpha l}{v} \tag{7.39}$$

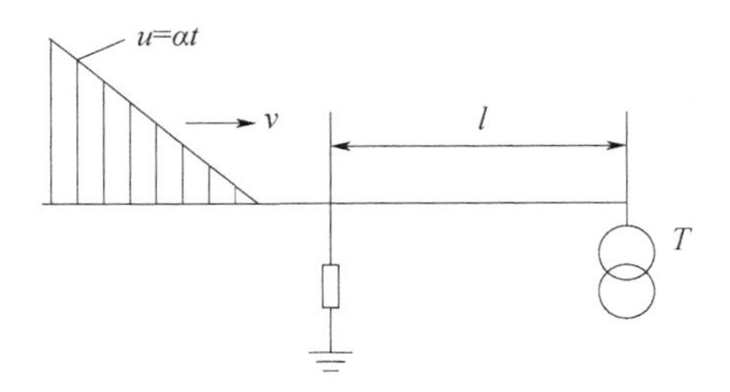

图7.18 阀式避雷器保护变压器的接线图

在实际工作中，升压变电站接线复杂，各设备之间存在一定的电感、电容，电气距离分析过程复杂。避雷器与被保护设备间允许的电气距离 l 为

$$l\leqslant\frac{u_j-u_R}{2\alpha/v} \tag{7.40}$$

式中，u_j 为被保护设备允许的最大冲击电压，单位：kV。

2.升压站进线段的保护

当线路遭受雷击时，雷电波将会沿着线路向升压站运动。线路的耐雷水平比升压站内各种设备的耐雷水平要高得多。若没有架设避雷线，靠近升压站的线路在遭受雷击时，流经线路避雷器的电流可能超过其保护范围，雷电流陡度也可能高于允许值，从而使升压站遭受雷害损失。因此，在靠近升压站的进线段上必须装设避雷针或者避雷

线,减小进线段遭受雷害的概率,从而保护升压站。

对于未全线架设避雷线的线路,在靠近升压站的1～2 km范围内应装设避雷针、避雷线等防雷装置。对于全线架设避雷线的线路,靠近升压站2 km范围内的线路称为进线段。进线段保护的主要作用是限制流经避雷器的雷电流和侵入波的陡度。

(1)流过避雷器的雷电流　对侵入波进行计算时,可以认为侵入波的幅值为进线段的绝缘水平$U_{50\%}$,波头时间取2.6 μs。

雷电波在进线段来回一次的时间为$2l/v=6.7\mu s$(l取1km),超过波头的时间,说明避雷器动作后产生的负反射波又返回到雷击点,在该点又产生负反射波,从而使流经避雷器的雷电流加大。可以列出方程组为

$$\begin{cases}2U_{50\%}=IZ+u_R\\u_R=f(I)\end{cases}\tag{7.41}$$

式中,$U_{50\%}$为侵入雷电波幅值,单位:kV;Z为线路的波阻抗,单位:Ω;$f(I)$为避雷器的伏安特性,单位:kV。

可以得到流过避雷器的雷电流幅值为

$$I=\frac{2U_{50\%}-u_R}{Z}\tag{7.42}$$

据计算分析以及运行经验可得,线路电压在220kV及以下时,最大冲击电流不超过5 kA;在330kV及以上时,最大冲击电流不超过10 kA。同等条件下金属氧化物避雷器所能承受的雷电流幅值更高。

(2)侵入波的陡度　假设雷击在进线段的首端,则雷电波的陡度α为

$$\alpha=\frac{U}{(0.5+0.008U/h_{dp})l_0}=\frac{1}{(0.5/U+0.008/h_{dp})l_0}\tag{7.43}$$

式中,h_{dp}为进线段导线平均长度;l_0为进线段长度;U为避雷器冲击放电电压。

应该注意的是,式(7.43)中的α为侵入波时间陡度,单位为kV/μs。

令$\alpha'=\alpha/v$,α为侵入波空间陡度(也称计算陡度),则式(7.43)可以写成

$$\alpha'=\frac{\alpha}{300}=\frac{1}{(150/U+2.4/h_{dp})l_0}\tag{7.44}$$

不同额定电压下升压站的雷电波计算陡度见表7.2。

表7.2　升压站侵入波计算陡度

额定电压值(kV)	侵入波计算陡度(kV/m)	
	1 km进线段	2 km进线段或全线有避雷线
35	1.0	0.5
60	1.1	0.55

续表

额定电压值(kV)	侵入波计算陡度(kV/m)	
110	1.6	0.75
220	—	1.5
330	—	2.2
500	—	2.5

雷电侵入波在传播过程中会有损耗,也就是雷电过电压在线路上产生的地点离升压站越远,传播到升压站时的损耗也就越大,其幅值和陡度降低的幅度越大。因此,在升压站进线段处应加强防雷保护。对于全线无架设避雷针或避雷线的线路,应在进线段加装避雷针、避雷线或者其他防雷措施;对于全线架设避雷线的线路,应在进线段处提高线路的耐雷水平。这样,侵入升压站的雷电侵入波主要来自离升压站较远的进线段外,经过至少1～2km进线段的冲击电晕的影响,侵入波的幅值和陡度能够得到有效削弱,进线段的波阻抗也能在一定程度上削弱流经避雷器的雷电流。

7.4.3 升压站变压器的防雷保护

1.三绕组变压器的防护

双绕组变压器运行时,高压侧与低压侧都是闭合的,并且两侧都安装了避雷器,因此任一侧发生雷电波侵入都不会造成变压器绝缘损坏。但对于三绕组变压器,在运行过程中可能出现高、中压绕组正常运行而低压绕组开路的情况。此时若高压绕组或中压绕组有雷电波侵入时,由于低压绕组的对地电容很小,通过组间耦合和静电耦合,低压绕组可能产生过电压,对低压绕组的绝缘造成威胁。因为发生过电压时,低压绕组三相电压同时升高,因此只需要在任一相绕组出口处对地装设一组避雷器就可以限制过电压的发生。如果低压绕组外连接了25 m及以上的金属铠装电缆线路,则相当于低压绕组增加了对地电容,能够有效地限制过电压的发生,可不装设避雷器。

由于中压绕组的绝缘水平远比低压绕组高,因此即使中压绕组开路运行,一般也不会造成中压绕组绝缘损坏,故不需装设避雷器。

2.自耦变压器的防护

自耦变压器除了有高、中压自耦绕组外,还有三角形联结的低压绕组,以减小系统的零序电抗和改善电压波形。当低压绕组开路运行时,其情况与三绕组变压器相同,只需在低压绕组出线端任一相对地加装一组避雷器即可。

然而由于自耦变压器自身的特点,可能存在高、低压绕组正常运行,而中压绕组开路或者中、低压绕组正常运行而高压绕组开路的情况。

当高压绕组A有雷电波侵入时,设其电压为U_0,其初始和分布电压以及最大电压包络线如图7.19(a)所示。在开路的中压绕组A'上可能出现的最大电位为U_0的$2/k$倍(k为高压绕组与中压绕组的变比),可能引起中压绕组套管绝缘闪络。因此,应该在中压绕组与其断路器之间装设一组避雷器进行保护。

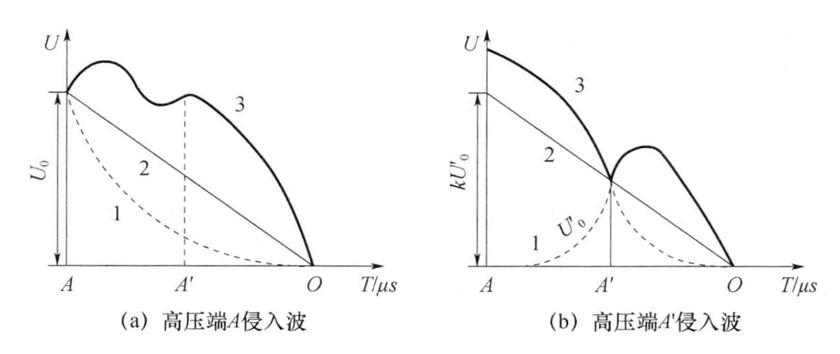

图7.19 自耦变压器的点位分布图

1—初始电压分布;2—稳态电压分布;3—最大电位包络线;O—接地中性点

当中压绕组A'有雷电波侵入时,其初始和分布电压以及最大电压包络线如图7.19(b)所示。由中压绕组A'到高压绕组A的稳态分布是由中压绕组A'到接地中性点O稳态分布的电磁感应形成的。A的稳态电压为kU_0'。在振荡过程中,A的最高电位可达$2kU'_0$,可能引起高压绕组绝缘损坏。因此,在高压绕组与其断路器之间要装设一组避雷器。当中压侧有出线(相当于A接线经波阻抗接地)时,由于线路波阻抗比变压器绕组波阻抗小得多,一旦高压绕组有雷电波侵入,雷电波电压将全部加在AA'绕组上,可能使其绝缘损坏。同理,当高压绕组有出线、中压绕组有雷电波侵入时,同样可能使绕组损坏。

3.变压器的中性点保护

35~60 kV电压等级的变压器采用全绝缘(中性点的绝缘水平与相线端的绝缘水平相等)方式,并且中性点不接地或经电感线圈接地,其中性点一般不需要保护。中性点经消弧线圈接地的110~154 kV电压等级的变压器采用全绝缘方式,由于有避雷线的保护,中性点一般也不需要保护。

对于110 kV及以上中性点直接接地系统,为了减小单相接地短路电流,部分变压器的中性点不接地。此时的变压器的中性点需要保护。若变压器中性点采用全绝缘方式,则其中性点一般不需要保护;若变电站为单台变压器运行,中性点则要求装设与首端相同电压等级的避雷器。因为在三相进波的情况下,中性点的对地电位会超过首端的对地电位。若变压器中性点采用分级绝缘方式(中性点的绝缘水平低于相线端的绝缘水平),则需选用与中性点绝缘电压等级相同的避雷器进行保护。并且要注意校验避雷器的灭弧电压,使其始终大于中性点可能出现的最高工频电压。

7.5　海上风电场

7.5.1　海上风电场概述

大型风电场正从陆地走向海洋，因为海上风电场具有风资源丰富、节省陆地土地等优点，且海上风速高、湍流强度小、风电机组发电量大、风能利用更加充分。

根据《风电发展“十二五”规划》，2015年我国海上风力电装机容量将达到500万kW，2020年中国海上风电将达到3000万kW。但直到2014年年初，我国已建成的海上风电场容量约为33万kW(不含试验风机)，分布在上海和江苏，离规划目标还有很大的距离。为了进一步促进海上风电的发展，2014年6月，国家发展改革委员会颁布了《关于海上风电上网电价政策的通知》，规定2017年以前(不含2017年)投运的近海风电项目上网电价为0.85元/(kW·h)(含税，下同)，潮间带风电项目上网电价为0.75元/(kW·h)。2014年8月，国家能源局组织召开“全国海上风电推进会”，会议同时公布了《全国海上风电开发建设方案(2014—2016)》，涉及44个海上风电项目，共计1027.77万kW的装机容量。其中包括已核准的项目9个，容量175万kW，正在开展前期工作的项目35个，容量853万kW。列入这次开发建设方案的项目，视同列入核准计划。这是继海上风电电价出台后，主管部门推动海上风电发展的又一大动作，反映了主管部门对海上风电产业发展的支持。

7.5.2　海上风电场电气系统

典型的海上风电场电气主回路包括风力发电机组、海底集电系统、海上升压站、海底高压输电电缆、陆上集控中心。

1.风力发电机组

风力发电机组包括海上风电机组、配套变压器、中压开关柜等。

2.海底集电系统

海底集电系统以若干个风电机组为一个子单元，用三芯35 kV海底电缆线路连接起来，汇流至升压站的35 kV侧。集电电缆连接方式有放射形、环形、星形等。在开关配置方面，主要有传统开关配置、完全开关配置、部分开关配置3种开关配置方案。

3.海上升压站

海上升压站是一个海上的钢平台设施，用于将各风电机组所发的电力汇流后升压至高电压等级以输送到陆地电网。一般为2～3层结构，底层为电缆层，中间层为高压配电装置、变压器和开关设备层，上层为控制室、无功补偿装置等。有些大型海上升压站顶层还建有直升机平台，便于运行维护。当海上风电场离岸越来越远，采用柔性直流输电将电能传输到陆地越来越经济时,还需要建设用于柔性直流输电的海上换流站平台。

4.海底高压输电电缆

电能经海上升压站升压后,再通过海底高压输电电缆与陆上集控中心连接,将电能输送至电网。

参考文献

陈青山,林荣基,2009.风电机组防雷技术[J].气象研究与应用,30:169-170.

黄耀志,朱仁华,2010.风电箱式变电站的防雷与应用[J].科技风,240.

刘永前,2013.风力发电场[M].北京:机械工业出版社.

孙大鹏,吕跃刚,2008.风力发电机组防雷保护[J].中国电力教育,661-663.

王艳,2010.三峡电力通信系统雷电防护改造[J].水电厂自动化,31(2):80-84.

王宝归,曹国荣,2012.风电机组的防雷保护[J].风能(3):86-90.

王莹,赵燕峰,2014.大型风电机组的防雷系统解析[J].风能(3):92-96.

夏文光,2008.建筑物及电子信息系统防雷设计探讨[J].电气应用,27(3):30-31.

叶青,2006.电源浪涌保护器及其应用[J].电气安装技术(3):41-43.

朱永强,张旭,2010.风电场电气系统[M].北京:机械工业出版社.

张修志,2013.风电场防雷系统的相关探讨[J].电子制作,182.

赵文忠,2013.风电场箱式变电站雷击过电压防护浅析[J].科技创业家,117.

第8章　风电场系统雷电安全检测

8.1　定义

1.防雷装置

用以对某一空间进行雷电效应防护的整套装置,它由外部防雷装置、内部防雷装置两部分组成。

2.外部防雷装置

由接闪器、引下线和接地装置组成,主要用于防护直击雷的防雷装置。

本标准中外部防雷装置指叶片接闪器、机舱接闪器、引下线、接地装置组成的防雷系统。

3.内部防雷装置

除外部防雷装置外,所有其他附加设施均为内部防雷装置,主要用于减小和防护雷电流在需要防护空间内所产生的电磁效应。

4.电涌保护器

用来限制瞬态过电压及泄放相应的瞬态过电流的装置,它至少含有一个非线性元件。

5.等电位连接

将分开的诸金属物体直接用连接导体或经电涌保护器连接到防雷装置上以减小雷电流引发的电位差。

6.接闪器

外部LPS的一部分,用于截获雷击的金属部件,如叶片接闪器、机舱接闪器。

7.引下线

用于将雷电流从接闪器传导至接地装置的导体。如叶片引下线、金属塔筒或塔架等。

8.接地电阻

人工接地极或自然接地极的对地电阻和接地线电阻的总和,称为接地装置的接地电阻。

9.雷电防护水平

与一组雷电流参数值有关的序数,该组参数值与在自然界发生雷电时最大和最小设计值不被超出的概率有关。

(注:雷电防护水平用于根据雷电流一组相关参数值设计防雷措施。)

10.协调配合的SPD装置

一套适当选择的电涌保护器,在配合和安装后可以减少电气和电子装置的故障。

(注:SPD的配合包含连接电路,从而实现整个装置的绝缘配合。)

11.接地体

埋入土壤中或混凝土基础中作散流用的导体。

12.接地装置

由接地体和连接网络组成的完整装置。

8.2 检测项目

8.2.1 外部防雷装置包括以下部分

(1)叶片防雷装置:接闪器、引下线。

(2)机舱防雷装置:机舱接闪器、引下线、外部裸露金属装置。

(3)接地装置:机组基础接地电阻。

8.2.2 内部防雷装置包括以下部分

(1)等电位连接装置:电气柜、机组附属装置(金属爬梯、电器设备、如免爬器、振动监测仪等)。

(2)电涌保护器。

8.3 一般规定

8.3.1 检测周期

防雷装置宜每年检测一次,对于雷电特殊地区的机组可适当调整检测周期。

8.3.2 检测程序

(1)检测应在机组停机的状态下进行。

(2)检测前应对使用仪器仪表和测量工具进行检查,保证其在计量合格证有效期内并能正常使用。

(3)首次检测时,应先通过查阅机组防雷设计技术资料和图纸,了解并记录受检单位防雷装置的基本情况,再与受检单位协商制定检测方案后进行现场检测。

(4)现场检测时,可按先检测外部防雷装置,后检测内部防雷装置的顺序进行,将检测结果填入防雷装置安全检测原始记录表。

(5)对受检单位出具检测报告。

8.4 检测要求和方法

8.4.1 叶片防雷装置

1.接闪器

(1)要求

1)叶片接闪器的数量应符合设计文件中的技术要求。

2)叶片接闪器的材质规格应符合表8.1的要求。

(2)检测

1)检测接闪器的数量,应符合上述的规定。

2)检测接闪器的材质规格与设计,应符合表8.1的规定。

3)检测现场接闪器与原设计图纸是否一致。

4)检测接闪器的固定是否可靠,接闪器截面积不应小于表8.1的要求。

表8.1 接闪线(带)、接闪杆的材料、结构和最小截面

材料	结构	最小截(mm^2)	备注
铜、镀锡钢	单根扁钢	50	厚度2 mm
	单根圆铜	50	直径8 mm
	钢绞线	50	—
	单根圆钢	176	直径15 mm
铝	单根扁铝	70	厚度3 mm
	单根圆铝	50	直径8 mm
	铝绞线	50	—
铝合金	单根扁型导体	50	厚度2.5 mm
	单根圆形导体	50	直径8 mm
	绞线	50	直径15 mm
	外表面镀铜的单根圆形导体	50	径向镀铜厚度至少250 μm,镀铜纯度99.9%
热浸镀锌钢	单根扁钢	50	厚度2.5 mm
	单根圆钢	50	直径8 mm
	绞线	50	—
	单根圆钢	176	直径15 mm

续表

材料	结构	最小截(mm^2)	备注
不锈钢	单根扁钢	50	厚度 2 mm
	单根圆钢	50	直径 8 mm
	绞线	50	—
外表面镀铜的钢	单根圆钢	50	直径 15 mm
	单根扁钢(厚 2.5 mm)	50	镀铜厚度至少 250 μm,镀铜纯度 99.9%

2.引下线

(1)要求

1)引下线的材质规格应符合表 8.2 的要求。

2)叶片接闪器至叶根引下线末端的过渡电阻宜不大于 0.24 Ω。

(2)检测

1)检测引下线的材质规格与设计,应符合表 8.2 的要求。

2)检测引下线生产厂家提供的质量证明文件。

3)检测引下线与叶片根部法兰或其他连接处的连接是否可靠,引下线截面应符合表 8.2 的要求。

表 8.2　引下线材质规格要求

材料	结构	最小截面(mm^2)
铜镀锡铜	单根扁铜	50
	单根圆铜	50
	铜绞线	50
	单根圆铜	176
铝	单根扁铝	70
	单根圆铝	50
	铝绞线	50
铝合金	单根扁型导体	50
	单根圆形导体	50
	绞线	50
	外表而镀铜的单根圆形导体	50
热浸镀锌钢	单根扁钢	50
	单根圆钢	50
	绞线	50
	单根圆钢	176

续表

材料	结构	最小截面(mm^2)
不锈钢	单根扁钢	50
	单根圆钢	50
	绞线	70
外表面镀铜的钢	单根圆钢	50
	单根扁钢(厚2.5 mm)	50

8.4.2 机舱防雷装置

1.接闪器

(1)要求

接闪器的材质规格应符合表8.1的要求。

(2)检测

1)检测接闪器的材质规格与设计,应符合表8.1的规定。

2)检测现场接闪器与原设计图纸是否一致。

3)检查接闪器的焊接固定的焊缝是否饱满无遗漏,焊接部分补刷的防锈漆是否完整,接闪器截面是否开焊,截面积应满足表8.1要求,接闪器的固定支架应能承受49 N的垂直拉力。

2.引下线

(1)要求

检测引下线的材质规格应符合表8.2的要求。

(2)检测

1)检测引下线的材质规格与设计,应符合表8.2的规定。

2)检测引下线生产厂家提供的质量证明文件。

3)检测引下线与叶片根部法兰或其他连接处的连接是否可靠,引下线截面应符合表8.2的要求。

4)检测引下线与接闪器的电气连接性能,其过渡电阻应不大于0.24 Ω的要求。

8.4.3 接地装置

1.要求

(1)单机工频接地电阻值不应大于10 Ω。

(2)塔筒底部末端与接地扁钢的连接应不少于3处,连接导体的规格材质应符合表8.3的要求。导体表面应做防腐处理并做接地标识。

(3)连接导体与接地体的搭接。扁钢使用焊条焊接时,搭接长度应不小于其宽度的2倍。

表8.3　接地体最小截面积要求

材料	结构	最小截面(mm^2)
铜镀锡钢	单根扁钢	50
	单根圆铜	50
	钢绞线	50
	单根圆钢	176
铝	单根扁铝	70
	单根圆铝	50
	铝绞线	50
铝合金	单根扁型导体	50
	单根圆形导体	50
	绞线	50
	外表面镀铜的单根圆形导体	50
热浸镀锌钢	单根扁钢	50
	单根圆钢	50
	绞线	50
	单根圆钢	176
不锈钢	单根扁钢	50
	单根圆钢	50
	绞线	70
外表面镀铜的钢	单根圆钢	50
	单根扁钢(厚2.5 mm)	50

2.检测

(1)连接导体接触面的过渡电阻不应大于0.24Ω。

(2)接地电阻测量应在雨后连续3 d晴天后进行测量。

(3)测量使用的接地电阻测试仪应具备异频测温功能,测试电流不应小于3 A。

(4)当对机组进行测量时,应断开

1)箱变高压侧电源。

2)机组接地体与塔筒底部末端的连接。

3)升压变压器高压侧电缆屏蔽接地线。

4)有光纤金属加强筋存在时,应断开光纤金属加强筋。

5)与之连接的邻近其他机组的地网。

(5)测试前应查看接地装置的验收图纸,避免与接地网的施工方向重叠;一般宜对机组进行至少两个测向的接地电阻测试,接地电阻值取各测向的平均值。

(6)检测塔筒底部末端与接地扁钢的连接,应不大于0.24Ω的要求。

(7)检测接地体与连接导体的搭接,应符合1.6.4.1的要求。

8.4.4 等电位装置

1.要求

(1)等电位连接应满足表8.4的要求,等电位连接尽可能走直线,连接线尽可能短。

(2)不同连接排之间的连接导线、连接排和接地装置之间连接导线的最小截面积应符合表8.4的要求。内部金属装置和连接排之间连接导线的最小截面积应符合表8.5的要求。

表8.4 连接排之间、连接排和接地装置之间连接导线的最小截面积

LPS类型	材料	截面积(mm^2)
I-Ⅳ	铜	14
	铝	22
	钢	50

表8.5 内部金属装置和连接排之间连接导线的最小截面积 (单位:mm^2)

<table>
<tr><td colspan="3" rowspan="3">Ⅰ-Ⅳ</td><td>铜</td><td>5</td></tr>
<tr><td>铝</td><td>8</td></tr>
<tr><td>钢</td><td>16</td></tr>
<tr><td rowspan="5">连接电涌保护器的导体</td><td rowspan="3">电气系统</td><td>Ⅰ级试验的电涌保护器</td><td rowspan="5">铜</td><td>6</td></tr>
<tr><td>Ⅱ级试验的电涌保护器</td><td>2.5</td></tr>
<tr><td>Ⅲ级试验的电涌保护器</td><td>1.5</td></tr>
<tr><td rowspan="2">电子系统</td><td>D1类电涌保护器</td><td>1.2</td></tr>
<tr><td>其他类的电涌保护器(连接导体截面积可小于1.2 mm^2)</td><td>根据具体情况确定</td></tr>
</table>

2.检测

(1)检测等电位连接线是否满足表8.4的规定。

(2)检测接地线两端的连接应可靠,接地线应有黄绿颜色标识,或在连接点处应有接地标识。

(3)检测接地线的连接处不应有松动和锈蚀。

(4)对于轴承两端采用石墨或其他低阻抗导体作等电位连接时,其过渡电阻不应大于0.24Ω;采用间隙结构时需要测量间隙距离并与设计文件保持一致。

(5)检测设备、构架、均压环、钢骨架(爬梯)等大尺寸金属物(塔筒、机舱内的金属附属物)与共用接地装置连接处的过渡电阻,测量结果不应大于0.24Ω。

8.4.5 电涌保护器(SPD)

1.要求

(1)机组电气柜的防雷分区应满足GB/T33629—2017中附录E、附录F的规定。

(2)应使用经国家认可的检测实验室的检测,SPD的性能要求和试验方法应符合GB/T18802.1和GB/T18802.21的规定。

(3)SPD安装的位置和等电位连接位置应在各防雷区的交界处,当线路能承受预期的电涌时SPD可安装在被保护设备处。

2.检测

(1)检查电气柜的防雷分区和电涌保护器配置是否符合GB/T33629—2017中附录E、附录F的规定。

(2)SPD运行期间,会因长时间工作或因处在恶劣环境中而老化,也可能因受雷击电涌而引起性能下降、失效等故障,因此应定期进行检查。如测试结果表明SPD劣化或状态指示指出SPD失效,应及时更换。

(3)用N－PE环路电阻测试仪,测试从并网柜(环网柜)引出的分支线路上的中性线(N)与保护线(PE)之间的阻值,确认线路为TN－C或TN－C－S或TN－S或TT或IT系统。

(4)对SPD进行外观检查,SPD的表面应平整、光洁、无划伤、无裂痕和烧灼痕或变形,SPD的标示应完整和清晰。

(5)检查SPD是否具有状态指示器,电源SPD状态指示器是否指示“正常”状态。

(6)检查安装在电路上的SPD限压元件前端是否有脱离器。如SPD无内置脱离器,则检查是否有过电流保护器,检查安装的过电流保护器是否符合GB/T 16895.2—2004中534.2.4的规定;检查安装在配电系统中的SPD的U_c值应符合GB/T 21431—2015中表4的规定。

(7)检查安装的电信、信号SPD的U_c值应符合GB/T21431—2015中表6的规定。

(8)检查SPD安装工艺,检测接地线与等电位连接带之间的过渡电阻不应大于0.24 Ω。

(9)检测并记录各级SPD的安装位置,安装数量、型号、主要性能参数和安装工艺(连接导体的材质和导线截面,连接导线的色标,连接牢固程度)。

(10)SPD两端的连接导体应符合相线采用黄色、绿色、红色、中性线用蓝色,保护地线采用黄绿双色线,其截面积规格应符合表5的规定。并联接线时,电源SPD引入至引出端的引线长度不宜超过50 cm。

(11)检测安装在电路上的电源SPD的过电流保护模式(优先供电或优先保护)。如优先供电,则检测SPD过电流保护器(熔断器)是否符合GB/T 16895.22—2004中534.2.4的规定。

(12)检测SPD安装工艺,检测SPD接地线是否松动,接地线应符合黄绿色标的规定。

(13)检测SPD的压敏电压、泄漏电流和绝缘电阻,测量方法和合格判据应符合GB/T 21431—2015中5.8.5的规定。

参考文献

全国风力机械标准化委员会,2018.风力发电机组——防雷装置检测技术规范:GB/T 36490-2018[S].北京:中国标准出版社.

第3篇 安全运行管理与法规

第9章 安全运行管理

9.1 风电企业安全生产概述

安全生产是构建风电企业良性发展的现实需要，是企业不断创新发展的前提和基础。近年来，国内外专家、学者就如何搞好安全生产工作一直不断地探索研究，安全理念、理论在不断地提升，好的安全管理方式、方法也在不断地涌现。

在风电企业中，由于从事行业的专业知识跨度较大，主要安全生产管理人员大多都不是安全相关专业毕业的。因此，加强安全生产管理和培训，帮助从业人员理解安全常识，熟悉安全防护知识和技能，掌握必要的应急处理方法和自救、互救等，就显得尤为重要（中国安全生产协会注册安全工程师工作委员会，2008）。

安全生产是指在生产经营活动中，为了避免造成人员伤害和财产损失的事故而采取相应的事故预防和控制措施，把危险控制在普遍可以接受的状态，以保证从业人员的人身安全、生产系统的设备安全，保证生产经营活动得以顺利进行的相关活动。

风电企业安全生产管理的目标是：减少和控制危害，减少和控制事故，尽量避免生产过程中由于事故所造成的人身伤害、财产损失、环境污染以及其他损失。

9.1.1 风电企业安全生产的重要性

安全生产是电力企业永恒的主题，也是企业一切工作的基础。安全生产事故有突发性和破坏性的特点，事故的发生往往伴随人身伤害和财产损失。安全生产是风电企业从业人员最重要和最基本的需求，因违章操作等引起的人身伤亡事故曾给我们带来深刻教训。同样，设备事故必然会引起发电设备不同程度的损坏，影响设备健康和风力资源利用，带来直接和间接的损失，没有安全生产的风电企业无法保证获得预期的经济效益（田雨平 等，2009）。

随着风电企业装机容量的不断扩大，一旦发生设备事故还容易引起区域电网运行波动，对电网安全造成一定影响。我国的“三北”地区曾多次发生因风电企业安全生产事故引发的风力发电机组(以下简称风电机组)大规模脱网事件,风电企业安全生产工作也引起了社会各界越来越多的关注。

9.1.2 风电企业安全生产的特点

1.技术要求较高

并网型风电企业一般由升压站、汇流线路、箱式变压器和风电机组等设备组成,涉及电气、机械、自动控制、空气动力、计算机等多个专业和学科,特别是近年来风电机组更新换代速度很快,风电技术更趋多元化和复杂化,对现场人员的安全技能和素质提出了更高的要求。

2.自然环境较为恶劣

风电企业多位于高山、滩涂、海岛、戈壁滩、草原等自然条件相对恶劣的地域,热带气旋、洪水、暴雪、冰冻、雷电等自然灾害都会对风电企业的安全生产带来不同程度的影响。

3.点多面广,高空作业多

风电企业的风电机组布置较为分散,大型风电企业分布范围可达十几平方千米,主要发电设备均安装在高空,设备监管难度大,同时升压站又集中布置了电气一次、电气二次、集中监控等设备,还兼有生活、办公等功能,各类生产专业知识要求较高。以上特点给电力的安全生产管理工作带来了新的挑战。

9.1.3 风电企业安全生产的主要任务

风电机组的设计寿命长达20年,甚至更长时间,安全生产是机组全周期的核心任务。风电企业生产人员必须始终把安全生产放在首位,切实做好保障安全生产的各项措施。风电企业的安全生产重点要做好以下几个方面的工作:

(1)建立、健全安全生产的规章制度并认真贯彻实施,保持良好的安全生产秩序。

(2)完善安全生产责任制,层层落实各级人员安全生产责任,共同保障安全生产。

(3)采取目标管理等现代化安全管理方法,严格考核与奖惩,建立安全生产长效机制。

(4)编制和完善企业各类操作规程、作业指导手册和工作标准,夯实风电企业的安全生产工作技术基础。

(5)加强劳动安全保护和作业环境建设,保证从业人员职业安全和健康。

(6)推广应用先进技术与装备,提高安全技术保障能力。

(7)加强人员培训和教育,提高人员的安全意识和安全素质,通过现场人员规范的运行、维护工作,保证风电企业设备的正常稳定运行。

(8)定期开展安全检查、监督和隐患排查治理工作,从技术上、组织上和管理上采取有力措施,全面消除管理缺失和设备缺陷,防止事故发生。

(9)加强应急管理,建立、健全应急管理体系,不断提高应急防控和处置能力。

(10)及时完成各类事故的调查、处理和上报,举一反三,防止同类事故发生。

9.2 安全生产保障体系和监督体系

所谓体系是指相互关联或相互作用的一组要素,是由若干有关事物相互联系、相互制约而构成的有机整体。安全生产保障体系和监督体系是现代企业安全管理的重要模式。风电企业应建立、健全安全保障体系和安全监督体系,构建起有效的执行和监督机制。

9.2.1 安全生产保障体系

风电企业安全生产保障体系以安全生产责任制为基础,通过整合各种资源,完善安全生产条件,保持良好安全生产秩序,确保完成安全目标,并不断提高设备健康水平和安全管理水平。

风电企业各级安全第一责任人是安全生产保障体系建设的组织和领导者,负责完善安全生产保障体系的各项要素和条件。各分管领导、部门和班组的负责人是保障体系的具体落实人员。风电企业安全生产保障体系的建设应做好以下几项基本保障:

1.组织结构和人员保障

根据国家有关规定,生产企业应成立与企业相适应的安全生产管理机构。风电企业的管理机构设置,应与风电企业规模、运营模式及地理位置等条件相适应。风电企业应成立专门的安全生产管理委员会或领导小组,设置安全生产管理部门。同时,根据应急管理要求成立应急领导小组,根据消防管理要求成立消防管理委员会或领导小组,根据安全监察工作要求,结合企业实际,设立安全监督机构或专职安全监督人员。风电企业应按照现场安全生产的实际要求,配置相应的管理人员,设立专(兼)职安全监督人员,班组内配置满足工作需求的专业技术人员,同时,风电企业应做好员工的入职培训、技能培训工作,组织开展三级安全教育,确保人员的安全素质满足要求。风电企业现场工作人员应达到以下要求:

(1)身体健康,没有妨碍工作的病症。

(2)熟悉本岗位安全职责,遵章守纪。

(3)参加安全教育并考试合格。经过岗位专业技术知识培训及相应工作岗位实习,掌握风电企业运行、检修、维护工作的相关知识,具备与岗位相关的技能要求。

(4)熟悉本企业各项制度,掌握安全生产技术规程。

(5)掌握消防器材、安全工作器具和防护用具、用于运行检修的各类检测仪器仪表的使用方法。

(6)特殊工种人员应取得当地劳动部门颁发的执业证书。

(7)熟悉各项报表和信息报送系统。

安全生产保障体系的构成情况如图9.1所示。

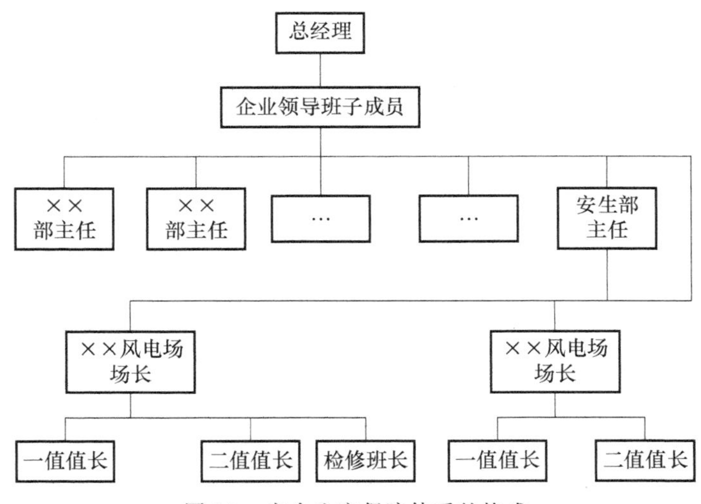

图9.1 安全生产保障体系的构成

2.规章制度保障

制度是风电企业安全生产管理的基础,是保持良好安全生产秩序的重要支撑,是一切行动的指南。制度建设应体现全面性和可操作性的要求,建立覆盖各个生产环节、各个工艺过程的制度规范体系。

(1)制度的编制依据 制度的编制依据应包括国家和行业的安全生产法律法规、安全生产标准、安全生产规程和规范,结合风电企业的隐患排查治理结果、事故经验教训、特殊地理位置和设备、人员状况以及先进安全管理方法和经验。

(2)制度的编制原则 风电企业制度编制应严格符合"安全第一、预防为主、综合治理"的总体要求,具有系统性和可操作性,符合标准化、规范化要求。

(3)制度体系的建设 风电企业安全生产管理制度应对以下内容进行规定:安全生产职责、作业安全、设备设施安全管理、防护用品管理、安全教育和培训、外来人员管理、发包工程管理、继电保护管理、定期切换和试验、应急管理、事故调查、反习惯性违章、交通安全、安全奖惩管理等。

1)风电企业制度体系。综合管理类应至少包括风电企业安全生产工作规定、安全生产责任制度、两措管理制度、隐患排查和治理制度、危险源辨识和分析制度、承包与发包工程管理制度、消防安全管理制度、交通安全管理制度、安全性评价管理制度、应急管理制度、安全奖惩制度、安全目标责任制考核制度、事故调查管理等制度。

人员安全管理类应至少包括操作票管理制度、工作票管理制度、巡回检查制度、定期切换试验、安全教育和培训制度、防止电气误操作管理制度、反违章管理等制度。

设备设施管理类应至少包括安全工器具管理制度、安全标志标识管理制度、劳保用品管理制度、图纸资料管理等制度。

2)风电企业制度与上级管理制度的关系。风电企业制度要求不得低于上级管理制度要求,且与上级制度要求相对应,是上级各类要求的进一步细化和落实。风电企业制度应在上级制度的总体要求下,结合风电企业安全管理模式、设备设施特点,制定具有可操作性的细则和具体工作要求。

风电企业制定的各类制度应进行分类管理,装订成册,及时结合上级的制度制定实施细则或补充规定,形成上下一致、层次清晰的制度体系。

3)风电企业制度管理。风电企业制度管理应做好起草、会签(或意见征求)、审核、签发、发布、培训、反馈、持续改进等各阶段工作。

安全生产类制度的制定一般由风电企业安全生产管理机构组织,通过各部门会签程序或风电企业员工征求意见后由分管领导、部门负责人或职工代表负责审核,由单位安全第一责任人或主要分管领导签发。制定完成的制度应向全体职工通过正式文件进行发布,定期开展制度的培训和学习,特别是新颁布或修订的制度,应立即组织学习,对于重要制度还应进行考试考核,反复学习掌握。风电企业应建立制度执行的反馈机制,建立反馈渠道,如:职工代表提议、安全分析会、合理化建议等听取职工对制度执行的意见。企业根据制度执行情况,每年对制度进行一次复查,并发布制度有效清单,及时清理作废版本。每3~5年进行一次全面的修订,遇上级颁发新的制度时,应及时进行修订并发布。

3.技术保障

技术保障是实现安全的重要技术支撑和基础,完善的技术基础工作可以有力地保障人身和设备安全。技术保障工作应从风电企业生产准备阶段着手开展,编制各类符合现场设备实际的技术规程,完善各项技术资料,形成完整的技术标准体系。

(1)风电企业应具备以下基本劳动安全技术规程和标准

1)风电企业安全规程。

2)风电企业运行规程。

3)风电企业检修规程。

4)变电站典型操作票。

5)作业危险点辨识及预控手册。

(2)风电企业安全规程的内容包括

1)风电企业运行、检修人员基本要求。

2)风电机组安装、调试安全措施。

3)风电机组维护、检修安全措施。

4)电气操作安全注意事项(正常的倒闸操作、故障处理、年度预试)。

5)各种仪器、仪表检查要求和安全使用须知。

6)输变电设备维护、检修安全措施。

7)安全工器具检查要求、试验周期等。

(3)风电企业运行规程的内容包括

1)风电企业运行设备、系统介绍。

2)风电企业运行应具备的条件。

3)风电企业运行人员基本要求。

4)风电企业运行设备基本原理、运行参数和性能。

5)风电企业生产管理内容(典型记录报表、运行分析、运行操作等)。

6)运行监视、巡视和记录工作要求。

7)异常运行和事故处理。

(4)风电企业检修规程的内容包括

1)设备性能、型号。

2)标准技术参数(压力、各部位力矩、同心度、绝缘等级、注油量、注油位置、油品型号、温度、桨叶角度、振动值、偏航、电气参数等)。

3)故障代码表及异常、故障、事故处理方法和要求。

4)巡视检查及维护内容及要求。

5)检测仪器、仪表的使用方法。

6)典型检修工作作业指导书。

变电站典型操作票的内容应包括电气设备运行、热备、冷备、检修4种状态之间的状态转换。变电站典型操作票由风电企业编制,会同风电企业所在地调度部门共同审核,由企业分管技术的领导签发后正式发布。

通常,安全、运行和检修三大规程和变电站典型操作票应在风电企业投产之前完成编制并正式发布。作业指导书和作业标准在试运行后,应逐步编制,通过常年的积累,形成完整的技术标准体系。

另外,对于基建阶段的基础技术资料(如电气、土建、线路等设计图纸及设计更改联系函)、采购设备的出厂资料(如设备说明书、产品出厂试验报告、质量保证书,风电机组的机械、电气、控制系统图及检修、维护手册)、设备调试阶段过程报告(如风电机组调试报告,变电站电气设备安装及调试报告,继电保护定值单、定值整定及核对记录、保护传动试验报告等)应保存完整,这些资料是规程编制时技术部分的重要基础性资料。风电企业应设立档案室进行归档,同时应建立完备的设备台账。

4.劳动防护用品和安全工器具保障

劳动防护用品是保护风电企业人员在作业过程中避免职业伤害的必要装备,风电企业必须配备满足现场需要的工作服、防护手套、防护鞋、防毒防尘面具、护目眼镜等。安全工器具是保证风电企业人员作业安全的重要设施。风电企业安全工器具种类较多,根据涉及的不同作业类型应至少包括以下2个方面:

(1)高空安全作业方面　安全带、安全帽、防坠器、脚扣、升降板、缓降装置等。

(2)电气倒闸操作方面　验电器(笔)、绝缘手套、绝缘靴、绝缘杆(操作杆)、接地线、绝缘梯子、绝缘高凳。验电器、绝缘杆按不同电压等级分别配置2个(一主一备原则);绝缘手套、绝缘靴至少2套,满足2个操作面的需要;接地线应满足全场停电检修倒闸操作的要求,应按输配电线路数量、各主变压器两侧、母线数量总和进行配置。

5.劳动作业环境保障

劳动作业环境越来越受到现代安全管理的重视,良好的作业环境可以降低事故发生的概率。风电企业的作业环境建设应包括以下内容:

(1)安全标志标识　风电企业的各类标志标识应按照《电力安全标识规范手册》《风力发电场安全规程》(DL/T796—2012)的要求进行相应配置。

(2)应在中控室内设置一、二次系统图。

(3)开关柜操作示意图　部分厂家开关柜设置了相应的操作示意图,风电企业根据实际情况,标明操作步骤。同时各开关、隔离开关的操作机构均应有完备的机械和电子式防误操作闭锁装置。

(4)旋转部件机械防护　风电企业的旋转部件(如风电机组高、低速轴,砂轮机,切割机等)上,均应安装相应的机械防护罩,防止人员人身伤害。

(5)配电回路的剩余电流动作保护装置　风电企业升压站和中控楼的检修电源及工具库房、生活用房、试验用电的插座等,均应装设漏电保护器。

(6)事故照明　风电企业事故照明持续时间不得少于1 h,并应定期进行切换,切换时间每月不少于一次。

(7)接地网系统　接地网系统应满足电力行业标准《交流电气装置的接地设计规范》(GB50065—2011)、《风力发电场安全规程》(DL/T796—2012)要求。

(8)消防装置　应按照《电力设备典型消防规程》(DL5027—2015)要求配置。

(9)开关室通风装置　开关室通风装置应定期进行试验。

(10)电缆盖板　电缆盖板应平整,及时更换、补充损坏的电缆盖板。

9.2.2　安全生产监督体系

电力企业实行内部安全监督制度，建立自上而下、机构完善、职责明确的安全监督体系。安全生产监管机构是指安全监察部门和安全监察人员，依据国家法律法规，行业、企业有关规定，对企业内部各部门贯彻国家法律法规和生产安全的情况进行监督检查，并在企业内部构成安全监督网络。安全监督机构的主要职能是运用行政和上级赋予的职权，对安全生产、工程建设等方面进行监督，重在宣传、监督、检查、服务、控制。企业应结合各自实际，设立安全监督机构和安全监督人员，安全监督体系（安全网）一般根据企业实际，由其安全生产监督人员、部门和风电场专（兼）职安全员、班组专（兼）职安全员构成，由企业主要领导主管。

1.安全监督人员基本要求

(1)熟悉生产各个环节的安全要求，熟悉设备的结构、性能。

(2)熟悉相关法律、法规、制度、规程。

(3)熟悉必要的安全监察技术。

(4)熟悉劳动保护和安全技术。

(5)熟悉现代化的安全管理知识。

(6)具有一定的组织能力和协调能力。

2.安全监督人员主要工作内容

(1)监督安全生产保障体系中各项工作的开展情况。

(2)监督安全生产责任制落实情况。

(3)监督劳动安全保护措施和反事故措施计划的编制。

(4)监督安全工器具和劳动保护用品的采购、发放和试验。

(5)对新建、改建、扩建工程的设计，以及检修、设计变更、施工、竣工验收等实行全过程安全监督。

(6)监督企业运行、检修、维护等工作中安全措施的落实情况。

(7)组织落实春、秋季安全大检查或其他各类专项检查工作。

(8)组织开展安全活动、培训和考试，定期开展事故演习和应急预案演习。

(9)参加事故调查和分析。

(10)编制安全简报、通报和快报，定期开展安全统计和分析。

安全监督体系如图9.2所示。

3.安全监督人员的权利

(1)有权进入生产区域、施工现场、调度室、控制室等场所检查安全情况，制止危及人身和设备安全的违章行为。

(2)参加安全工作的有关会议，查阅有关资料，向有关人员了解情况，并征求对安全工作的意见。

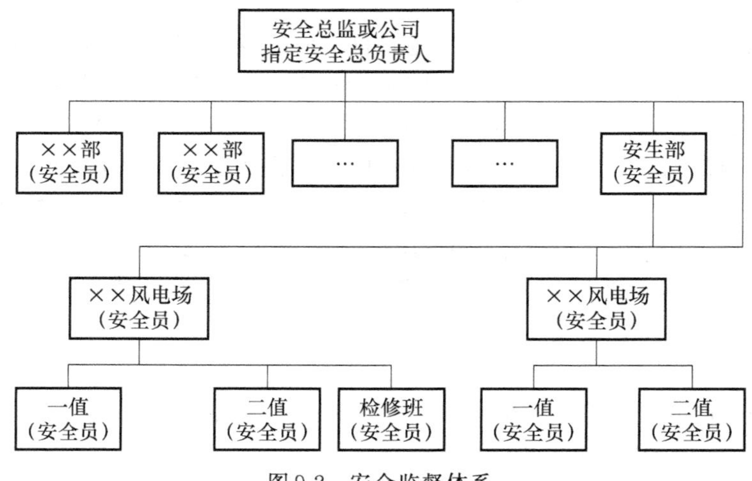

图 9.2 安全监督体系

(3)在事故调查中有权向发生事故的单位和人员索取事故原始资料,制止破坏事故现场行为,发现与事故原因分析不符或对责任者处分不当时,有权提出否决性的意见,报主管领导批准。对本单位隐瞒事故、阻碍事故调查的行为以及对事故的分析、认定与领导意见不一致时,有权向上级安全监督部门和有关部门反映。

(4)参加重要工程及主要设备的招投标工作,对可能危及人身、设备安全的方案应提出否决意见。

9.3 安全管理例行工作

9.3.1 安全检查

安全检查的目的是对生产过程及安全管理中可能存在的隐患,有害与危险因素、缺陷等进行查证,确定其状态,以便于消除有害因素和危险因素,查找和消除短板,是风电企业最基础、最常规的一项工作。风电企业安全检查应以“查领导、查思想,查管理,查隐患,查规章制度”为检查重点,实行“边查边改”的原则。

1.风电企业常见的安全检查类型

(1)例行安全检查　例行安全检查一般与日常的巡视工作结合开展,重点检查设备设施状况,检查设备有无缺陷和隐患。升压站设备每天至少检查一次,输电线路和风电机组每月检查一次,箱式变压站和风机底部设备每周检查一次。

(2)春秋季安全大检查　春秋季安全大检查是企业根据季节性特点、结合现场实际运行经验、多年来坚持进行的例行检查工作。春秋季安全大检查主要针对季节变化可能带来的安全生产隐患开展,重点对防雷、防洪防汛、防台风、防暑降温、防火、防冻保湿、防小动物等防范设施进行检查。

(3)专项检查　专项检查主要针对特殊时期、特殊项目有可能影响到安全生产的内容进行检查,如台风来临前的专项检查(一般与应急预案一并开展)、冷空气来临前的防冻专项检查、迎峰度夏时期和重要节假日的设备健康状况专项检查。另外,还有结合事故案例进行的针对性检查,以及上级组织的反违章、隐患排查治理等检查工作。

2.检查内容

管理方面主要包括:①安全生产责任制是否落实,是否建立了考核办法;②是否制定了安全目标,是否制定了保证措施,是否按照四级控制原则进行风险预控;③年度的两措计划是否制订,是否按照项目、责任人、时间和资金进行“四落实”;④检查各级负责人是否批阅上级安全文件和通报,是否定期开展安委会和安全分析会,是否定期深入现场检查安全情况,是否主持或参加事故调查分析;⑤安全网会议是否正常开展;⑥安全活动是否正常开展;⑦违章档案是否建立健全。

现场方面主要包括:①“两票三制”落实情况;②危险点分析控制情况;③设备各种隐患、缺陷检查和消除情况;④防止人身触电、高空坠落、机械伤害等防范措施落实情况;⑤安全工器具、检修工器具的定期管理和定期试验情况;⑥消防安全落实情况;⑦标志标识是否齐全;⑧防火、防雷、防汛、防冻、防雨、防台风、防小动物措施等落实情况;⑨应急预案及演练情况。

3.安全检查实施

风电企业设备设施分布广,安全检查应采用检查表法进行检查,由风电企业负责人或技术人员根据检查重点编制检查项目表,下发风电场逐条对照检查。

4.安全检查要求

安全检查工作应落实责任人,突出检查的有效性和针对性,对检查发现的问题应进行综合分析,严重问题应立即安排处理;检查结束后应形成检查通报,总结好的做法和经验,分析发现的问题,提出整改意见和建议并组织整改,确保安全检查不走过场,取得实效。

9.3.2　安全分析会及安全简报、通报和快报

1.安全分析会

安全分析会是强化安全管理、提高安全管理水平的重要载体,是管理层和执行层互相沟通的有效途径。安全分析会主要内容包括:学习上级有关安全生产方面的文件,总结安全生产形势,分析日常安全工作中存在的问题,查找出问题发生的原因,总结安全

责任制落实情况,检查安全保障体系和监督体系工作开展情况,研究解决存在的问题,完善防范措施,研究部署下一阶段重点工作。

安全分析会每月召开一次,发生事故时可临时召开,风电企业月度安全分析会应有企业分管领导、风电企业负责人、班组长、风电企业班组安全员等相关人员参加。

2.安全简报

安全简报是风电企业安全监督工作的重要环节,一般每月编制一期。安全简报的主要内容包括:简报期内安全生产情况分析和统计,同比、环比安全指标数据,人身安全情况、设备安全情况;通过同比和环比等手段,分析安全生产总体形势、面临的主要问题;某一时期安全工作的主要内容、工作要求和上级的指示落实情况;某一时期发生的事故、障碍、未遂等不安全情况,原因分析及应采取的预防和改进措施;分析安全生产管理方面存在的主要问题,现场违章奖惩情况;安排下一阶段的主要工作任务。

3.事故快报

事故快报是在事故发生后,第一时间向上级汇报事故情况的书面材料。因事故原因未真正查明,事故快报的报告内容包括事故发生的简要经过、伤亡人数、直接经济损失情况的初步估计、事故原因初步判断以及事故发生后采取的控制措施。事故快报一般要求在事故发生后的第一时间进行上报。

4.安全快报

安全快报是上级单位在某单位发生事故后,快速向所属基层单位通报事故情况的书面材料。为了将事故信息尽快通报给基层单位,即使事故原因尚未完全查明,但对于相关单位吸取事故教训,有针对性地进行隐患排查,防止同类事故发生,仍可以起到重要的作用。安全快报只进行简要的报道,强调“快”,一般包括编发单位、事故经过、初步原因分析和暴露问题、针对性的工作要求和措施。

5.安全通报

安全通报用于对某一安全事件进行详细报道,一般包括事故调查报告、重要安全会议或活动情况、上级领导安全指示和讲话、优秀的安全管理案例和个人事迹等。安全通报的内容包括通报单位、期号、签发人、编发日期、编制部门等信息。

事故调查报告通常以安全通报方式予以发布,是安全通报内容的重点。安全通报中的事故调查报告内容一般包括事故经过和处理情况、事故原因分析、事故暴露问题、事故责任分析和认定、防止事故重复发生的防范措施以及与事故有关的原始资料,如现场照片、监控数据和各类鉴定报告等文件。

9.3.3 风电场的安全生产例会

风电场安全生产例会内容包括安全生产调度会、班前会、班后会、安全日活动、施工前安全技术交底会、安全生产分析会、不安全事件分析会、安全生产专题会议等。

1.安全生产调度会

安全生产调度会由风电场场长主持(场长不在风电场时,由场长指定负责人主持),于每天早晨召开,风电场班组长以上人员、外委单位及设备厂家负责人和技术人员参加会议。会议内容主要包括:

(1)运检班值班长(或运行班值长) 汇报前一天生产指标完成情况(平均风速、限电情况、不可用时间等)、风电场运行方式(升压站主要设备运行情况、风电机组运行情况、场内输变电设备运行情况、调度指令执行情况等、运行工作执行情况或非计划倒闸操作、风电机组点检情况、风电机组故障处理情况等)、两票执行情况(执行操作票情况、许可工作票情况、两票执行中存在的问题等)、备件管理情况(备件出入库情况、不良品备件返回登记情况、备件申请情况等)、技术监督工作开展情况(振动测试、油样检测、叶片检查、接地电阻测试等)、当天运行工作安排(当天风速、限电情况、调度指令、倒闸操作、机组故障及检修情况、需要许可的相关检修技改工作等)、需要会议协调解决的问题、其他需要汇报的内容。

(2)运检班值班长(或检修班班长) 汇报前一天检修工作完成情况(机组定期维护情况、输变电设备预防性试验执行情况、技术改造工作完成情况等)、耗材使用情况(机组定期维护耗材使用、申请情况等)、外委工作完成情况(外委工作项目、进度、存在的问题、安全检查情况等)、当天检修工作安排(机组维护安排、输变电设备预防性试验工作安排、技术改造工作安排、外委工作安排等)、需要会议协调解决的问题、其他需要汇报的内容。

(3)相关外委单位现场负责人 汇报前一天外委项目工作完成情况(质保期内风电机组故障处理情况、质保期内风电机组定期维护与执行情况、输变电设备委托预防性试验执行情况、外委单位参与的技术改造工作完成情况等)、外委单位现场安全管理情况(工作票执行情况、反违章检查及考核情况等)、当天外委项目工作安排(质保期内风电机组故障处理安排、质保期内风电机组定期维护安排、外委单位参与的技术改造工作安排等)、需要会议协调解决的问题、其他需要汇报的内容。

(4)当风电场交通、后勤等方面有需要会议协调解决的问题时,由相关负责人向场长汇报。

(5)风电场技术专员 分析前一天生产指标完成情况(风机可利用率分析、不可用时间分析、限电情况分析、各项指标的对标情况等)、分析运行工作完成情况及注意事项(点检工作、风机故障处理、调度指令、倒闸操作、备件出入库、备件与耗材申请、两票执行情况等)、分析检修工作完成情况及注意事项(机组定期维护、输变电设备预防性试验、技术改造工作、外委工作等)、协调解决各班组提出的技术管理方面的问题、安排当天的运行和检修工作。

(6)安全专责人员 分析前一天不安全事件的发生情况(异常、二类障碍、一类障碍、其他人身不安全事件等)、分析两票执行情况(两票份数、不合格票、三种人安排情况、危险点预控情况等)、通报现场安全检查情况(违章人员及违章现象、隐患排查及治理情况、反事故措施落实情况、外委单位安全监督情况等)、协调解决各班组提出的安全管理方面的问题、传达上级单位最新安全工作要求、针对当天运行检修工作分析和布置危险点预控措施。

(7)风电场场长　听取各班组前一天安全、运行、检修等工作开展情况汇报,询问上一次会议布置工作任务的完成情况,重点对以上工作中需要注意的事项和关键危险点进行分析点评,会同技术专责、安全专责人员讨论并解决公议中需要协调的问题,对于不能解决的问题应及时上报项目公司,寻求解决方案;表扬工作中的安全优点,推广工作中的先进经验,批评各类违章现象,通报安全检查中的各类考核;传达公司和上级单位最新安全生产工作要求,结合风电场各项工作的开展情况,对风电场当天的各项检修作业、运行操作进行总体部署,分析各项工作中的危险点并布置预控措施,重点关注外委工作的监督检查情况,合理安排风电场各项运行检修工作。

2.班前会

班前会由值班长(或值长、班长)主持,于每天早晨各项工作开工前召开,班组当值全体人员、相关外委单位工作班成员均须参加会议。风电场有重大运行操作或重要检修工作时,风电场场长、技术专责人员、安全专责人员列席监督。班前会要做好记录,参会人员均须签名确认。会议内容主要包括:

(1)值班长对当值全体人员进行“三交三查”,即交代工作任务、交代安全措施、交代注意事项;查着装是否符合规定,查个人防护用具是否配备齐全,查班组成员精神状态是否良好。

(2)根据电网调度指令,安排运行值班人员合理调节风电场运行方式,做好发电设备的运行监视工作,根据季节性特点和当天天气情况,提醒运行人员做好相关事故预想。对异常事件处理的关键步骤进行重点说明。

(3)根据输变电设备计划性检修工作,安排人员联系电网调度,填写倒闸操作票,逐级审核,并落实好监护人员和操作人员,重点交代倒闸操作中的危险点及预控措施。

(4)安排人员开展升压站巡回检查和风电机组的点检工作,根据设备缺陷和当日天气情况,提醒运行人员重点巡查和点检的内容,并交代巡查和点检工作安全注意事项。

(5)根据风电机组故障情况,安排人员登塔处理,办理工作票,并明确每一张工作票工作负责人、工作许可人、工作班成员名单,分析故障原因,讨论处理方法,提醒须携带的工器具和有关备件,重点交代故障处理作业中的危险点及预控措施。

(6)根据风电场工作计划,安排人员开展风电机组定期维护、输变电设备预防性试验、技术改造工作,办理工作票,并明确每一张工作票工作负责人、工作许可人、工作班成员名单，根据运行分析结果，提醒检修人员对设备的某些部件进行重点检查和维护，在维护和试验过程中处理以往积累的缺陷，交代维护和试验作业中的危险点及预控措施。对于有外委单位参与的检修或技术改造工作，重点交代检修技术改造作业中的危险点及预控措施，在办理工作票的同时，要进行安全交底并签字确认。

3.班后会

班后会由值班长(或值长、班长)主持，于每天下午各项工作结束后召开，班组当值全体人员、相关外委单位工作班成员均须参加会议。必要时，风电场场长、技术专责人员、安全专责人员列席监督。班后会要做好记录，参会人员均须签名确认。会议内容主要包括：

(1)总结当天运行工作完成情况，包括当天运行方式的改变、调度操作任务和指令执行情况、发电设备运行异常及处理情况、巡回检查执行情况、风电机组及输变电设备的故障处理和消缺情况、其他遗留的问题等。

(2)总结当天检修工作完成情况，包括定期维护工作完成情况、大修或技术改造工作完成情况、备品备件的使用情况、其他遗留的问题等。

(3)正点对当天运行和检修工作中不足之处(如违章现象、两票使用不规范、精神状态差等)进行点评，提出整改措施。同时，表扬先进人员，对工作中值得推广的经验进行总结。

(4)对第二天的主要工作进行初步安排，落实相关责任人，清点当天工器具、材料和备件，做好第二天材料和备件、工器具的准备工作。督促班组成员做好相关记录。

4.安全日活动

安全日活动每周或每个轮值进行一次(时间至少2 h)，会议由风电场安全专责人员主持，风电场全体成员、相关外委单位均须参加会议。会议中应对参加人员、发言情况、学习内容和要求等做好记录，对缺席人员应进行补课。活动内容应联系实际，有针对性，活动后应做好相关记录，并妥善保管。会议内容主要包括：

(1)学习安全生产法律法规、公司各项安全规章制度、公司最新安全工作要求等，结合本风电场实际，对相关规定和要求进行分析和讲解，讨论如何落实和执行各项规定和要求。

(2)学习公司系统内外事故通报，结合本风电场实际，对照公司《安全生产红线》《重点反事故措施》等工作要求，举一反三，查找存在的类似隐患，讨论整改措施。

(3)对上周安全工作进行总结，表扬工作中的安全优点，批评各类违章现象，通报安全检查中的各项考核。对本周工作任务中安全注意事项进行讨论，辨识现场作业中的危险点，并制定预控措施。

(4)根据风电场实际情况，开展有针对性的安全技术培训活动，如安全规程学习和讨论、安全工器具使用、登塔作业行为规范讨论、两票危险点分析等。

(5)根据季节性特点，开展应急预案演练、事故预想、反事故演习等活动，提高值班人员应对突发事件的能力。

5.施工前安全技术交底会

当风电场开展施工作业，如大部件检修作业(发电机、齿轮箱、主轴、叶片等更换，全场停电检修等)，或有外委单位参加的施工作业(如集中定期维护、输变电设备预防性试验、技改项目等)时，在整体施工作业前，风电场应召开施工前安全技术交底会，会议由风电场场长主持，风电场技术专责人员、安全专责人员、值班长、外委单位现场项目负责人、相关施工作业人员参加会议，会议应做好相关记录，参会人员均须对最终交底内容进行签字确认，风电场、施工作业外委单位各执一份。会议内容主要包括：

(1)对施工作业方案进行学习和讨论，必要时进行补充，务必使参加施工作业的所有人员均熟悉和掌握施工作业方案。

(2)对施工作业过程中危险点进行辨识，讨论施工作业中的安全注意事项，保证作业人员的人身安全。

(3)对于施工工期长、危险程度大的项目，要加强安全技术措施的动态管理，成立相应组织机构，定期开展现场施工作业安全检查。

(4)对相关外委单位及施工作业人员的安全资质进行审查，开展有针对性的安全教育培训，考试合格后方可进场作业。

(5)对于施工工期长的项目，根据施工作业情况，组织召开专题会议，协调解决施工过程中遇到的问题。

6.安全生产分析会

风电场每月初召开一次安全生产分析会，全面总结上月安全生产工作完成情况，分析安全生产过程中存在的问题，制定整改措施，确定本月安全生产重点工作安排。会议由风电场场长主持，风电场全体人员、外委单位及设备厂家人员均须参加会议。会议内容主要包括：

(1)通报各类不安全事件发生情况，做到“四不放过”，分析安全管理方面存在的问题，落实整改措施。

(2)总结风电场隐患排查、治理和反事故措施落实情况，做到闭环管理。对于风电场不能解决的问题，及时上报项目公司，寻求解决方案。

(3)总结月度生产指标完成情况(发电量、可用率、厂用电率、不可用时间、限电比例等)，开展对标分析，寻求提升手段。

(4)总结运行巡查、设备点检、倒闸操作等工作的执行情况，分析存在的问题，落实整改措施。

(5)总结风电机组故障处理情况，开展故障频次、故障类型、故障恢复时间等指标分析，查找故障处理过程中存在的问题，落实整改措施。

(6)总结风电机组定期维护、输变电设备预防性试验、技术改造等检修工作的完成情况,分析检修过程中存在的问题,落实整改措施。

(7)总结备件管理执行情况,分析备件申请、采购、出入库等各环节存在的问题。落实整改措施。

(8)总结技术监督工作开展情况,分析各项技术监督工作是否按期开展、是否缺项漏项、发现的问题是否限期整改等,对存在的问题,落实整改措施。

(9)总结安全、技能培训工作开展情况,分析培训对象、培训内容、培训效果等方面存在的问题,落实整改措施。

(10)根据年度工作计划,确定本月安全工作、生产指标、定期维护、预防性试验、技术改造、培训等各项工作计划。

7.不安全事件分析会

当风电场发生异常(未遂)及以上等级不安全事件时,风电场须及时召开不安全事件分析会,风电场当值全体人员均须参加会议,会议由风电场场长主持。当发生一类障碍及以上等级不安全事件时,风电场还须配合上级单位召开事件分析会。会议内容主要包括:

(1)由不安全事件当事人讲述事件经过,包括时间、地点、当时进行的运行操作或检修工作、使用的安全工器具、更换的备品和备件、联系或汇报情况、运行操作或检修工作监护情况等。

(2)由风电场安全专家人员收集不安全事件的现场资料,调取相关运行和操作记录,询问事件相关人员,查阅相关安全管理制度等,做好事件分析的准备工作。

(3)根据所掌握的信息和资料,分析不安全事件发生的直接原因、间接原因。

(4)根据对不安全事件发生的原因分析,落实事件相关责任人,并依据规定,提出对责任人的处理意见,报上级单位批准后执行。对于一类障碍及以上等级的不安全事件,责任认定及责任人处理意见由上级单位认定。

(5)根据不安全事件发生的原因分析,举一反三,开展全面排查和分析,制定相应整改措施,并安排落实。

(6)根据不安全事件的原因分析、责任人认定和处理意见、制定的防范措施开展全体员工的安全教育活动,增强员工的防范意识。

(7)若涉及外委单位人员责任的不安全事件,须根据委托合同等相关规定,追究外委单位及相关人员责任。

(8)编制不安全事件调查报告,下发不安全事件通报。对于一类障碍及以上等级不安全事件,由上级单位编制调查报告和下发通报。

8.安全生产专题会议

针对风电场某项专题工作,由场长主持召开专题会议,风电场相关人员参加,会议要做好记录。会议内容主要包括：

(1)针对风电场设备某项集中性缺陷问题,开展专题分析,查找原因,制定试验和整改方案。

(2)针对风电场某项频发性故障,开展专题分析,寻求解决方案。

(3)根据风电场某项生产指标完成情况,开展对标分析,寻求缩小对标差距的方法和手段。

(4)针对风电场某项技术改造和检修工作,讨论并制定作业方案,协调技术改造和检修过程中遇到的问题等。

(5)其他需要召开专题会议的情况。

安全生产例会记录包括风电场安全生产调度会记录、风电场班前班后会记录、风电场安全日活动记录、施工前安全技术交底会记录、风电场安全生产分析会记录、风电场不安全事件分析会记录、风电场安全生产专题会议记录。

9.3.4 反事故措施和安全技术劳动保护措施管理

反事故措施计划与安全技术劳动保护措施计划,简称反措和安措,统称“两措”。反措针对设备安全范畴,安措针对人身安全范畴。两措管理按照项目、时间、资金和责任人“四落实”原则开展。

1.两措内容编制依据

(1)国家颁布的安全生产法律法规,规章制度。

(2)电力行业颁发的标准、规程、规定及有关安全通报提出的防范措施。

(3)上级颁发的规程、规定、办法及反事故措施。

(4)本单位风险评估(各类安全性评价)、达标工作、竣工验收、安全检查、隐患排查等提出的整改与防范措施。

(5)安全生产、职业健康方面的合理化建议。

2.反事故措施内容

反事故措施内容主要是落实上级下达的反措项目,治理设备(设施)重大缺陷、隐患,防范同类事故重复发生。风电场重点反事故措施分为5类,分别是防止人身伤亡事故、防止火灾事故、防止雷击事故、防止飞车倒塔事故、防止输变电设备事故。

(1)防止人身伤亡事故　风电场井、洞、坑的盖板必须齐全、完整,盖板表面刷黄黑相间的安全警示标志。无盖板的孔洞周围必须装设遮栏、设置安全警告标志,夜间必须装设警示灯。

转动部件必须安装防护罩,禁止在运行中拆开转动部件防护罩。

严禁不系安全带或未采用防坠器攀爬风电机组,严禁不使用双安全绳进行机舱外作业。

机舱内人员起吊物品时，吊孔处必须设置可靠的安全硬隔离，塔底人员不得站在吊装孔下方。

起吊物品采用的临时缆绳必须为非导电材料。

设备高处临边部位不得堆放物件。高处作业时严禁抛掷物件。

高压设备上作业前必须验电并装设接地线。

电感、电容性设备上作业前必须进行充分放电。

SF_6电气设备室必须装设SF_6泄漏报警仪和机械排风装置，排气口距地面高度应小于0.3 m。

风电场运维车辆装运整体重物时，严禁人货混载。

严禁将铲车、装载机等作为高空作业的牵引设施。

(2)防止火灾事故　风电场严禁使用过期和性能不达标的消防器材。

电力电缆金属层必须直接接地，交流三芯电缆的金属层应在电缆线路两端和接头等部位实施接地。

控制室、开关室、通信室等通往电缆夹层、隧道、穿越楼板、墙壁、柜、盘等处的所有电缆孔洞和盘面之间的缝隙(含电缆穿墙套管与电缆之间缝隙)必须封堵。

电缆通道禁止堆放杂物。

风电机组必须拆除机舱海绵，全面清理粘接面胶水并涂刷防火涂料。对降噪或保温等有特殊要求的机组，所使用的降噪或保温材料必须采用阻燃材料。

风电机组底部和机舱必须各配置至少一个检验合格的干粉灭火器，并放置在容易发现和取到的位置，单个灭火器容量不小于4 kg。

风电机组机舱内的渗漏油必须及时清理，严禁在工作结束后遗留工具、备品备件、易燃易爆等物品。

(3)防止雷击伤害的措施

1)建设过程中的防雷检查

①风电机组基础在施工结束后或机组吊装前，必须测量一次接地电阻，接地电阻应小于40Ω。不同的测量方法和测量线长度误差很大，所以必须遵照规范执行。测量接地电阻要严格按照GB21431—2008规定的土壤电阻率选择测量线D的倍数，风电场土壤电阻率较不均匀，应该选3D的测量线长度，同时为了测量的规范性建议用直线法测量。

②叶片吊装前，须对叶片引下线做贯通性、可靠性2项检查。

贯通性：测量叶片各接闪器到叶片根部法兰之间的直流电阻，直流电阻值要小于50 mΩ。

可靠性：检查引下线是否可靠地固定在叶片内(查阅出厂报告，记录叶片编号并注明对应出厂报告名称及编号),检查叶根处引下线的固定方式,引下线不得悬空、不得有松动的迹象。

③叶片吊装前,必须检查并确保叶片疏水孔通畅。

④机组吊装前后,必须检查变桨轴承、主轴承、偏航轴承上的泄雷装置(防雷电刷或放电间隙)的完好性,并确认塔(筒)跨接线连接可靠。

2)生产过程中的防雷措施

①每年要对风电机组接地工频电阻进行测量,明显大于设计值的或与往年相比明显变大时,要查找原因,进行整改。

②对于多雷区、强雷区以及运行经验表明雷害严重的风电场,须至少每2年测量一次叶片各接闪器至叶根的直流电阻,电阻值不应明显大于50 mΩ,雷害严重的风电场应测量机组接地装置的冲击接地电阻,电阻值应小于10Ω或不大于设计值。

③每年雷雨季节前须检查叶片引下线、机舱避雷针、塔(筒)跨接线、塔(筒)接地线的连接情况;检查各处防雷电刷磨损情况;检查电刷与旋转部件的接触面是否存在油污(如果存在污渍要清理干净);检查各轴承处放电间隙的间隙距离是否超标(应小于5 mm)。没有防雷电刷或放电间隙的机组,须及时整改。各风电企业应根据现场实际制定防雷通道检查作业指导书,严格按作业内容开展防雷通道检查测试。

④每年雷雨季节前须检查塔底柜、机舱柜及发电机的防雷模块以及浪涌保护器是否可以正确工作,损坏或故障指示器变色后须及时更换。

⑤雷雨过后,要及时检查机组的受雷情况(特别是山坡迎风面),叶片有无哨音,有无雷击痕迹;对于有雷击迹象的机组应检查叶片内部引下线是否熔断,检查接闪器附近的叶片是否有烧灼;具备振动监测条件的风场,要留意机组振动有无明显加剧;及时检查避雷器动作情况,记录放电计数器数据。

⑥攀登风电机组前应提前查看当地天气预报及观察天气,看是否有变天、打雷的可能性,在机舱上工作还应定时到舱外观察天气情况,应保证通信设备的正常,能随时接收来自集控室、其他相关人员的雷电预警。

⑦驾车遭遇打雷时,不要将头、手伸向车外。

⑧雷暴时,非工作必要,应尽量少在户外或野外逗留,在户外或野外宜穿塑料等不浸水的雨衣、硅胶鞋(绝缘鞋)等;应尽量离开小山、小丘、海滨、河边、池旁、铁丝网、金属晒衣绳、旗杆、烟囱、孤独的树木和无防雷设施的小建筑物及其他设施。

⑨雷暴时,宜进入有宽大金属构架或有防雷设施的建筑物、汽车或船只内。在户内应注意雷电及入波危险,应离开明线、动力线、电话线、广播线、收音机和电视机电源线的天线以及与其相连的各种设备1.5 m以上,以防这些线路或导体对人体的二次放电,还应注意关闭门窗,防止球形雷进入室内造成危害。

⑩在建筑物或高大树木屏蔽的街道躲避雷暴时,应离开墙壁和树干8 m以上。

(4)风电场典型反事故措施

①风电机组内动火必须开动火工作票,动火工作间断、终结时,现场人员必须停留观察15 min,确认现场无火种残留后方可离开。

②风电机组内禁止使用电感式镇流器照明灯具,灯具外壳严禁采用可燃材料。

③风电机组照明电源回路必须装设漏电保护器,且每年检测一次。

④每次巡检必须检查风电机组内各类接线端子、电气元件及控制柜内部有无污损腐蚀、过热变色、异物进入、紧固不当等问题,发现异常问题立即处理。

⑤风电机组内电缆保护外套必须为阻燃材料,不得破损、绑扎松动。机舱内旋转部件周围的各类电缆须在其周围增加阻燃护板。

⑥每半年检查风电机组电气柜内大容量滤波电容和补偿电容的运行情况,并测试电容器组的整体性能。

⑦风电机组母线、并网接触器、变频器、变压器等设备的动力电缆必须选用阻燃电缆,至少每半年对上述设备本体及连接点进行温度检测。

⑧每次巡检必须检查风电机组底部环网柜保护、机舱干式变弧光保护功能是否完好;以上保护动作后,未查明原因严禁恢复送电。

⑨风电机组高速制动系统防护罩未恢复不得投入运行,严禁利用机组转动磨损制动片来被动调整制动间隙。

⑩每次巡检必须检查发电机、齿轮箱、变频器柜、变桨电池柜、制动片等关键部件的温度传感器是否正常。

(5)防止飞车倒塔事故

检查塔筒、偏航环、主轴、齿轮箱、风轮、叶片、发电机等关键部位的连接螺栓力矩检时,必须进行力矩标识。

发现塔筒螺栓松动,必须对该法兰所有螺栓进行力矩检查;当同一部位螺栓再次发生松动时,须立即停机查找原因。

禁止将拆卸下的高强度螺栓重复使用。

风电机组调试、维护期间严禁通过信号模拟替代超速试验等机组安全功能测试。

每次维护应进行风电机组液压系统各项压力测试及试验。

定桨距机组每年必须进行一次叶尖收放试验。

每半年进行一次变桨系统后备电源带载顺桨测试工作;每两个月进行一次变桨蓄电池和UPS蓄电池检测,性能不符合的蓄电池应及时更换。

运行年限超过5年的机组,每半年必须停机开箱检查齿轮箱内部轮齿、轴承等状况。

(6)防止输变电设备事故

风电场内集电线路必须采用经电阻或消弧线圈接地方式,经电阻接地的集电线路发生单相接地故障应能快速切除,经消弧线圈接地的集电线路发生单相接地应能可靠选线快速切除。

风电场每年必须检查一次继电保护装置的整定值和压板状态，装置整定值必须与有效定值单的内容一致。

严禁未经批准擅自停运防误闭锁装置。

风电场主变压器差动保护、复合电压闭锁过电流保护必须按调度指令投运。重瓦斯保护正常运行时必须投跳闸位置，压力释放器、信号温度计投信号位置。

风电场必须配置故障录波装置，录波装置起动判断依据应至少包括电压越限和电压突变量，能够记录升压站内设备在故障前200 ms至故障后6 s的电气量数据。

风电场应配备卫星时钟设备和网络授时设备，各类装置时间必须保持一致。

必须每年对继电保护及自动装置进行检验，不得漏项，不得超期检验。

没有场外备用电源的风电场，必须配置场用自备电源（如柴油、汽油发电机等），且每月定期试验。

35 kV开关柜的柜间、母线室之间及与本柜其他功能隔室之间应采取封堵隔离措施。

箱式变压器低压侧避雷器要与低压母线、断路器之间用隔板隔离，防止避雷器故障引起弧光短路。

具有两组蓄电池供电的风电场，必须对蓄电池组进行100%额定容量的放电试验（试验周期为：新安装或大修后的阀控铅酸蓄电池组，应进行全核对性放电试验，以后每隔2～3年进行一次核对性试验，运行6年以后的阀控铅酸蓄电池，应每年做一次核对性放电试验），切换时应先并联后断开。

严禁直接接入微机型继电保护装置的电缆使用内部空线替代屏蔽层接地。

风电场内必须存有符合现场实际的直流系统图，控制及保护馈电系统图，高、低压配电装置一次系统图，二次原理接线图和保护装置接线图。

输电铁塔8 m以下应用防盗螺栓，8 m以上螺栓要采用防松措施，运行中的输电铁塔螺栓必须每年紧固一次，并做好记录。

升压站或线路杆、塔有可能引起误碰的区域，应悬挂限高警示牌。应每年测量一次风电场电力线路的交叉跨越对地距离。对于易受撞击的杆、塔和拉线，必须设置警示标识。

35 kV线路杆塔引接时，单相线芯固定点距离接线端子不得大于0.7 m，防止风摆引起接线端子松动。

35 kV直埋电缆埋深要参考场平后的标高，确保挖填实际深度符合设计要求，过路地段必须穿保护管。铺砂厚度为电缆上、下各100 mm（不含电缆直径），铺砂后盖混凝土盖板。电缆预防性试验时，应测量电缆内衬层绝缘电阻，确保平均下米电阻值不小于0.5 MΩ。

3.安全技术劳动保护措施

（1）安全工器具和安全设施

1）安全防护工器具和设施的配置及维护。

2)生产现场各种安全标志标识、安全防护设施(围栏、带、防护罩)以及厂(场)区域内机动车道各类标志标识和防护设施等安全设备与设施配备及维护。

3)安全工器具和安全设施的定期检测和试验。

(2)劳动条件和作业环境

1)安全工器具保管、存放场所和所需设施。

2)生产场所必需的各种消防器材、工具、消防水系统配置,火灾探测、报警、火灾隔离、救护人员自身防护等设施和措施的定期检测、维护和更新。

3)生产场所工作环境(如照明、护栏、盖板、通道等)的改善。

4)易燃易爆场所的防火、防雷、防静电、通风、照明等措施改造。

5)经常有人工作的场所及施工车辆上宜配备急救箱,存放急救用品,并指定专人检查、补充及更换。

6)事故照明、现场移动照明设备配置和维护。

7)有毒有害作业环境检测设备配置和维护。

8)特种作业、从事有职业危害作业人员的定期健康检查。

(3)教育培训

1)安全生产各级管理人员安全生产知识和管理技能。

2)风电企业员工安全生产知识,安全工器具和安全防护用品、高空救援设备、紧急救护、消防器材的正确使用方法。

3)购置或编印安全技术劳动保护的资料、器具、刊物、宣传画、标语、幻灯及电影片等。

4)举行安全技术劳动保护展览,设立陈列室、安全教育室等。

5)安全生产知识考试以及试题库的建立、完善、维护和使用。

(4)其他

1)安全监督必需的交通、影(音)像采集等设备和装备。

2)安全信息网络平台建设。

3)各类应急预案演练。

4)安全大检查、安全性评价、安全标准化评审等活动。

5)安全健康环境管理体系建设。

4.“两措”的实施

“两措”每年制定一次,年初下达项目计划,风电企业应将年度计划细化到每个月执行,将“两措”计划列入风电企业的月度计划工作中。风电企业应确保“两措”计划按照“四落实”的原则执行到位。风电企业的安全监督人员每月对“两措”计划实施情况进行检查,督促“两措”按时按要求正常开展,存在问题及时纠正。风电企业必须将“两措”费用列入年度资金计划,并确保资金到位。

5.“两措”的总结

风电企业安全监督人员应每年对“两措”计划的执行情况进行统计和总结，包括计划项目完成情况、执行效果、存在的主要问题，统计“两措”的完成率，并将“两措”完成作为年度考核的内容之一，同时提出下一期“两措”的计划内容和建议。

9.3.5 安全培训与教育

安全培训与教育是防止员工产生不安全行为的重要方法。通过安全培训和教育，可以提高风电企业全体人员开展事故预防工作的责任感和自觉性，普及安全知识，掌握各类事故发生、发展的客观规律，提高安全技能，做到“四不伤害”(不伤害自己，不伤害他人，不被他人伤害，保护他人不被伤害)。

1.三级安全教育

三级安全教育是风电企业安全教育的基本教育制度。教育对象是新进单位人员，包括新入职人员、新调入人员、新招聘的劳务派遣人员和实习人员。三级安全教育是指公司级、风电场级和班组级安全教育，受教育者必须经过考试合格后，方可到风电企业工作或实习。

一般情况下，公司级安全教育由风电企业安全管理部门组织实施，风电场级安全教育由风电企业下属风电场主要负责人组织实施，班组级安全教育由相应班组长负责实施。不同级别的安全教育内容侧重点不同，具体如下：

(1)公司级安全教育的主要内容　国家有关安全生产的法律、法规、方针、政策及有关电力生产、建设的行业规程、规定；劳动保护的意义、任务、内容及基本要求；介绍本单位的安全生产情况；介绍企业的安全生产组织机构及企业的主要安全生产规章制度等。介绍风电企业安全生产的经验和教训，结合本公司和同行业常见事故案例进行剖析讲解，阐明伤亡事故的原因及事故处理程序等。

(2)风场级安全教育的主要内容

1)风电企业生产过程和特点，风电企业安全生产组织及活动情况，风电企业人员结构，风电企业职责及专业安全要求，风电企业危险点分析(危险区域、特种作业场所、有毒有害设备运行情况等)；风电企业安全生产规章制度，劳动保护及个人防护用品使用要求及注意事项；风电企业常见事故和对典型事故案例的剖析；风电企业安全文明生产的要求、经验等。

2)风电企业安全规程及安全技术基础知识。

3)消防安全知识。消防用品放置地点，灭火器的性能、使用方法，风电企业消防组织情况，火险现场处置方案及应急预案等。

4)学习安全生产文件和安全操作规程制度，并应教育新入职员工尊敬师傅，听从指挥，提高和强化其安全生产意识等。

(3)班组级安全教育的主要内容

1)介绍班组生产概况、特点、范围、作业环境、设备状况、消防设施等,重点培训可能发生伤害事故的各种危险因素和危险部位,可用一些典型事故实例去剖析讲解。

2)讲解本岗位使用的机械设备、工器具的性能,防护装置的作用和使用方法。讲解各岗位安全操作规程、岗位职责及有关安全注意事项。

3)讲解劳动保护用品的正确使用方法和文明生产的要求。

4)实际安全操作示范,重点讲解安全操作要领,边示范、边讲解,说明注意事项,并讲述哪些操作是危险的、是违反操作规程的,使学员懂得违章作业将会造成的严重后果。

2.安全教育培训

风电企业的安全教育培训应循序渐进开展,培训内容应根据实际需求制定,内容上应侧重实际应用,避免过于理论化,要注重培训效果,保证每位员工都能学到必要的安全知识。开展安全技能培训还应注重方式、方法,应结合实际开展案例分析、技能比武、实操演练等形式多样的培训,努力提高员工学习的积极性和参与性,增强培训效果。

(1)安全教育培训需求调查分析　风电企业在制订相关培训计划前,应进行一次全面的培训需求调查,除调查培训内容外,还应分析培训方式、培训周期、培训时间、培训建议等内容,调查时还应根据员工的学历结构、所学专业结构、个人特长等因素开展针对性培训。需求调查后,应根据需求制订培训计划,再根据计划确定培训方式和时间,统筹安排培训资金使用计划。培训需求的调查方式可采取调查问卷、面对面交流等形式开展,确保培训计划更能满足生产现场需要。

(2)安全教育培训的方法和方式　安全教育培训是风电企业的重要日常工作之一。培训的方法方式多种多样,对于风电企业而言,往往在较小的“单位”开展内部培训,对于这样的培训,一般有以下几种方式可以供选择参考。

1)教室讲授。这类形式的培训最为普遍,也最被大多数人接受。但是,培训效果最终取决于培训讲师个人的技术水平、表达水平、重点和深浅程度的掌握、授课形式、授课时间等因素,要科学、合理地确定培训形式。教室讲授宜播放现场设备的图片,配以动画形式的演示文稿或视频,适当把握课堂气氛,调动员工的积极性,保证培训效果。

2)案例分析和现场演练。通过案例分析,不但能从中学到案例本身的技术知识和处理方法,更能从案例中积累相关经验,为今后处理同类型事故和故障提供宝贵经验。尤其是对反面安全事故案例的分析,往往使听课人员深受教育和启发。现场演练也是让员工积累经验的一种非常有效的手段,尤其是演练过程中出现的各种状况更能让员工产生深刻记忆,特别是对于一些平常较少操作的设备,更应加强演练,以便在紧急时刻能熟练操作,这样的培训方式既适合新入职员工也适合老员工。

3)定期考试、技术问答等。技能考试、技术问答以及事故预想,是提高员工技能水平的有效方式,风电企业应建立定期技能考试、技术问答、事故预想的激励机制等,这种培训方式尤其适合新员工。

4)技能竞赛。技能竞赛和各种比武也是一种培训形式,竞赛内容应多样化和全面化,比拼检修风电机组、使用工具、修理配件等和平常工作息息相关的内容,可以激发员工的工作热情,同时还能带动集体荣誉感的提升,也是企业文化建设的一项重要内容。

5)外聘专家或外出培训。这种培训完全取决于授课讲师的水平,如果能因材施教,培训将取得非常好的效果,因此,对于聘请专家或者外派培训,要因内容而异、因人而异,一定要做好深入的调查后,再根据现场的情况派遣合适的人员参与,避免浪费培训资源和经费。

6)互相授课。互相授课就是让风电企业员工根据自己的专业特点,将自己擅长的部分作为讲课内容进行讲授,其他人员进行学习和讨论,这是一种非常有效的培训方式。把培训任务适当分配给相关有特长的员工,让他来担任讲师,负责培训的人必须精心准备,通过这样的培训方式往往能收到非常好的效果。

7)自学。通过查资料、查规程、查图纸、查文献、查现场设备,反复学习,实现专业技术水平的自我提升。

3.培训效果评估

培训效果评估也是培训工作的重要组成部分。通过定期测试、技能竞赛、现场工作等检验和评估培训效果,同时为后续的培训积累经验,从而对授课内容、授课时间、授课接受程度、授课讲师、授课方式等环节做出调整,提升培训效果。

9.3.6 事故隐患排查

事故隐患排查制度是风电企业的基本制度,国家安全生产监督管理总局(简称安监总局)在2007年12月发布了《安全生产事故隐患排查治理暂行规定》,提出"生产经营单位应当建立健全事故隐患排查治理和建档监控等制度"。国务院国有资产监督管理委员会(简称国资委)2008年8月印发的《中央企业安全生产监督管理暂行办法》明确规定:"中央企业应当建立健全生产安全事故隐患排查和治理工作制度。"2014年12月1日新颁布的《安全生产法》也明确要求建立隐患排查制度,并贯彻执行到位。隐患排查就是要发现和消除安全风险程度高、可能导致安全事故的设备设施的不安全状态、人的不安全行为和管理上的缺失。

1.事故隐患分级

根据可能造成的事故后果,事故隐患分为重大隐患和一般隐患。重大隐患是指可能造成一般以上人身伤亡事故、电力安全事故,直接经济损失100万元以上的电力设备事故和其他对社会造成较大影响事故的隐患。一般隐患是指可能造成电力安全事件，直接经济损失10万元以上、100万元以下的电力设备事故，人身轻伤和其他对社会造成影响事故的隐患。

超出设备缺陷管理制度规定的消缺周期，仍未消除的设备危急缺陷和严重缺陷，即为事故隐患。也就是说，并非所有的设备缺陷都纳入事故隐患管理，在“设备缺陷管理制度”规定的一个消缺周期内进行了有效控制的设备缺陷不纳入事故隐患管理；对于一般和轻微设备缺陷，无论是否超周期，均不纳入事故隐患管理。

2.工作原则

隐患排查工作按照“谁主管、谁负责”的原则开展治理，首先应确定隐患等级，然后按照“发现、评估、报告、治理、验收”流程，实施隐患闭环管理，隐患排查工作的重点是全员参与、落实责任，建立分级事故隐患排查治理的工作机制。

3.工作方法和要求

(1)建立隐患排查工作机制　事故隐患排查治理应纳入日常工作中，按照“发现、评估、报告、治理、验收”的流程形成闭环管理，首先要运用多种工作手段，健全隐患常态排查机制，其次要落实治理措施，强化防控治理机制，还要完善评价、奖惩考核机制。

(2)隐患排查　开展隐患排查治理工作的第一步是排查隐患，排查隐患可与日常工作相结合，采用多种排查手段发现事故隐患。具体包括：

行业、上级下发的反事故措施、安全性评价、安全检查是风电企业发现各类隐患的极为有效的手段，风电企业可借助春秋季安全大检查、各类专项监督检查和现场安全风险辨识等工作，将排查发现的各类安全隐患治理作为防范安全事故的重要内容，从而使隐患排查实现周期化、常态化。

风电企业在日常巡视、检修测试中，动员全场员工开展隐患排查，鼓励“多发现、多整改”，从而使隐患排查整改到位。

根据各类事故案例分析和防范措施，列出场内的重大隐患项目，对照现场设备实际，进行隐患排查整改。

(3)隐患评估　风电企业在发现隐患之后，要对排查出的各类事故隐患进行评估分类，填写“重大(一般)事故隐患排查治理档案表”，按照“预评估、评估、核定”3个步骤确定其等级，定期梳理新增事故隐患和已有事故隐患整改完成情况，掌握未完成整改的事故隐患现状，使事故隐患的管理做到全面、准确、有效。

(4)隐患治理　事故隐患一经确定，风电企业应立即采取控制措施，防止事故发生。要立即开展事故隐患的危害程度和整改难易程度分析，讨论和编制治理方案，并落实治理方案、时间、责任人和资金。同时，采取安全措施，制定应急预案，防止隐患进一步发展扩大。重大隐患完成治理后，必须进行验收和评估，确保整改到位。

(5)奖惩与考核　为保证隐患排查治理工作落到实处,风电企业应制定隐患排查治理评价考核管理办法,对重大事故隐患治理及时的风电企业和个人给予表扬奖励。瞒报事故隐患,或因工作不力延误消除事故隐患并导致安全事故的,要严厉追究相关人员的管理责任。

(6)工作要求　事故隐患排查工作应涵盖生产过程的各个环节,包括管理层面的隐患排查。

事故隐患排查治理应结合技改、大修、专项活动等进行,做到责任、措施、资金、期限和应急预案“五落实”。

对隐患的发现、评估、治理、验收进行全过程动态监控,实行“一患一档”管理。事故隐患档案应包括隐患问题、隐患内容、隐患编号、隐患所在位置、评估等级、整改期限、整改完成情况等信息。事故隐患排查治理过程中形成的传真、会议纪要、正式文件、治理方案、验收报告等也应归入事故隐患档案。

风电企业应对已消除的事故隐患及时备案,同时将整理的相关资料妥善存档。未能按期消除的事故隐患应重新进行评估,评估后仍为事故隐患的需重新填写“重大(一般)事故隐患排查治理档案表”,重新编号纳入整改计划进行治理。

9.3.7　反违章管理

所谓习惯性违章,是指那些固守旧有的不良作业传统和工作习惯,违反安全工作规程的行为。违章不一定会导致事故,但事故一定是违章造成的,违章是发生事故的起因,事故是违章导致的后果。习惯性违章的人有章不循,对事故失去警惕性,最终必然导致事故发生,直接危害自己和他人生命安全及设备安全。

1.习惯性违章的心理现象分析

人是安全生产中最活跃的因素,人又是习惯性违章的执行主体,人的心理因素是产生习惯性违章的主因。

(1)侥幸心理　实际工作中,相当多的人认为一两次违章没有什么,不一定发生事故,伤害事故毕竟是一种小概率事件,于是对违章行为不以为然、习以为常,慢慢就形成了习惯性违章。

(2)蛮干心理　部分员工安全意识淡薄,自我保护意识差,不执行安全规程,对违章行为持无所谓态度,在不采取任何安全措施或安全措施不全的情况下冒险作业。

(3)从众心理　一些新参加工作的员工,由于安全教育培训不足,未能掌握基本的安全知识,看见别人违章了没有发生事故,也就跟着学,随大流。

(4)无知无畏心理　部分员工平时不注意加强学习,对每项工作程序应该遵守的规章制度不了解,或对工作中的各种不安全因素和各种违章行为的危险性认识不足,工作起来一知半解,作业中糊里糊涂违章,稀里糊涂出事。

(5)逞能取巧心理 一些员工熟悉岗位技能,有工作经验,理论知识丰富,操作技能也都掌握,认为有关作业规定和程序对自己来说不必要、太烦琐,且自有一套解决办法,图省时省劲、投机取巧,认为自己“技高胆大”,结果造成事故。

(6)麻木心理 个别职工因长期、反复从事同一工作,工作热情减退、积极性不高,安全处于被动状态。发现他人违章也不制止,认为就算发生不幸也轮不到自己头上,久而久之就有可能发生事故。

2.典型的习惯性违章行为

(1)无票作业、无监护作业。

(2)允许无资质或安全教育不合格人员进入现场工作。

(3)现场未进行危险点辨识,开工前无安全交底。

(4)现场不按规定使用或使用不合格的安全电器及个人安全防护用品。

(5)超规定风速、雷暴等极端天气现场作业。

(6)擅自投退运行设备保护装置或修改参数。

(7)风机油污及杂物未清理。

(8)机舱内转动部件未安装防护罩或未采取有效防护。

(9)进出轮毂未锁定机械锁。

(10)风电机组停机原因未查清反复强行复位。

(11)电气设备故障原因未查清反复强行送电。

(12)变桨后备电源未定期检测或更换。

(13)违规存放有毒有害、易燃易爆品。

(14)电气设备作业前不验电、不设防护栏。

(15)输变电设备作业前不核实名称和编号。

(16)现场作业约时停送电。

(17)违反调度送电指令。

(18)机舱内人员与地面人员通信联系不畅通。

(19)贸然进入有毒危险的空间作业。

(20)风场内驾驶车辆超速,不系安全带。

3.习惯性违章的主要防控措施

习惯性违章的防控是安全管理的难点,习惯性违章成因多样,有些具有一定的历史继承性,是从老员工处继承而来。有些一线员工安全规程考试都及格,但是实际上都是临时应急通过考试,并没有真正领会安全规程的要求。习惯性违章要从管理、培训、监督、考核多个方面加强管理。

(1)建立反习惯性违章管理制度 制度中应指明习惯性违章的具体表现及针对性的管理考核处罚措施,让员工不得不自觉遵守各项规定。通过反违章制度规定,将安全生产管理工作抓精、抓实、抓到位。

(2)加强安全教育和技术培训，提高全员业务技术水平　通过规范的职业教育培训，让员工掌握高空作业、倒闸操作、消防灭火知识等各方面的技术、技能。通过典型事故案例专题讲解，总结经验教训，学习规章制度，让员工清楚操作规程不了解、不熟悉，以及长期不认真执行规程带来的后果，防止不懂规程、盲目操作引起的习惯性违章作业。

(3)充分发挥安全监督网作用，落实安全检查制度　安全生产制度要靠好的监督机制来保证执行，除各类安全大检查外，还应要求各级安全监督人员经常到现场检查安全措施落实情况，检查“两票三制”执行情况，对现场工作人员讲解安全注意事项。

(4)加强班组安全管理，组织好班组安全活动　班组应定期组织安全活动，学习安全生产规章制度和安全通报、简报，表扬安全生产方面的好人好事，批评违章现象。结合本班组具体情况，对各类不安全情况进行分析、讨论，制定防范措施。针对同行业的安全事故，举一反三，反复检查自身问题，制定防范措施，防止同类事故重复发生。

(5)加强安全生产教育，强化职工的安全意识　安全教育可以增强员工遵章守纪的自觉性，应在现场和班组工作间等处，粘贴安全标语、安全漫画、安全宣传图片等安全生产宣传资料，不定期组织职工参观安全事故教育展览。

(6)严格执行安全考核制度　班组要对习惯性违章行为敢抓敢管，处理习惯性违章现象时，不仅要通报批评、从重处罚，还要举一反三，要使工作人员具有“违章即事故”的危机感、紧迫感，坚决抵制习惯性违章行为。

9.3.8 劳动防护用品管理

劳动防护用品是指生产经营单位为从业人员配备的，使其在劳动过程中免遭或减轻事故伤害及职业危害的个人防护装置。劳动防护用品可分为特种劳动防护用品和一般劳动防护用品，特种劳动防护用品分为头部护具类、呼吸护具类、眼(面)护具类、防护服类、防护鞋类五大类。一般劳动防护用品是指一般的工作服和工作手套等。

劳动防护用品的管理主要是指风电企业应建立劳动防护用品采购、验收、保管、发放、使用、更换、报废等过程的管理制度，并严格执行。

1.劳动防护用品的采购和验收

风电企业采购的劳动防护用品必须有“三证一标志”，“三证”是指安全生产许可证、产品合格证和安全鉴定证，“一标志”是指安全标志证书。

“三证一标志”是风电企业验收所采购劳动防护用品是否符合国家标准的重要依据，风电企业安全管理人员应对采购的特种劳动防护用品进行验收，严禁使用不满足“三证一标志”的特种劳动防护用品。

2.劳动防护用品的保管和发放

风电企业劳动防护用品应采取企业集中采购、集中保管和发放的方式进行。

风电企业应设立专门的劳动防护用品室和专用的工器具柜保管劳动防护用品，专用工器具柜应保持干燥，防止老化，禁止特种劳动防护用品与腐蚀性物质接触。还要对劳动防护用品进行编号，进行定置管理，定期检查更换和补充。

3.劳动防护用品的使用

劳动防护用品使用前应进行检查，确保其功能良好。使用中应严格按照说明书的要求在其性能范围内使用，不得超限使用。

4.劳动防护用品的更换和报废

风电企业应按照劳动防护用品产品说明书的要求，及时更换、报废过期和失效的劳动防护用品。

9.3.9 发、承包工程安全管理

风电企业人员较少，大型吊装作业、年度预试、小型基建一般都由外委施工建设，发包工程安全管理是风电企业安全管理的一项重要内容。风电企业应建立发包工程管理制度，依法签订工程合同，履行审批程序，明确各方安全责任。发包工程安全管理按照工作步骤可分为：

1.资质审查

外单位承包风电企业工程应对其资质和条件进行审查，其中包括4个方面。

(1)有关部门核发的营业执照和资质证书、法人代表资格证书、施工安全资格证书、施工简历和近3年安全施工记录。

(2)施工负责人、工程技术人员和工人的技术素质是否符合工程要求。

(3)满足安全施工需要具备合格的机械、工器具及安全防护设施、安全用具。

(4)具有两级机构的承包方是否设有专职安全管理机构；施工队伍超过30人的是否配有专职安全员，30人以下的是否设有兼职安全员。

2.签订承包责任书

风电企业对承包工程项目的企业资质和条件进行审查并确认合格后，应签订工程施工合同、安全协议，并制定安全措施、技术措施、组织措施。

3.开展安全考试

承包方的现场施工人员由风电企业组织进行电力安全工作规程、风力发电场安全规程培训，并经考试合格，方可进入生产现场工作。

4.制定安全、技术、组织措施

在有危险性的电力生产区域内作业，如有可能因电力设施引发火灾、爆炸、触电、高空坠落、中毒、窒息、机械伤害、烧烫伤等容易引起人员伤害和电网、设备事故的场所作

业，承包方必须提前7天制定安全、技术、组织措施，报风电企业有关部门批准，工程发包部门及运行单位配合做好相关的安全措施。

5.安全技术交底

工程开工前由工程发包主管部门及风电企业对承包方负责人、工程技术人员和安监人员进行全面的安全技术交底，并应有完整的记录。

6.开展安全监督

承包方施工人员在生产现场违反有关安全生产规程制度时，安监部门和风电企业应予以制止，直至停止承包方的工作。风电企业应指派专人负责监督检查与协调外包工程和生产技改、检修项目。工程承包方必须接受风电企业和风电企业的安全管理及监督指导，发生人身、设备事故及其他紧急、异常情况或危及设备安全运行的情况时，必须立即报告风电企业场长及上级安全监督部门。风电企业和工程承包方应认真履行各自的安全职责，并承担相应的安全责任。

7.其他注意事项

(1)工程开工前，风电企业可以预留一定比例的施工管理费作为安全施工保证金。风电企业和承包方应依据国家法律法规，约定发生人身及设备事故时的安全施工保证金扣除比例。

(2)工程承包方必须严格执行“两票”制度，遵守安全工作规程，在电气设备上工作必须得到风电企业的批准，非风电企业的任何单位、施工队伍或个人，严禁操作运行设备。

(3)工程开工前，承包方必须开展危险点分析、预控工作，和风电企业一起向全体施工人员进行安全技术交底，施工时严格执行《电力安全工作规程》(河南省电力公司组，2013)及风电企业的相关规定，施工作业现场安全、技术、组织措施必须完善、可靠，并认真执行，确保施工人员在有安全保障的前提下开展工作。

9.4 应急管理

风电企业应急管理工作是安全管理的重要组成部分。风电企业在生产运营过程中因自然灾害、人为失误、设备自身缺陷等问题均有可能引发事故，并造成严重的设备、财产损失和环境破坏。风电企业的应急管理工作应符合国家电力监管委员会(简称电监会)《电力企业应急预案管理办法》的工作要求，完善应急组织体系、应急预案体系和应急保障体系，定期开展应急培训演练和应急实施与评估等工作，提高应急处置能力，有效控制事故灾害蔓延。将事故造成的损失降低到最小程度(宋守信 等，2009；姚建刚 等，2009)。

应急管理按照时间序列可分为预防、准备、响应和恢复4个阶段。

预防阶段:其一是指事故预防,通过安全管理和安全技术手段,尽可能防止事故的发生;其二是假设事故必然发生条件下,预先采取措施,降低事故影响和严重程度。

准备阶段:针对可能发生的事故,为开展有效的应急行动而预先做的各项准备工作,保证应急救援需要的应急能力。

响应阶段:指事故发生后,立即采取的紧急处置和救援行动,尽可能地抢救受害人员,减少设备损坏,控制和消除事故的影响。

恢复阶段:事故影响得到控制后,使生产和环境尽快恢复到正常状态而采取的措施和行动。一般首先恢复到安全状态,然后逐步恢复到正常状态。

9.5　安全性评价

安全性评价也称危险性评估或风险性评估。安全性评价的定义是:综合运用安全系统工程学的理论方法,对系统的安全性进行度量和预测,通过对系统的危险性进行定性和定量分析,确认系统发生危险的可能性及其严重程度,提出必要的控制措施,以寻求最低的事故率、最小的事故损失和最优的安全效益。

安全评价按照实施阶段的不同分为3类:安全预评价、安全验收评价和安全现状评价,这是根据工程项目在建设、运行不同时期的特点,为加强安全生产管理而实施的安全监督管理手段。

安全预评价主要针对建设项目可行性研究阶段、规划阶段或生产经营活动组织实施之前;安全验收评价主要针对建设项目竣工后、正式生产运行前,检查确认建设项目安全措施与主体工程的"三同时(同时设计、同时施工、同时投入生产和使用)"情况;安全现状评价是针对生产经营活动中和工业园区内的事故风险、安全管理等情况,提出科学、合理、可行的安全对策措施建议,做出安全现状评价结论。以下重点介绍安全现状评价。

9.5.1　安全性评价概述

1.安全性评价在风电企业管理中的作用

早期的安全管理工作,在事故分析和对策上大多是事后处理,缺乏系统性、预见性和科学性。安全性评价工作的目的就是防止人的不安全行为,消除设备的不安全状态,它不仅包括人身,还包括设备环境、管理等方面,从而控制或减少事故的发生。

安全性评价的作用具体表现为以下几个方面:

(1)使风电企业领导具体掌握本企业内部各方面、各系统安全基础强弱的程度,看到"量化"后的差距。

(2)有利于对存在问题严重程度的确认。由于安全性评价对存在危险因素的严重程度进行了量化，暴露出许多过去已发现的，但对它的严重程度估计不足的情况。通过量化，问题明朗，从而有利于弄清是非，对危险性严重程度统一到正确的认识上来。

(3)有利于强化企业安全生产的各项管理工作。安全性评价中管理工作查评是评价工作的切入点和落脚点。尽管人、物、环境、管理4项因素都要查，但重点在管理。评价中涉及的管理工作较多，诸如运行管理、设备管理、技术监督、培训管理等，对于与上述各项管理有关的评价项目的查评，客观上起了监督落实的作用。

(4)推动各级反事故措施和各项规章制度的落实。安全评价工作开展的依据是企业各类反事故措施、规程、制度。并要求风电企业对安全评价发现的问题实行计划、执行、检查、修正的闭环管理，通过问题整改把各级反事故措施和各项规章制度落实到日常生产工作中。

(5)安全评价工作过程中，风电场技术人员可与查评专家进行充分的交流，进而提高技术素质、扩宽技术视野；风电场管理人员也能得到有关现场安全生产规范管理的相关培训。获得宝贵的生产管理、技术经验，使得风电场生产管理水平逐步提高。

2.安全性评价的方式、周期和范围

风电企业安全性评价实行企业自查和专家查评相结合的方式。

风电企业自评价一般以1年为一个周期，专家评价一般以3～5年为一个周期。

风电企业安全性评价的范围包括安全管理、劳动安全和作业环境、生产设备设施、风电企业生产及管理的全过程。

9.5.2　安全性评价工作的实施

安全性评价是一项安全系统工程，按照企业“自查、整改、专家评价、再整改、复查”的程序开展，并在此基础上进行新一轮的循环。安全性评价专家查评工作一般由独立于本企业的第三方机构(评价机构)进行。

1.建立安全性评价组织机构

建立、健全安全性评价组织机构是开展好安全性评价工作的重要保证。安全性评价工作涉及安全生产活动的方方面面，如何协调好部门之间多方面的关系尤其重要。只有建立、健全组织机构，加强协调指导，才能保证企业安全性评价工作的健康和深入开展。

风电企业应建立、健全如下安全性评价组织机构。

(1)安全性评价领导小组　领导小组由企业分管生产的领导(或总工程师)任组长，相关生产管理负责人、各专业负责人参加，在领导小组的统一部署下开展工作。

(2)安全性评价专业小组　专业评价小组应根据安全生产管理工作和不同岗位人员特点，在安全管理、劳动安全和作业环境、生产设备设立若干小组，一般生产设备领域还分为风电机组、电气一次和电气二次专业组。

2.自评价

自评价是整个安全性评价工作的基础，是关系到安全性评价能否取得成功的关键。自评价阶段主要做好以下工作：

(1)安全性评价标准学习　在开展自评价工作时，应组织有关人员系统学习安全性评价标准和评价方法，逐级开展安全性评价工作培训，结合具体情况，可以邀请专家或中介机构对自评价工作进行技术指导或咨询，使企业员工真正理解安全性评价工作的意义及作用、内容和方法，确保评价的质量。

(2)安全性评价内容的分工　通常安全管理、劳动安全和作业环境部分由安监人员负责，生产设备由技术专业小组负责。风电企业应对分阶段评价项目、工作内容、责任部门、监督完成人、时间进度表等项目列出详细计划，并在领导小组的审核和监督下执行，保证整个自评价工作有组织按计划地开展。

(3)编制自评价工作计划书　风电企业安全生产管理部门、风电企业、班组应根据安全性评价标准，对评价项目的查评任务层层分解，落实责任，在专业负责人的监督和指导下，明确各自应查评的项目、依据、标准和方法，为自评价工作做好充分的基础准备。

(4)风电企业、班组的自评价工作应和日常安全管理工作相结合，做到标准化、制度化、规范化，在自评价过程中，应充分调动员工的积极性和主动性，鼓励发现问题并进行讨论。对发现的问题应按评价标准和自评价计划书要求进行分类，整理汇总上报。

(5)自评整改工作结束后，应根据汇总上报的自评价情况，各专业负责人应组织人员完成专业自评价报告，领导小组应组织相关人员在专业报告的基础上完成企业安全性评价自评价报告，自评价报告应包括评价情况、存在的问题、原因分析、整改建议、相关附件及需要列入下一轮评价工作的内容。

3.专家查评

专家查评是在企业自评整改的基础上，组织专家对企业进行评价、分析和评估，对评估中发现的问题进行认真核对和检查，对自评工作进行完善和深化，全面、准确、系统地把握安全生产状况和存在的问题。完成自评价的单位向上级单位提出申请，上级单位对自评价报告进行审查，委托中介机构实施，被评价风电企业应与评价中介机构签订安全性评价合同。

查评前，应准备风电企业基本情况、风电企业的组织机构和人员状况、系统电网的连接图和风电企业电气主接线图、自评价报告、评价日程安排及各专业的联系人名单，以及专家组相关安全装备(安全帽、安全带、工作服等)。

专家查评实施：专家评价应在企业自评价的基础上进行，应对自评价发现的问题进行核对,但不依赖,要依据评价标准认真逐项检查,对查评中发现的问题,在查评结束后,未形成正式评价报告前,应与被评价企业的对口部门、专业联络员交换意见,统一认识并做好记录。

查评结束后,专家组应向上级单位和被评价企业提交电子版的评价报告,报告应包括企业总体情况、主要问题及整改建议等。

专家评价后,风电企业应在一定时间内将整改报告以书面或电子邮件形式上报上级管理单位,整改计划应包括专家提出的问题、原因分析、问题整改情况、个别未整改的原因、相应预防性安全措施和整改计划。

4.整改阶段

整改是保证安全性评价工作收到实效的重要环节。在查评工作中,对发现的重大隐患必须制定整改措施,落实项目、责任人和整改时间。对企业确实解决不了的重大隐患,应提出专题报告,报上级管理部门。针对不符合安全要求的问题提出对策措施并到现场进行复查,确认整改后的效果。整改要求如下:

(1)风电企业必须将问题整改作为整个安全性评价动态管理过程中的重要环节来抓。对于评价中发现的问题,要认真组织制订整改计划,落实整改措施,有关部门监督整改完成,并从项目、资金、人员进度等各个方面保证整改实施,使安全性评价工作能够收到实效。

(2)在完成自评价、专家评价、问题分析与评估之后,应依据评价结果组织制订详细的整改计划,从运行、检修等诸方面,对整改内容、责任部门、分阶段任务、完成时间等项目给予明确规定,保证整改工作在企业统一领导下有组织按计划地进行。

(3)在安排整改工作时,应优先考虑重大问题的整改。对于因涉及其他行业而又难以协调或解决的问题,应及时向上级单位反映,促成问题的解决。对于确因客观原因或条件限制一时不能整改的有严重安全隐患的重大问题,必须制定并落实相应的预防性安全措施,并列入下一轮评价的重点内容。

(4)应定期安排对整改情况进行检查,并定期对整改工作进行总结分析。风电企业应按整改计划的要求,认真落实各项整改方案和整改措施,责任到人,并将整改情况按要求上报。对于整改中存在的问题,企业要及时组织相关部门认真分析,协调解决。

(5)对由于某种原因暂不能解决的设备及其他问题要充分考虑其不安全因素及其后果,制定相应的安全防范措施,其措施要具有针对性和可操作性。

参考文献

中国安全生产协会注册安全工程师工作委员会,2008.安全生产管理知识[M].北京:中国大百科全书出版社.

河南省电力公司组,2013.电力安全培训教材[M].北京:中国电力出版社.
田雨平,周凤鸣,2009.电力企业现代安全管理[M].北京:中国电力出版社.
宋守信,武淑平,翁勇南,2009.电力安全管理概论[M].北京:中国电力出版社.
姚建刚,肖辉耀,章建,2009.电力安全评估与管理[M].北京:中国电力出版社.

第10章　应急预案管理

10.1　应急预案概述

应急预案管理是各级人民政府及其部门、基层组织、企事业单位、社会团体等为依法、迅速、科学、有序应对突发事件，最大程度减少突发事件及其造成的损害而预先制定的工作方案。加强应急预案管理工作，是维护国家安全、社会稳定和人民群众利益的重要保障，是履行政府社会管理和公共服务职能的重要内容。《中华人民共和国安全生产法》颁布实施以来，我国加强了安全生产领域的应急救援、应急管理的机制和法制建设，初步形成了应急预案体系，制定了应急救援规划，组建了国家安全生产应急救援指挥中心，应急管理工作不断向前推进，形成了应急管理的“一案三制”体系（陈群，2017）。

“一案”为国家突发公共事件应急预案体系；“三制”为体制、机制、法制，即要建立、健全应急工作的管理体制、运行机制和相关法律制度。在应急管理体制方面，主要是要建立、健全集中统一、坚强有力、政令畅通的指挥机构；在运行机制方面，主要是建立、健全监测预警机制、应急信息报告机制、应急决策和协调机制；在法制建设方面，主要通过依法行政，努力使突发公共事件的应急处置逐步走上规范化、制度化和法制化轨道。

我国应急预案管理经历了不断丰富、完善、发展的阶段。

2003年5月7日，国务院第7次常务会议审议通过了《突发公共卫生事件应急条例》；同年12月，国务院办公厅成立应急预案工作小组。

2003年10月，党的十六届三中全会提出，提高公共卫生服务水平和突发性公共卫生事件应急能力。

2004年5月，国务院办公厅将《省（区、市）人民政府突发公共事件总体应急预案框架指南》印发各省，要求各省人民政府编制突发公共事件总体应急预案。

2004年9月，党的十六届四中全会进一步明确提出：要建立、健全社会预警体系，形成统一指挥、功能齐全、反应灵敏、运转高效的应急机制，提高保障公共安全和处置突发事件的能力。按照党中央、国务院的决策部署，全国的突发公共事件应急预案编制工作有条不紊地展开；国务院在安排2004年工作时，把加快建立、健全突发公共事件应急机制，提高政府应对公共危机的能力作为全面履行政府职能的一项重要任务做出了部署。

2005年1月26日,国务院第79次常务会议通过《国家突发公共事件总体应急预案》和25件专项预案、80件部门预案,共计106件。

2005年4月,国务院作出关于实施国家突发公共事件总体应急预案的决定:同年5—6月,国务院印发4大类25件专项应急预案,80件部门预案和省级总体应急预案也相继发布。

2005年7月下旬,国务院召开全国应急管理工作会议,加强全国应急体系建设和应急管理工作,必须做好健全组织体系、运行机制、保障制度等工作。这标志着中国应急管理纳入了经常化、制度化、法制化的工作轨道。

2006年1月6日,国务院授权新华社全文播发了《国家自然灾害救助应急预案》。

2006年1月8日,国务院授权新华社全文播发了《国家突发公共事件总体应急预案》。总体预案是全国应急预案体系的总纲,明确了各类突发公共事件分级分类和预案框架体系,规定了国务院应对特别重大突发公共事件的组织体系、工作机制等内容,是指导预防和处置各类突发公共事件的规范性文件。

2006年1月10日起,国务院授权新华社陆续摘要播发5件自然灾害类突发公共事件专项应急预案和9件事故灾难类突发公共事件专项应急预案。

按照国务院的总体部署和要求,国家安全生产监督管理总局负责起草了《国家安全生产事故灾难应急预案》,经国务院批准,国务院办公厅颁布实施。2006年1月23日新华社发布《国家安全生产事故灾难应急预案》。2006年6月15日,新华社发布《国务院关于全面加强应急管理工作的意见》(国发[2006]24号)。

2006年8月31日在北京召开全国安全生产应急管理工作会议。

2006年9月19日国家安全生产监督管理总局发布《关于加强安全生产应急管理工作的意见》(安监总应急[2006]196号)。

2007年2月28国务院办公厅转发安全监督管理总局等部门《关于加强企业应急管理工作意见的通知》(国办发([2007]13号)。

2007年4月9日国务院发布《生产安全事故报告和调查处理条例》(中华人民共和国国务院令第493号),执行日期2007年6月1日。

2007年8月30日《中华人民共和国突发事件应对法》由中华人民共和国第十届全国人民代表大会常务委员会第二十九次会议通过,《中华人民共和国突发事件应对法》(第六十九号主席令),自2007年11月1日起施行。

2007年9月27日第一届中国国际安全生产应急管理和应急救援论坛在北京召开。

2010年7月,《国务院关于进一步加强企业安全生产工作的通知》(国发[2010]23号)要求企业应急预案要与当地政府应急预案保持衔接,并定期进行演练。赋予企业生产现场带班人员、班组长和调度人员在遇到险情时第一时间下达停产撤人命令的直接决策权和指挥权。因撤离不及时导致人身伤亡事故的,要从重追究相关人员的法律责任。

2010年11月，《国务院安委会办公室关于贯彻落实国务院[通知]精神进一步加强安全生产应急救援体系建设的实施意见》(安委办[2010]25号)对加快建设更加高效的安全生产应急救援体系，提出国家矿山应急救援队依托黑龙江鹤岗、山西大同、河北开滦、安徽淮南、河南平顶山、四川芙蓉、甘肃靖远7个国家矿山应急救援队，力争到2011年年底前全部建成；依托现有国家石化、石油企业的应急救援队，建设6个国家危险化学品应急救援队、14个区域危险化学品应急救援队、7个区域油气田应急救援队和1个危险化学品应急救援技术咨询中心。企业要全面建立、健全安全生产动态监控及预报、预警机制，做好安全生产事故防范和预报、预警工作，做到早防御、早响应、早处置。

我国经济建设同步工业化进程，不可避免会发生经济快速发展与安全生产基础薄弱的矛盾，并处于安全生产事故的"易发期"。近年来，国家高度重视和进一步加强了对安全生产应急预案的管理，不断完善应急预案的管理水平。

2015年2月，《企业安全生产应急管理九条规定》(安监总局令第74号)对企业做好应急管理工作提出九条规定。

2015年7月，《关于进一步加强安全生产应急预案管理的通知》(安委办[2015]11号)文件要求各地区、各有关部门和生产经营单位要进一步加强应急预案工作的组织领导，按照"管行业必须管安全、管业务必须管安全、管生产经营必须管安全"的要求，强化红线意识，坚持问题导向，树立"预案不完善就是隐患、培训不到位就是隐患、演练不到位就是隐患"的理念，落实责任、深化管理、加强执法，通过强化风险评估、预案修订、培训演练、监督检查等工作，深入开展应急预案优化工作，推动应急预案专业化、简明化、卡片化，完善体系、提升质量，实现应急预案科学、易记、好用。

2015年11月，《国务院办公厅关于印发国家大面积停电事件应急预案的通知》(国办函[2015]134号)对大面积停电事件应急预案按照事件严重性和受影响程度分为特别重大、重大、较大和一般4级。同时，提出坚持"统一领导、综合协调，属地为主、分工负责，保障民生、维护安全，全社会共同参与"的原则。明确地方人民政府及其有关部门、能源局相关派出机构、电力企业、重要电力用户按照职责分工和相关预案开展处置工作。

2016年3月，《国务院国家自然灾害救助应急预案》(国办函[2016]25号)对建立、健全应对突发重大自然灾害救助体系和运行机制，规范应急救助行为，提高应急救助能力等提出要求。

2016年5月，财政部、国家安全生产监督管理总局《安全生产预防及应急专项资金管理办法》(财建[2016]280号)明确安全生产预防及应急专项资金为中央财政通过一般公共预算和国有资本经营预算安排，专门用于支持全国性的安全生产预防工作和国家级安全生产应急能力建设等方面。

2016年6月，修订后的《生产安全事故应急预案管理办法》(安监总局令第88号)

自2016年7月1日起施行。新修订的《生产安全事故应急预案管理办法》重点强化部门监管责任和企业主体责任的落实，规范了应急预案编制程序，严格了应急预案动态管理，对提高应急预案的针对性和实用性、充分发挥应急预案核心作用具有重要指导意义。

2016年8月，《关于加强安全生产应急管理执法检查工作的意见》(安监总厅应急[2016]74号)明确对安全生产应急管理执法检查对象、主要内容、实施主体、检查方式等基本要素和执法检查组织实施要求等责任，同时，制定了《安全生产应急管理执法检查清单》。

2016年8月，《2016年度省级政府安全生产工作考核细则》(安委[2016]8号)将健全省、市、县安全生产应急救援管理体系；制定实施矿山、危险化学品、油气输送管道等专业化应急救援队伍和基地建设规划；建立应急物资储备制度；完善安全生产应急预案，实现政府和企业间预案的有效衔接；建立应急处置评估和专家技术支撑制度等内容纳入考核主要内容。

10.2　应急预案管理

根据新修订的《生产安全事故应急预案管理办法》(安监总局令第888号)文件规定，应急预案管理实行属地为主、分级负责、分类指导、综合协调、动态管理的原则。对生产经营单位应急预案分为综合应急预案、专项应急预案和现场处置方案。

《国务院安委会办公室关于进一步加强安全生产应急预案管理工作的通知》(安委办[2015]11号)对应急预案管理的总体要求、管理责任、修订工作、教育培训及演练、备案管理和监督检查等工作内容提出了要求。

10.2.1　总体要求

根据《国务院安委会办公室关于进一步加强安全生产应急预案管理工作的通知》(安委办[2015]11号)文件规定，应急预案管理总体要求是，各地区、各有关部门和生产经营单位要进一步加强应急预案工作的组织领导，按照“管行业必须管安全、管业务必须管安全、管生产经营必须管安全”的要求，强化红线意识，坚持问题导向。树立“预案不完善就是隐患、培训不到位就是隐患、演练不到位就是隐患”的理念，落实责任、深化管理、加强执法，通过强化风险评估、预案修订、培训演练、监督检查等工作，深入开展应急预案优化工作，推动应急预案专业化、简明化、卡片化，完善体系、提升质量，实现应急预案科学、易记、好用。

10.2.2　管理责任

1.生产经营单位主体责任

生产经营单位要把应急预案工作纳入本单位安全生产总体布局,同步规划、同步实施,落实机构、人员和经费,切实做好应急预案的编制与实施工作。生产经营单位主要负责人是本单位应急预案工作的第一责任人,负责组织制定并实施本单位的应急预案;各分管负责人要按职责分工落实分管领域的应急预案工作责任。

2.属地管理责任

地方各级安委会要建立应急预案属地监管机制,将应急预案工作纳入本级安委会工作内容,定期研究落实应急预案工作;要督促有关部门履行应急预案编制实施、监督管理等方面的职责;要组织有关部门制定本行政区域内专项应急预案,监督本行政区域内有关部门编制和实施好部门应急预案,推动有关部门广泛深入开展应急预案培训、演练、修订等工作;要落实政企应急预案衔接责任,在政府相关预案中明确生产经营单位在信息报告、警戒疏散、指挥权转移、医疗救治、交通控制等方面的衔接要求。

3.部门监管责任

安全生产监督管理部门要履行应急预案监督管理责任,负责本部门应急预案的编制与实施工作,监督管理本行业、本领域生产经营单位的应急预案工作,研究制定规章标准,督促生产经营单位编制预案、做好预案衔接、规范预案评审备案等。

10.2.3 开展应急预案修订工作

1.应急预案简明化

生产经营单位要结合本单位实际,梳理和明确不同层级间应对事故的职责和措施。在保证衔接性的基础上避免应急预案内容重复,并根据本单位的实际情况确定是否编制专项预案。生产经营规模小、安全生产风险种类少、事故危害程度低、从业人员数量少的生产经营单位可仅编制现场处置方案。生产经营单位要大力推广应用应急处置卡,明确重点岗位、重点环节在事故处置中的具体处置措施。

2.开展风险评估和应急资源调查

风险评估和应急资源调查是预案编制、修订的基础。编制和修订应急预案前,必须认真、科学识别本地区、本部门、本单位存在的安全生产风险,分析可能发生的事故类型、后果、危害程度和影响范围,提出防范和控制风险的措施;必须全面调查掌握本地区、本部门、本单位第一时间可调用的应急队伍、装备、物资及场所等应急资源状况和合作区域内可请求援助的应急资源状况,结合风险评估结果制定应急响应措施。应急预案应附有风险评估结果和应急资源调查清单。

3.加强政企预案衔接与联动

地方各级安委会、有关部门和生产经营单位应急预案中要增加预案衔接内容,在做好不同层级应急预案衔接的基础上,明确生产经营单位与属地政府应急预案的衔接。生产经营单位应急响应级别可按照事故是否超出厂区范围、自身应急能力能否满足应急处置需要、危及人员数量等因素综合划定。生产经营单位不同层级应急预案应明确应急响应启动条件和影响范围。

10.2.4　宣传教育和培训演练

1.应急预案宣传教育

各地区、各有关部门和生产经营单位要加强应急预案基本知识的宣传教育，特别要注重对基层一线和社会公众的宣传教育，使社会公众和生产经营单位职工了解、掌握自身所涉及应急预案的核心内容，增强应急意识、提升自救互救能力；要充分发挥报纸、电视等传统媒体和网络、微博、微信等新媒体的宣传教育作用，制作通俗易懂、好记管用的宣传普及材料，向公众免费发放，推动应急预案宣传教育“进机关、进基层、进社区、进工厂、进学校”，做到应急预案宣传教育全覆盖。

2.应急预案培训

应急预案发布单位要强化对应急预案涉及人员特别是指挥机构、各工作组成员、教授队伍等的培训，使其了解各自职责、信息报送程序、所在岗位应急措施等关键要素，做到内化于意识、外化于行动，科学有序有效应对事故灾难。明确“三级安全教育”(三级安全教育指公司入职教育、电力生产部门教育和班组岗位教育)和全员安全培训中的应急预案培训要求，通过强化应急预案培训，使生产经营单位从业人员和各级应急指挥人员牢记应急措施和实施步骤，提高快速响应和有效应对事故灾难的能力。

3.全面推进应急预案演练

各地区、各有关部门和生产经营单位要建立应急预案演练制度，广泛开展应急预案演练活动，并进行总结评估，查漏补缺，切实达到提升预案实效、普及应急知识、完善应急准备的目的。新编制的应急预案在颁布实施前要经过演练检验。政府专项和部门应急预案每3年至少演练一次；生产经营单位综合或专项预案每年至少演练一次，现场处置方案应经常性开展演练，切实提升带班领导、调度、班组长、生产骨干等关键岗位人员的响应速度和应急能力，提高现场作业人员的应急技能。

10.2.5　备案管理和监督检查

1.应急预案备案

按照分级属地原则，健全完善应急预案备案制度。各级安全监管部门负责非煤矿山、金属冶炼、危险化学品的生产、经营、存储和油气输送管道运营等生产经营单位的应急预案备案工作。其他生产经营单位应急预案向所在地其他负有安全生产监督管理职责的部门备案并抄送同级安全监管部门。安全监管部门要将应急预案体系建设作为安全生产标准化创建的重要内容，在标准化创建评审中加大应急预案权重，推动生产经营单位应急预案工作。

2.应急预案监管监察

各地区、各有关部门要将应急预案工作列入各级安全监管监察执法范围，将应急预案编制、备案和实施等内容作为安全生产检查、督查、专项行动的重要内容，通过加大执法检查力度推动重点行业生产经营单位应急预案工作；要以“四不两直”(四不两直指不发通知、不打招呼、不听汇报、不用陪同和接待，直奔基层、直插现场)暗查暗访等方式组织开展应急预案专项检查，并通过主流媒体及时予以公开，选择典型案例进行曝光，增强执法检查震慑作用。

3.严肃责任追究

对未按照规定制定应急预案或者未定期组织演练的生产经营单位依法进行处罚。全面落实新《安全生产法》和《国务院安委会关于进一步加强生产安全事故应急处置工作的通知》(安委[2013]8号)要求，在日常执法检查和生产安全事故应急处置评估工作中加强对应急预案执行情况的检查和评估。对发生生产安全事故的单位，要严格检查预案编制、演练、修订、评审备案、宣传教育和启动等情况，对因预案工作不到位导致应急处置不当、救援响应不及时等造成事故扩大的，要依法依规追究相关人员的责任。

10.2.6 《生产经营单位生产安全事故应急预案编制导则》简介

2013年7月，国家质检总局与国家标准化委员会发布《生产经营单位生产安全事故应急预案编制导则》(GB/T29639—2013)，2013年10月1日实施。该标准适用于生产经营单位的应急预案编制工作，其他社会组织和单位的应急预案编制可参照执行，规定了生产经营单位编制生产安全事故应急预案的程序、体系构成和综合应急预案、专项应急预案、现场处置方案以及附件。

《生产经营单位生产安全事故应急预案编制导则》由前言、范围、规范性引用文件、术语和定义、应急预案编制程序、应急预案体系、综合应急预案主要内容、专项应急预案主要内容、现场处置方案主要内容、附件、附录A(资料性附录)应急预案编制格式和要求等内容组成。

2016年4月6日，国家安全生产应急救援指挥中心印发了《关于征求〈生产经营单位生产安全事故应急预案编制导则〉修订意见的函》(应指信息函[2016]1号)，拟对《生产经营单位生产安全事故应急预案编制导则》(GB/T29639—2013)进行修订。

10.3 电力企业应急预案管理

随着火电、水电、风能、核电、太阳能及其他新能源的装机规模及并网发电的快速增长，电力设备设施的先进技术应用越来越广泛，施工作业环境条件越来越复杂，地震、台风、暴雨、山洪、滑坡、泥石流等自然灾害和设备质量缺陷，施工不安全状态和人员业务能力低而违反操作规程的各种安全风险,对电力企业安全生产工作造成了影响,对电力企业人员的人身安全构成威胁。为确保在意外事故发生时能有效、有序地应对,使事故造成的影响和损失降至最低,做好应急预案管理工作具有十分现实的意义。

电力企业应急预案管理工作伴随着国家应急预案管理的发展而发展,不断提高应对电力安全风险的应急能力,进一步加强和提高了应急预案管理工作的综合能力,形成了电力企业应急预案先进管理的特色。这一特色包括文件依据、总体要求、基本原则、建设目标、基本要求、预案体系等。

10.3.1 文件依据

2004年6月,《国务院办公厅关于加强中央企业安全生产工作的通知》(国办发[2004]52号)对中央企业生产安全事故的应急救援和调查处理提出了要求。

2006年8月,《关于进一步加强电力应急管理工作的意见》(电监安全(2006]29号)文件提出,在"十一五"期间,建成覆盖全电力行业的电力应急预案体系;健全分类管理、分级负责、条块结合、属地为主的电力应急管理体制,加强电力应急管理机构和电力应急救援队伍建设;构建统一指挥、反应灵敏、协调有序、运转高效的电力应急管理机制;完善电力应急管理法律、规章,建设电力突发事件预警、预报信息系统和专业化、社会化相结合的应急管理保障体系,形成政府主导、电力监管机构协调、企业与地方政府配合、应急管理与调度管理结合的电力应急管理工作格局。

2007年12月,《关于深入推进电力企业应急管理工作的通知》(电监安全[2007]11号)文件明确企业应急管理工作的目标,电力企业应当在2007年年底前全面完成各级各类应急预案编制工作;建立、健全应急管理组织体系,把应急管理纳入企业管理的各个环节;形成上下贯通、多方联动、协调有序、运转高效的电力企业应急管理机制;建立起训练有素、反应快速、装备齐全、保障有力的电力企业应急队伍;加强危险源监控,实现电力企业突发事件预防与处置的有机结合;全面提高电力企业应对突发事件的能力。

2009年12月,《电力企业应急预案管理办法》(电监安全[2009]61号)、《关于印发〈关于加强电力应急体系建设的指导意见〉的通知》(电监安全[2009]60号)等文件提出,从电力行业应对电力突发公共安全事件的实际出发,预防与应急并重、常态和非常态结合,充分整合和利用现有资源,以处置电网大面积停电事件为重点,在完善电力应急预案体系和健全电力应急法制、体制、机制的基础上,全面加强监测预警、信息与指挥、应急队伍、物资保障、培训演练、恢复重建、科技支撑等重要应急环节的建设,提高电力行业应对突发公共安全事件的综合处置能力,保障电力系统安全稳定运行,维护国家安全和社会稳定。

2013年2月,《中央企业应急管理暂行办法》(国资委第31号令)指出,国务院国有资产监督管理委员会对中央企业的应急管理工作履行监管职责,中央企业应当认真履行应急管理主体责任，贯彻落实国家应急管理方针政策及有关法律法规、规章，建立和完善应急管理责任制，应急管理责任制应覆盖本企业全体职工和岗位、全部生产经营和管理过程。

2014年11月，《电力企业应急预案管理办法》(国能安全[2014]508号)文件经修订印发，明确电力企业是电力应急预案管理工作的责任主体，应当按照规定，建立、健全电力应急预案管理制度，完善应急预案体系，规范开展应急预案的编制、评审、发布、备案、培训、演练、修订等工作，保障应急预案的有效实施。国家能源局负责对电力企业应急预案管理工作进行监督和指导。国家能源局派出机构在授权范围内负责对辖区内电力企业应急预案管理工作进行监督和指导。

2014年12月，《电力企业应急预案评审和备案细则》(国能安全[2014]953号)文件对电力企业综合应急预案、自然灾害类专项应急预案、事故灾害类专项应急预案的评审和备案等工作内容做出要求。

10.3.2 总体要求

根据《关于加强电力应急体系建设的指导意见》的通知(电监安全[2009]60号)、《电力企业应急预案管理办法》(国能安全[2014]508号)、《电力安全生产监督管理办法》(国家发改委令第21号)等一系列文件规定，电力企业应急管理总体要求是，从电力行业应对电力突发公共安全事件的实际出发，预防与应急并重、常态和非常态结合，充分整合和利用现有资源，以处置电网大面积停电事件为重点，在完善电力应急预案体系和健全电力应急法制、体制、机制的基础上，全面加强监测预警、信息与指挥、应急队伍、物资保障、培训演练、恢复重建、科技支撑等重要应急环节的建设，提高电力行业应对突发公共安全事件的综合处置能力，保障电力系统安全稳定运行，维护国家安全和社会稳定。

10.3.3 基本原则

电力应急管理体系建设工作应遵循以下原则：

1.统一领导、分级负责

国家能源局统一领导电力应急体系建设工作；国家能源局各派出机构会同各省(自治区、直辖市)人民政府有关部门，组织、协调本地区电力应急体系建设工作；各相关电力企业按照要求，结合本单位实际，具体实施电力应急体系建设工作。

2.统筹安排、分步实施

国家能源局依据国家相关法规和规章，对电力应急体系建设工作提出总体要求，国家能源局各派出机构和各相关电力企业结合实际制定本地区本单位电力应急体系建设规划或方案，逐步加强电力应急监测预警、应急处置、应急保障、恢复重建等方面的能力建设。

3.整合资源、突出重点

电力应急管理体系建设应充分利用电力行业现有资源,实现应急资源的有机整合。重点加强应急处置薄弱环节建设,优先解决应急响应时效不强、指挥协调不畅、信息共享困难等突出问题,提高第一时间快速应急响应的能力。

4.先进适用、标准规范

根据电力应急工作的现状和发展需要,采用成熟技术和装备,注重实用性,兼顾先进性,保证电力应急体系高效、可靠运转。加强电力应急体系标准化建设,实现应急体系建设与运行的规范化管理。

10.3.4 建设目标

按照国家应急体系建设的总体目标要求,结合电力行业实际,电力应急体系建设的目标是:形成统一指挥、结构合理、功能齐全、反应灵敏、运转高效、资源共享,保障有力的,能够有效应对各类电力突发公共安全事件的电力应急体系,提高电力应急综合处置能力,为国家突发公共事件应急体系建设提供必要的支持。

10.3.5 基本要求

根据《电力企业应急预案管理办法》(国能安全[2014]508号)文件要求,电力企业编制应急预案应当符合的基本要求:

(1)应急组织和人员的职责分工明确,并有具体的落实措施。

(2)有明确、具体的突发事件预防措施和应急程序,并与应急能力相适应。

(3)有明确的应急保障措施,并能满足本单位的应急工作要求。

(4)预案基本要素齐全、完整,预案附件提供的信息准确。

(5)相关应急预案之间以及与所涉及的其他单位或政府有关部门的应急预案在内容上应相互衔接。

10.3.6 应急预案体系

为指导和规范电力企业做好电力应急预案编制工作,依据《中华人民共和国突发事件应对法》《电力监管条例》《国家突发公共事件总体应急预案》《国家处置电网大面积停电事件应急预案》《生产经营单位安全生产事故应急预案编制导则》等有关文件,国家能源局组织编写了《电力企业综合应急预案编制导则(试行)》《电力企业专项应急预案编制导则(试行)》《电力企业现场处置方案编制导则(试行)》等文件,形成了电力应急预案体系。

(1)电力企业应当根据本单位的组织结构、管理模式、生产规模、风险种类、应急能力及周边环境等,组织编制综合应急预案。

综合应急预案是应急预案体系的总纲，主要从总体上阐述突发事件的应急工作原则，包括应急预案体系、风险分析、应急组织机构及职责、预警及信息报告、应急响应、保障措施等内容。

(2)电力企业应当针对本单位可能发生的自然灾害、事故灾难、公共卫生事件和社会安全事件等各类突发事件，组织编制相应的专项应急预案。

专项应急预案是电力企业为应对某一类或某几类突发事件，或者针对重要生产设施、重大危险源、重大活动等内容而制定的应急预案。专项应急预案主要包括事件类型和危害程度分析、应急指挥、机构及职责、信息报告、应急响应程序和处置措施等内容。

(3)电力企业应当根据风险评估情况、岗位操作规程以及风险防控措施，组织本单位现场作业人员及相关专业人员共同编制现场处置方案。

现场处置方案是电力企业根据不同突发事件类别，针对具体的场所、装置或设施所制定的应急处置措施，主要包括事件特征、应急组织及职责、应急处置和注意事项等内容。

参考文献

陈小群，2017.风电场应急预案编制及范例[M].北京：中国水利水电出版社.